新世纪电子信息与自动化系列课程改革教材

信号处理与系统分析
（第二版）

高　政　刘亚东　宫二玲　曹聚亮　周宗潭　编著

中国水利水电出版社
www.waterpub.com.cn

内 容 提 要

　　本书系统介绍了信号处理与系统分析的基本原理和方法。全书共分 12 章，内容包括：信号与系统的基本概念、线性时不变系统、傅里叶级数、连续时间傅里叶变换、离散时间傅里叶变换、频率滤波、采样、通信基本原理、拉普拉斯变换、z 变换、数字滤波器设计、随机信号处理初步。每章都设置了一定量的例题、习题和 Matlab 实例，主要章节还设置了研讨环节，供研讨课参考使用。

　　本书可作为自动控制、电子工程、通信、计算机等电类专业的本科生教材，也可供相关领域研究生、教师和科技工作者参考。

图书在版编目（ＣＩＰ）数据

信号处理与系统分析 / 高政等编著. -- 2版. -- 北京 : 中国水利水电出版社，2015.1（2022.1 重印）
　新世纪电子信息与自动化系列课程改革教材
　ISBN 978-7-5170-2779-9

Ⅰ. ①信… Ⅱ. ①高… Ⅲ. ①信号处理－高等学校－教材②信号系统－系统分析－高等学校－教材 Ⅳ. ①TN911

中国版本图书馆CIP数据核字(2014)第308678号

策划编辑：杨庆川　责任编辑：张玉玲　加工编辑：袁 慧　封面设计：李 佳

书　名	新世纪电子信息与自动化系列课程改革教材 **信号处理与系统分析（第二版）**
作　者	高　政　刘亚东　宫二玲　曹聚亮　周宗潭　编著
出版发行	中国水利水电出版社 （北京市海淀区玉渊潭南路1号D座　100038） 网址：www.waterpub.com.cn E-mail：mchannel@263.net（万水） 　　　　sales@waterpub.com.cn 电话：(010) 68367658（发行部）、82562819（万水）
经　售	北京科水图书销售中心（零售） 电话：(010) 88383994、63202643、68545874 全国各地新华书店和相关出版物销售网点
排　版	北京万水电子信息有限公司
印　刷	三河市德贤弘印务有限公司
规　格	184mm×260mm　16 开本　15.75 印张　385 千字
版　次	2005 年 8 月第 1 版　2005 年 8 月第 1 次印刷 2015 年 2 月第 2 版　2022 年 1 月第 2 次印刷
印　数	3001—4000 册
定　价	29.80 元

凡购买我社图书，如有缺页、倒页、脱页的，本社发行部负责调换

第二版前言

本书第一版出版已经有九个年头了，我校的自动化、仿真、机械工程及其自动化等专业采用本书作为教材。自 2013 年 1 月起，我们组织了"信号处理与系统分析"课程的一线授课老师对第一版进行了修订。之所以进行本次修订是因为在使用过程中我们陆续发现了原书中一些可以改进的地方，也发现了一些错漏。此外在近年来的教学实践中，我们尝试了小班教学、研讨教学和自修环节等新的教学方式，取得了很好的效果，我们希望将这些成功的实践体现在本书的内容里面。总体来看，在这一版里我们主要强调了：教学方式的革新、概念描述的准确性、知识点的逻辑关系和可读性。除了第 11 章和第 12 章外，我们在每章的最后设置了研讨环节，供研讨课使用。研讨内容可以分成三类：一是对内容本身的反刍和深化，如第 3~6、10 章的研讨环节；二是对章节概念和内容的拓展，如第 1、2、7、8 章；三是理论的应用案例，如第 9 章。我们建议在本课程的教学中可以将一些内容设置为自修，这是因为课程里面的很多内容是对偶出现的，如拉普拉斯变换和 z 变换、连续时间傅里叶变换和离散时间傅里叶变换等，它们之间的很多内容，如变换的性质，具有高度的相似性，似乎没有必要重复地在课堂上讲解。可以在讲了连续时间信号的变换后，其离散版本就留给学生通过自学完成，老师在测试环节或者讨论环节对自学效果进行评估，再补充讲解即可。

第二版的执笔人都是本课程的主讲教师，有多年的一线授课经验，其本身的研究领域也和信号处理与系统分析紧密相关。刘亚东副教授负责第 1、2、6、7、11、12 章的修订工作，宫二玲副教授负责第 3~5、9、10 章的修订工作，曹聚亮副研究员负责第八章的修订工作，周宗潭教授负责全书的审定和定稿。邹逢兴教授在本书的修订过程中给出了很多实际的指导，在这里特别表示感谢。

第一版前言

本书是用于大学本科信号处理与系统分析课程的教科书，是在多年本科生教学实践的基础上形成的。对于电类专业来说，信号处理与系统分析是经常遇到的问题，是电类专业要面临的具有共性的问题。同时，本书的一些分析问题和解决问题的方法也可以为非电类专业提供参考。本书的主要对象是高等院校工科专业的本科生，参考学时为 50～80 学时。

使用本书的学生，应该学过了微积分、复变函数、概率论与数理统计、线性代数、电路分析等课程。

信号是一个广泛的概念。如果只限于讨论确定性信号，那么信号就是一个或者几个独立变量的函数。信号在自动控制、电子系统、通信、航空航天、计算机、生物工程、地震学、声学、机器人等领域都有广泛的应用。许多随时间变化的物理量就是典型的信号，例如电压、电流、功率、速度、加速度、位移、密度、场强等。还有一些随位置变化的物理量也是信号，例如灰度、密度、色度等。

许多先修课程，例如电路分析基础、模拟电路等，讲述了电信号的一些简单的处理原理和方法。这门课程进一步系统地学习信号处理的一般性的理论和方法。信号是一个更加广泛的概念，并不专指电信号。

我们把诸如电路这样的载体抽象成"系统"，那么系统的作用就是对信号的变换。注意，这里的"系统"，有些是电路实体，有些可能是看不见摸不着的，比如说，一段计算机程序或者代码就可能是一个系统，一个规则或者一个过程也可以认为是一个系统。以前，与本课程类似的课程是"信号与系统"，或者是"电路、信号与系统"，也就是说，处理信号的系统具有一个比较重要的地位，这是因为，在模拟信号处理阶段，处理信号的实体一般是一个电路。但是近年来，数字信号处理技术占据了主流。处理信号的系统往往是一个计算机软件。因此，对信号的处理方法而不是它的实现方式具有了更大的比重。

本书的第 1 章引出一些信号与系统的基本概念；第 2 章讨论一种基本系统：线性时不变系统；第 3 章以周期信号的傅里叶级数为先导，引入傅里叶分析的方法，并且简要介绍快速傅里叶变换 FFT；第 4 章介绍连续时间信号的傅里叶变换；第 5 章介绍离散时间信号的傅里叶变换；第 6 章介绍频率滤波的一些基本概念；第 7 章介绍采样，这是连接连续时间信号及系统和离散时间信号及系统的一个基本概念；第 8 章简要介绍通信的基本原理及系统；第 9 章介绍拉普拉斯变换；第 10 章介绍 z 变换；第 11 章介绍数字滤波器的原理及其设计方法；第 12 章介绍随机信号处理的一些基本概念。

本书中，连续时间傅里叶变换和离散时间傅里叶变换分别用 $X(j\omega)$ 和 $X(e^{j\omega})$ 来表示，而有些文献中，连续时间傅里叶变换和离散时间傅里叶变换是分别用 $X(\omega)$ 和 $X(\Omega)$ 来表示的。应该说这些符号的选择都是可行的，只不过我们选择了更加通用的表达方式，以便于读者参阅其他文献。应用广泛的工程计算软件 Matlab 的选择与本书的选择也是一致的。

信号处理专业领域的应用范围非常广泛。在系统建模与辨识方面，信号处理的理论和技术可以用于证券市场的行情预测、电子芯片的解密和黑箱估计理论等；信号滤波是信号处理的一个应用，例如在音响的扬声器系统的设计中,由于不同材质的振动发声体对于不同频率范围的信号有不同的表现,为了使得声音的不同部分都得到完美的再现,我们选择钛合金的扬声器来表现高音部分,选择碳纤维扬声器来表现低音部分,这样就有一个将信号的高频部分和低频部分分开的问题,这里就要用到信号处理的手段来进行滤波;在微弱信号检测方面,信号处理技术将微弱的被淹没在背景噪声中的有用信号提取出来,这样的背景噪声一般是电磁干扰和器件中电荷的无规则运动造成的,这种噪声可以模型化为白噪声,利用信号处理的技术就可以将有用的信号从背景噪声中分离出来;图像处理是信号处理的一个重要方面,例如医学图像处理、计算机断层成像(CT)等都得到了广泛的应用;信息压缩是信号处理的一个典型应用,例如 JPEG、DVD、MPEG 和卫星图像压缩都是成功的应用。以前,卫星对地面拍摄的照片是记录在胶片上的,通过回收卫星获得照片,但是这样做成本高、信息不及时,后来采用数码摄像,但是高清晰度照片所包含的信息量也是很大的,因此在图像的下行传递中必须采用图像压缩技术;通讯是人类对信号处理技术所提出的最早的需求,直到现在这种需求仍然是十分旺盛的。在信号的发射与接收过程中,必须对信号进行各种方式的变换;模式识别技术的发展对信号处理不断地提出新的需求,声音、指纹、面像识别、虹膜识别都是模式识别技术的典型应用。用超声波进行金属探伤、油田勘探等应用都需要在信号中提取特征。

本书包含了大量的 Matlab 实例,采用的是 Matlab 6.1 版本。Matlab 为本课程提供了很好的软件实验平台,同时 Matlab 还以 COM 组件的形式提供了大量的函数库,可以连接到 C/C++、VB、Delphi 等高级语言开发出来的应用软件中去,极具应用价值。

信号处理与系统分析课程是一门专业基础课,它为解决上述应用问题提供了坚实的基础。当我们专注于基础理论时,本课程甚至可以看成是一门应用数学课,也就是说,尽管工程实例有利于概念的理解,但本课程并不完全依赖于具体的工程背景,因而具有更广泛的适用性。

在本书的编写过程中,谢红卫教授和胡德文教授给予了很多的指导和帮助,对本书提出了很好的意见和建议,在此表示衷心的感谢。

由于时间仓促,本书一定存在缺点和不足,望同仁批评指正。

编 者
2005 年 5 月

目 录

第 1 章

信号与系统的基本概念

      本章的主要目的是学习课程涉及到的"信号"与"系统"的核心概念,以明确课程学习的对象,并方便后续章节的讨论。

      首先给出信号的一些基本概念,然后讨论平移、旋转等信号的自由变换,接着讨论正弦信号、指数信号、冲激信号和阶跃信号等典型的信号,再讨论分析信号时经常使用的一些基本性质,例如周期性、奇偶性等,最后讨论系统的概念以及系统的基本性质。

1.1 信号的概念

信号（Signal）是消息的表现形式，消息则是信号的具体内容。在信息论中，信号是用数学函数表示的一种信息流。

信号可分为确定性信号和随机信号。所谓确定性信号（Determinate Signal）即指在自变量的一个取值下，信号的取值是唯一确定的。确定性信号一般是用一个函数来表示的，该函数的**独立变量**（Independent Variable）或者说**自变量**可能是一个也可能是几个。所谓随机信号（Random Signal）是对一个随机过程的函数描述，在自变量的一个取值下，随机信号的取值不是唯一确定的，而是符合一定的概率分布。本书第 12 章会对随机信号进行简单讨论，其他章节中涉及到的信号都是确定性信号。

数学上，信号表示为一个或者多个独立变量的函数，变量可以是时间、空间，但不仅限于时间和空间。如果信号仅包含一个自变量，那么它就是**一维信号**（One Dimension Signal），可以用一元函数表示，如语音信号、电压信号 $v(t)$ 和电流信号 $i(t)$ 等。如果信号包含两个自变量，就是**二维信号**（Two Dimensions Signal），可以用二元函数表示，如图像的灰度值作为平面坐标 (i, j) 的函数可以视为二维信号。依此类推，视频信号是**三维信号**，视频信号是平面坐标 (i, j) 和时间 t 的函数，可以用三元函数表示。

如无特别声明，本课程中的信号都是一维信号。一维信号的自变量决不仅限于时间，但为了简化讨论，课程中函数的自变量都可以理解为时间变量。

进一步地，时间信号还可以分为连续时间信号和离散时间信号。如果信号自变量的定义域是**实数域 R**，那么所表示的信号就称为**连续时间信号**（Continuous-Time Signal），或者称为**模拟信号**（Analog Signal 或 Simulated Signal），记为 $x(t)$，$t \in R$，这就意味着，作为自变量的时间 t 是从负无穷大到正无穷大变化的实数。我们将信号以时间 t 为横轴，数值 $x(t)$ 为纵轴作出的图形称为信号的**波形**（Wave Profile）。图 1-1 展示的就是连续时间信号 $x(t)$ 的波形。

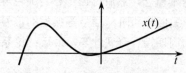

图 1-1 连续时间信号的波形

自然界的信号大都为连续时间信号，例如声音信号、视觉信号、温度信号等。

如果用来表示信号的函数，其自变量的定义域是**整数域 Z**，那么所表示的信号称为**离散时间信号**（Discrete-Time Signal），或者称为**序列**（Sequence），记为 $x[n]$，$n \in Z$，这就意味着，作为自变量的时间 n 是从负无穷大到正无穷大变化的整数。图 1-2 所示是一个离散时间信号的波形。

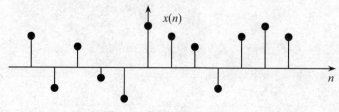

图 1-2 离散时间信号的波形

因为离散时间信号的自变量的定义域是整数域,因此在非整数点上,信号的值 $x[n]$ 是**无定义**的,例如在图 1-2 中,$x[3/2]$ 无定义。注意,不能将**无定义**理解为 0。**如果没有特殊说明,在本书中,$x(t)$ 和 $x[n]$ 的值域为复数域 C。**

要特别注意的是,这里的“连续”只是“离散”的反义词,与数学分析里面“连续函数”的概念不一样。

许多情况下离散时间信号是由连续时间信号等间隔取样得来的,例如数字电路中 A/D 转换器的输出就是离散时间信号。但是现实生活中,有些信号本身就是离散信号,例如某支股票的价格、某国的 GDP 等。并且,离散时间信号也并不总是要求在实际时间上等间隔。由于星期六、星期天、节假日休息,股票价格在时间上就不是等间隔的。

离散信号适合于数字化处理。但严格地说,离散时间信号与我们常说的数字信号是有区别的。这里所定义的离散时间信号的定义域是离散的,但是它的值域却可以是复数域 C,是可以连续变化的,只有将离散时间信号的值域进一步量化,并且按照某种方式进行编码,才会得到大家熟悉的数字信号。量化所造成的误差,在有些文献中,被作为量化噪声来处理。严格地讲,最基础的数字信号是指值域为 $\{0,1\}$ 的离散时间信号,最底层的数字硬件记录和处理的就是这种数字信号。例如,CD 光盘利用凹凸的反射性质来保存数字信号。在图 1-3 中,(a)是数字信号,(b)是离散时间信号,(c)是连续时间信号。

01001……
(a) 数字信号　　　(b) 离散时间信号　　　(c) 连续时间信号

图 1-3　不同形式的信号

在数学上,我们知道任意的两个实数之间都存在无穷多个实数。严格地讲,并不是所有的实数都可以被数字系统处理或者存储,例如无理数就不行。这是由于数字系统或者数字计算机的字长是有限的。因此从严格的数学意义上来讲,本书所定义的离散时间信号是无法在数字系统里面实现的。然而,在工程上,我们并不要求计算是完全精确的,而是有一个可容忍的误差范围,所以只要量化级数足够高,量化带来的误差总是可以容忍的,在对信号和系统进行定量和定性分析时是可以被忽略的,所以在用计算机来处理信号时,我们可能意识不到会有误差的存在。总之,工程上的信号处理是理论上的信号处理的一个逼近,是一个将自然信号首先在定义域上离散化,然后在值上离散化再进行处理的过程。

信号的能量和功率: 电信号的功率和能量的概念是十分明确的,在电路分析课程中我们知道,当电阻上的电流和电压分别为 $i(t)$ 和 $u(t)$ 时,其消耗的功率为:

$$p(t) = u(t)i(t) = Ri^2(t) = \frac{1}{R}u^2(t) \tag{1-1}$$

它在时间 $[t_1, t_2]$ 内消耗的能量为:

$$\int_{t_1}^{t_2} p(t)\mathrm{d}t = \int_{t_1}^{t_2} Ri^2(t)\mathrm{d}t = \int_{t_1}^{t_2} \frac{1}{R}u^2(t)\mathrm{d}t \tag{1-2}$$

它在时间 $[t_1, t_2]$ 内的平均功率为:

$$\frac{1}{t_2-t_1}\int_{t_1}^{t_2} p(t)\mathrm{d}t = \frac{1}{t_2-t_1}\int_{t_1}^{t_2} Ri^2(t)\mathrm{d}t = \frac{1}{t_2-t_1}\int_{t_1}^{t_2} \frac{1}{R}u^2(t)\mathrm{d}t \tag{1-3}$$

借用电信号的功率和能量的概念,对于一般信号,我们也可以引入能量和功率的概念,这种概念已经超出了物理上的能量和功率概念的范畴。

一个连续时间信号 $x(t)$ 在时间 $[t_1, t_2]$ 内的**能量**（Energy）定义为：

$$E = \int_{t_1}^{t_2} |x(t)|^2 \, \mathrm{d}t \tag{1-4}$$

其中，$|.|$ 是复数的模。可以将 E 理解为电压信号或者电流信号 $x(t)$ 在 1 欧姆的电阻上消耗的能量。一个离散时间信号 $x[n]$ 在区间 $[n_1, n_2]$ 内的能量定义为：

$$E = \sum_{n=n_1}^{n_2} |x[n]|^2 \tag{1-5}$$

一个连续时间信号 $x(t)$ 在时间 $[t_1, t_2]$ 内的**平均功率**（Average Power）定义为：

$$E = \frac{1}{t_2 - t_1} \int_{t_1}^{t_2} |x(t)|^2 \, \mathrm{d}t \tag{1-6}$$

一个离散时间信号 $x[n]$ 在区间 $[n_1, n_2]$ 内的**平均功率**定义为：

$$E = \frac{1}{n_2 - n_1} \sum_{n=n_1}^{n_2} |x[n]|^2 \tag{1-7}$$

一个连续时间信号 $x(t)$ 的**总能量**定义为：

$$E_\infty \overset{\Delta}{=} \lim_{T \to \infty} \int_{-T}^{T} |x(t)|^2 \, \mathrm{d}t = \int_{-\infty}^{\infty} |x(t)|^2 \, \mathrm{d}t \tag{1-8}$$

一个离散时间信号 $x[n]$ 的**总能量**定义为：

$$E_\infty \overset{\Delta}{=} \lim_{N \to \infty} \sum_{n=-N}^{N} |x[n]|^2 = \sum_{n=-\infty}^{\infty} |x[n]|^2 \tag{1-9}$$

一个连续时间信号 $x(t)$ 的**总平均功率**定义为：

$$P_\infty \overset{\Delta}{=} \lim_{T \to \infty} \frac{1}{2T} \int_{-T}^{T} |x(t)|^2 \, \mathrm{d}t \tag{1-10}$$

一个离散时间信号 $x[n]$ 的**总平均功率**定义为：

$$P_\infty \overset{\Delta}{=} \lim_{N \to \infty} \frac{1}{2N+1} \sum_{n=-N}^{N} |x[n]|^2 \tag{1-11}$$

能量与功率是信号的两个重要的综合性描述参数，在信息处理和分析中有着广泛的应用。在很多场合，功率和能量概念的引入能够帮助我们更好地理解信号的物理意义，或者为信号分析和处理的方法提供启示。例如控制中的一些最优控制算法（线性二次型）是按能量最小的方式来设计的。按照功率和能量取值情况的不同，常见信号又可以分为：

（1）**能量有限信号**：能量有限信号的平均功率只能是 0，如图 1-4 所示的单个方波脉冲就是典型的能量有限信号。

（2）**功率有限信号**：功率有限信号的总能量可能是无限的，如图 1-5 所示的正弦信号就是典型的能量无限、功率有限信号；功率有限信号的能量也可能是有限的，如图 1-4 所示的信号就是能量有限、功率有限信号，只不过功率为 0。能量有限信号总是功率有限的。

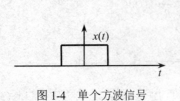

图 1-4 单个方波信号

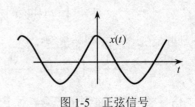

图 1-5 正弦信号

（3）功率无限信号：功率无限信号的总能量也是无限的，如图 1-6 所示的信号 $x(t)=t$ 就是典型的功率无限信号，其能量也是无限的。

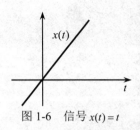

图 1-6 信号 $x(t)=t$

1.2 信号的三种主要变换

信号自变量的变换是信号分析与综合的常用手段，是信号处理的基本技能。用数学语言来讲，信号自变量的变换就是函数自变量的变换。这部分内容在数学课程里面已经描述过了，它虽然简单，但也是最容易出错的地方，需要读者细心体会。

1.2.1 时间反转

信号 $x(-t)$ 称为信号 $x(t)$ 的**时间反转**，或者简称**反转**（Reflection）。当然，反过来，信号 $x(t)$ 也可以称为信号 $x(-t)$ 的时间反转。下面通过图 1-7 来图示时间反转，（a）为原信号 $x(t)$，（b）为其反转信号 $x(-t)$。

图 1-7 信号的时间反转

信号的波形和它的反转波形彼此关于 y 轴对称。形象地说，将信号沿着 y 轴"折过来"，就成为其反转。电影里面"武林高手"一跃上房或者上树的效果，就是利用胶片倒放来实现的，这是时间反转的典型实例。同理，离散时间信号 $x[n]$ 的反转 $x[-n]$ 也是类似的。

1.2.2 时间的尺度变换

信号 $x(at)$ 是对信号 $x(t)$ 进行**时间尺度变换**（Time Scaling）的结果，其中 a 为实常数。

图 1-8（b）和（c）分别给出了 $a=2$ 和 $a=1/2$ 时时间尺度变换的波形变化示意图，从中可以看出，相对于 $x(t)$ 而言，$x(2t)$ 的波形变"窄"了，$x(t/2)$ 的波形变"宽"了。

为了更好地理解和掌握尺度变换，我们可以引入波形特征点，例如，我们可以设信号 $x(t)$ 在 1 秒和 2 秒处的波形幅值分别为特征点 A 和 B。显然，特征点 A 和 B 在信号 $x(2t)$ 的波形中分别处于 0.5 秒和 1 秒处，特征点 A 和 B 在信号 $x(t/2)$ 的波形中分别处于 2 秒和 4 秒处。

作为时间尺度变换的实际例子，我们不妨考察一下录音机，有些录音机为了延长磁带的使用时间，增加了变速功能。如果将录放速度降低一半的话，60 分钟的磁带可以用 120 分钟，这样做虽然降低了一些音质，但是对于一些对音质要求不高的场合还是十分有用的。下面对录音机的变速功能做一个分析。

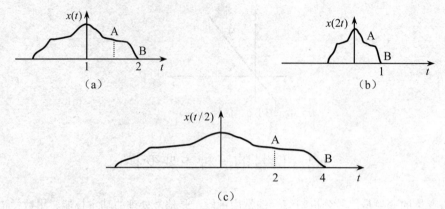

图 1-8　信号的尺度变换

（1）如果慢速录音，再正常速度放音，例如录音的信号是 $x(t)$，放音时信号变成了 $x(2t)$，这时可以发现，浑厚的男声似乎变成了尖细的女声，其原因在于信号的高频成分被加强了。以单频正弦信号为例，如果 $x(t)=\sin(\omega t)$，则 $x(2t)=\sin(2\omega t)$，可见频率增加了一倍，频率成分向高频段移动。

（2）如果正常速度录音，再慢速放音，例如录音的信号是 $x(t)$，放音时信号变成了 $x(t/2)$，这时可以发现，尖细的女声似乎变成了浑厚的男声，其原因在于信号的各频率分量都被减半，低频成分更加丰富了。

在第 4 章学习傅里叶变换的时空尺度性质的时候，大家会对尺度变换有更加深刻的理解。

1.2.3　时间移位

信号 $x(t-t_0)$ 或者 $x(t+t_0)$ 称为信号 $x(t)$ 的**时间移位**（Time Shift）。如果 $t_0>0$，则在波形上 $x(t-t_0)$ 是原信号 $x(t)$ 向右移动形成的，而 $x(t+t_0)$ 是原信号 $x(t)$ 向左移动形成的。图 1-9 给出了信号的时间移位的情况。为了更好地理解时间移位，我们可以引入波形特征点，例如我们可以认为信号 $x(t)$ 的峰值点为特征点。如果 $x(t)$ 的峰值点在 t_m，那么 $x(t+t_0)$ 的峰值点在 t_m-t_0 处，$x(t-t_0)$ 的峰值点在 t_m+t_0 处。

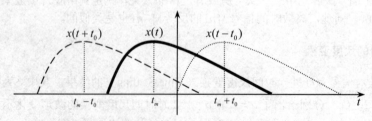

图 1-9　信号的时间移位

在实际信号变换中，通常会综合运用上述多种基本变换。在这种情况下，通过波形特征点（如峰值点、过零点等）的变化情况，可以帮助我们正确地理解自变量的变换。

例题 1.1　已知 $x(t)$ 的波形如图 1-10（a）所示，求信号 $x(t+1)$、$x(1-t)$ 和 $x(at+1)$ 的波形，其中 $a>0$。

解：在图 1-10 中，（a）是原信号 $x(t)$ 的波形；（b）是 $x(t)$ 向左移动 1 个单位形成的 $x(t+1)$；（c）是 $x(1-t)$ 的波形，是时间反转和时间移位的组合，原波形 $x(t)$ 先向左移动 1 个时间单位，再反转，形成 $x(1-t)$，事实上，先反转，再向右移动 1 个时间单位也可以得到相同的结果；（d）是 $x(at)$ 的波形，是 $x(t)$ 的时间尺度变换；（e）是 $x(at+1)$ 的波形，原波形 $x(t)$ 先进行 a 的尺度变换，再向左移动 $1/a$ 个时间单位，形成 $x(at+1)$，事实上，先向左移动 1 个时间单位，再进行 a 的尺度变换也会得到相同的结果。

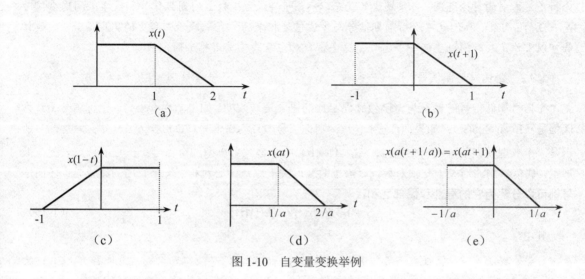

图 1-10 自变量变换举例

1.3 信号的周期性和奇偶性

本节讨论信号的周期性和奇偶性，这两种性质都是信号的基本属性。

1.3.1 周期信号

在实际中，周期信号是非常普遍的。许多周而复始的物理振荡就会产生周期信号，电子系统里面的正弦信号也是周期信号的例子。

下面来讨论周期性的概念。如果存在有界实常数 T，使得

$$\forall t: x(t) = x(t+T) \tag{1-12}$$

则称 $x(t)$ 为**周期信号**（Periodic Signal），T 称为周期信号 $x(t)$ 的**周期**（Period）。

显然，如果式（1-12）成立，反复使用周期性，$x(t+T) = x(t+T+T) = x(t+2T)$，可以得到：

$$x(t) = x(t+mT) \qquad m \in Z \tag{1-13}$$

也就是说，如果 T 是 $x(t)$ 的周期，则 mT 也是 $x(t)$ 的周期。因此有必要定义最小正周期，这个最小正周期也称为周期信号 $x(t)$ 的**基波周期**（Fundamental Period）。

对于离散时间信号 $x[n]$，如果存在有界整常数 N，使得

$$\forall n: x[n] = x[n+N] \tag{1-14}$$

则称 $x[n]$ 为**周期序列**，N 就是周期信号 $x[n]$ 的**周期**。与连续时间信号的情况类似，如果式（1-14）成立，则有：

$$x[n] = x[n+mN] \qquad m \in Z \tag{1-15}$$

也就是说，如果 N 是 $x[n]$ 的周期，则 mN 也是 $x[n]$ 的周期。因此同样需要定义最小正周期，这个最小正周期也称为周期信号 $x[n]$ 的**基波周期**。没有有界周期的信号就是**非周期信号**（Apcriodic Signal 或 Nonperiodic Signal）。

注意：本书定义的周期信号是数学意义上的，它在时间上的持续期是从负无穷大到正无穷大，这与工程上的周期信号有一定的区别。工程上的周期信号总是从某个时间（如电源闭合）开始到某个时间（如电源断开）结束的。电源闭合后，电子系统一般都会有一个暂态过程，这个暂态过程的分析不是本书的讨论范围，当系统进入稳态以后，可以认为工程上的周期信号和数学上的周期信号是一致的。当然，我们也可以用周期信号与方波信号相乘的方式来表示工程上的周期信号，方波信号可以看作是在时间轴上的一个窗口，这个窗口对应着我们要考察的时间段。

1.3.2　奇信号与偶信号

奇信号和偶信号的概念与奇函数和偶函数的概念是一致的。如果 $x(t) = x(-t)$，则称信号 $x(t)$ 为**偶信号**（Even Signal）；如果 $x(t) = -x(-t)$，则称信号 $x(t)$ 为**奇信号**（Odd Signal）。图 1-11（a）所示是一个典型的偶信号：余弦信号；图 1-11（b）所示是一个典型的奇信号：正弦信号。表现在波形上，偶信号的波形关于 y 轴对称，奇信号的波形关于原点中心对称。一个有用的结论是：**任何信号都可以分解为它的奇部和偶部之和**：

$$x(t) = Ev\{x(t)\} + Od\{x(t)\} \tag{1-16}$$

其中：

$$Ev\{x(t)\} = \frac{1}{2}[x(t) + x(-t)] \tag{1-17}$$

$$Od\{x(t)\} = \frac{1}{2}[x(t) - x(-t)] \tag{1-18}$$

显然 $Ev\{x(t)\}$ 是偶信号，$Od\{x(t)\}$ 是奇信号，它们分别被称为信号 $x(t)$ 的**偶部**和**奇部**。在很多信号分析的场合，奇信号和偶信号有其独特的作用，因此将信号分解成为奇部和偶部之和是一种分析技巧。

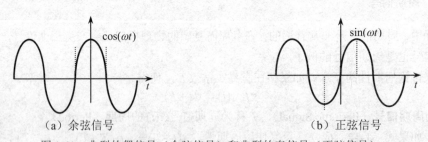

（a）余弦信号　　　　　　　　　　　　　　（b）正弦信号

图 1-11　典型的偶信号（余弦信号）和典型的奇信号（正弦信号）

1.4　几种典型信号

本节将介绍一些常用的基本信号形式，并对其最重要的性质进行简单讨论。在分析复杂信号时，往往将复杂信号分解成这些基本信号的某种组合，最终复杂信号的性质将由这些基本信号的性质决定。本课程主要内容的讨论就是遵循着这样的思路展开的。

1.4.1 连续时间复指数信号

形如 $x(t) = ce^{at}$ 的信号称为**复指数信号**（Complex Exponential Signal），其中 c 和 a 都是复数。当 c 和 a 都退化为实数时，又称 $x(t)$ 为**实指数信号**（Real Exponential Signal）。

下面讨论复指数信号的几种情况（不妨取 $c = 1$）：

（1）a 为实数，且 $a > 0$。

这是信号指数增长的情况，随着时间的增长，信号的值在增加，时间增加到无穷大，信号的值也增加到无穷大。图 1-12 所示就是这种指数增长信号。

（2）a 为实数，且 $a < 0$。

这是信号指数衰减的情况，随着时间的增长，信号的值在下降，时间增加到无穷大，信号的值衰减到 0。图 1-13 所示就是这种指数衰减信号。

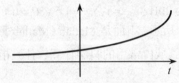

图 1-12　指数增长的信号

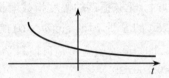

图 1-13　指数衰减的信号

（3）$a = j\omega_0$，即为纯虚数。

由**欧拉公式**（Euler's Formula）可知，可以将复指数的极坐标形式变换为直角坐标形式：

$$x(t) = e^{j\omega_0 t} = \cos \omega_0 t + j \sin \omega_0 t \qquad (1\text{-}19)$$

下面再来分析一下信号 $e^{j\omega_0 t}$ 的周期性，首先注意一个基本事实：

$$\forall k \in Z: \quad e^{j 2\pi k} = 1 \qquad (1\text{-}20)$$

如果 T 是信号 $e^{j\omega_0 t}$ 的周期，那么有 $e^{j\omega_0(t+T)} = e^{j\omega_0 T} \cdot e^{j\omega_0 t} = e^{j\omega_0 t}$，则有 $e^{j\omega_0 T} = 1$，即：

$$\omega_0 T = 2\pi k \qquad T = 2\pi k / \omega_0 \qquad k \in Z \qquad (1\text{-}21)$$

可见，连续时间信号 $e^{j\omega_0 t}$ 是周期信号，$e^{j\omega_0 t}$ 的最小正周期为 $T = 2\pi / |\omega_0|$。

在数学或者电路分析课程里面，我们已经熟悉了**正弦信号**（Sinusoidal Signal），常见的正弦信号可以如下表达：

$$x(t) = A\cos(\omega_0 t + \phi) \qquad (1\text{-}22)$$

这里 $\omega_0 = 2\pi f_0$，其中 f_0 称为**频率**（Frequency），以赫兹（Hz）为单位；ω_0 为**角频率**（Angular Frequency），以弧度/秒（rad/s）为单位。

虽然在数学上复数信号是存在的，但是在工程上并不存在复数信号，只存在实数信号，例如正弦信号、指数衰减信号等。在信号处理领域，我们引入复数信号的主要目的是为了简化数学分析。那么复数信号和实数信号通过什么来沟通或者互换呢？下面来讨论一下复指数信号和正弦信号之间的关系。由欧拉公式有：

$$x(t) = A\cos(\omega_0 t + \phi) = \frac{A}{2} e^{j(\omega_0 t + \phi)} + \frac{A}{2} e^{-j(\omega_0 t + \phi)} \qquad (1\text{-}23)$$

$$x(t) = A\cos(\omega_0 t + \phi) = A\,\mathrm{Re}\{e^{j(\omega_0 t + \phi)}\} \qquad (1\text{-}24)$$

上面两式表明，复指数信号和正弦信号可以通过欧拉关系进行某种程度上的互换。也就是说，可以通过式（1-23）或式（1-24），用复指数信号来表达正弦信号；反过来，也可以通过欧拉公式，用正弦信号来表达复指数信号。本书中以复指数信号的分析为主。下面考虑一个以后要用到的复指数信号集 $\{e^{jk\omega_0 t}, k \in Z\}$，这个复指数信号集是由无穷多个形如 $e^{jk\omega_0 t}$ 的复指数信号组成的，其中 k 遍历整个整数域。在上述信号集里，ω_0 称为**基波频率**（Fundamental Frequency），基波频率所对应的周期 $T_0 = 2\pi / \omega_0$ 称为**基波周期**，$k\omega_0$ 称为 k 次**谐波**（Harmonic）频率，例如 ω_0 是基波频率，$2\omega_0$ 是二次谐波频率，$3\omega_0$ 是三次谐波频率，依此类推。

（4）一般复指数信号。

如果不对 c 和 a 进行限制，也就是说 c 和 a 都是一般的复数。令 $c = |c|e^{j\theta}$ 和 $a = r + j\omega$，那么复指数信号 $x(t) = ce^{at}$ 可以表示为：

$$x(t) = ce^{at} = |c|e^{j\theta}e^{at} = |c|e^{j\theta}e^{(rt+j\omega t)} = |c|e^{rt}e^{j(\omega t+\theta)}$$
$$= |c|e^{rt}\cos(\omega t + \theta) + j|c|e^{rt}\sin(\omega t + \theta) \tag{1-25}$$

可以看出，式（1-25）中复指数信号的实部和虚部都是幅度指数衰减或者幅度指数增长的正弦振荡。

当 $r > 0$ 时，正弦振荡的幅度指数增长，下面取频率为 20Hz，$c = 1$，$r = 1.5$，$\theta = 0$，用 Matlab 画出式（1-25）的虚部 $|c|e^{rt}\sin(\omega t + \theta)$ 的波形，如图 1-14 所示。下面是 Matlab（Matlab 意为 Matrix Laboratory，即矩阵实验室，是目前科学研究和工程实践领域内常用的科学计算软件）指令：

```
t=0:0.005:2;
x=exp(1.5*t).*sin(2*pi*20*t);
plot(t,x);
```

当 $r < 0$ 时，正弦振荡波形的幅度指数衰减，下面取频率为 20Hz，$c = 1$，$r = -1.5$，$\theta = 0$，并且用 Matlab 画出式（1-25）的虚部 $|c|e^{rt}\sin(\omega t + \theta)$ 的波形，如图 1-15 所示。下面是 Matlab 指令：

```
t=0:0.005:2;
x=exp(-1.5*t).*sin(2*pi*20*t);
plot(t,x);
```

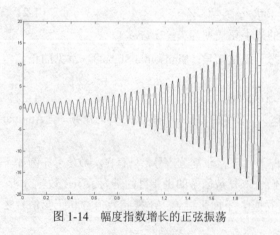

图 1-14 幅度指数增长的正弦振荡   图 1-15 幅度指数衰减的正弦振荡

1.4.2 离散时间复指数信号

离散时间复指数信号的形式如下：

$$x[n] = ce^{\beta n} \tag{1-26}$$

离散时间正弦信号的形式如下：

$$x[n] = A\cos(\omega_0 n + \phi) \tag{1-27}$$

由欧拉关系，我们有：

$$e^{j\omega_0 n} = \cos\omega_0 n + j\sin\omega_0 n \tag{1-28}$$

$$A\cos(\omega_0 n + \phi) = A\operatorname{Re}\{e^{j(\omega_0 n + \phi)}\} \tag{1-29}$$

上面两个式子表明，离散时间复指数信号和正弦信号可以通过欧拉关系进行某种程度上的互换。离散时间复指数信号和正弦信号的讨论与连续情况的讨论类似。

我们对比讨论一下离散时间复指数信号 $e^{j\Omega_0 n}$ 与连续时间复指数信号 $e^{j\Omega_0 n}$，可以观察到两者在以下两个方面有所不同：

（1）ω_0 与振荡快慢的关系。

连续时间复指数信号 $e^{j\Omega_0 n}$ 随着 ω_0 的增加，振荡加快，在数学上，振荡的速度是没有极限的。对于离散情况而言，因为 $e^{j2\pi k n} = 1$，则有：

$$e^{j\omega_0 n} = e^{j(\omega_0 + 2\pi k)n} \tag{1-30}$$

由此可见，ω_0 与 $\omega_0 + 2k\pi$ 产生的振荡一样快。利用欧拉关系有：

$$e^{j\pi n} = \cos\pi n = (-1)^n \tag{1-31}$$

图 1-16 展示了 $\cos\pi n$ 的波形，从中可以看出，时间每推进一格，信号的值就发生一次反转，显然这就是离散时间信号所能够达到的振荡速度的极限，即 $\omega_0 = \pi$ 时 $e^{j\Omega_0 n}$ 的振荡最快。式（1-30）说明 $e^{j\Omega_0 n}$ 相对于 ω_0 而言是以 2π 为周期的，所以 ω_0 在任何一个长度为 2π 的区间内的 $e^{j\Omega_0 n}$ 的取值就能够表达所有 $e^{j\Omega_0 n}$ 的取值，一般来说，这个长度为 2π 的区间取为 $[-\pi, \pi]$ 或者 $[0, 2\pi]$。综上所述，离散时间复指数信号 $e^{j\Omega_0 n}$ 随着 ω_0 的增加，振荡的快慢程度呈现周期性的变换，振荡的速度是有上下极限的。

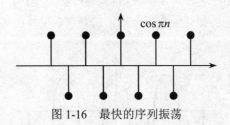

图 1-16　最快的序列振荡

（2）周期性。

前面的分析已经说明，无论 ω_0 的取值如何，连续时间信号 $e^{j\Omega_0 n}$ 都是周期信号。下面来分析一下，离散时间信号 $e^{j\omega_0 n}$ 的周期性。如果 N 是 $e^{j\omega_0 n}$ 的周期，那么 $e^{j\omega_0 n} = e^{j\omega_0(n+N)}$，必然有 $\omega_0 N = 2\pi m$，也就是：

$$\omega_0 / 2\pi = m/N \tag{1-32}$$

其中，m 和 N 都是整数。在数学分析里面，我们知道一个实数为有理数的充分必要条件是它能够表达为两个整数之比。由此可见，**离散时间信号 $e^{j\omega_0 n}$ 为周期信号的充分必要条件是 $\omega_0 / 2\pi$ 必须为有理数**。

下面来研究一下周期序列的基波周期和基波频率。离散时间序列 $x[n]$ 周期性的定义和连续时间信号 $x(t)$ 周期性的定义是一样的，即最小正周期 N 称为**基波周期**，$2\pi / N$ 称为**基波频率**。

研究一下离散时间复指数序列 $e^{j\omega_0 n}$ 的情况。如果 $e^{j\omega_0 n}$ 为周期信号，则 $\omega_0 / 2\pi = m/N$。如果 m 和 N 互质，显然 $N = m(2\pi/\omega_0)$ 是 $e^{j\omega_0 n}$ 的周期，可以证明，$m(2\pi/\omega_0)$ 也是 $e^{j\omega_0 n}$ 的基波周期，这时基波

频率为 $\Omega_0/m = 2\pi/N$。注意，这里的基波频率为 ω_0/m 而不是 ω_0。同样，基波周期 $N = m(2\pi/\omega_0)$，而不是 $2\pi/\omega_0$。综上所述，离散时间信号 $e^{j\omega_0 n}$ 的周期性是有条件的，而且有其不同于连续时间周期信号的情况。下面通过一个例子来加深对离散时间信号周期性的理解。

例题 1.2　求序列 $x[n] = 1 + e^{j(2\pi/7)\,n} + e^{j(7\pi/2)\,n}$ 的基波周期。

解: 因为 $(2\pi/7)\,/2\pi = 1/7$，所以信号 $e^{j(2\pi/7)\,n}$ 是周期的，其基波周期为 7；因为 $(7\pi/2)\,/2\pi = 7/4$，所以信号 $e^{j(7\pi/2)\,n}$ 是周期的，其基波周期为 4；4 和 7 的最小公倍数为 28，所以信号 $x[n]$ 的基波周期是 28。

因为离散时间复指数信号的周期性是有条件的，而在很多场合下又必须保证其周期性，因此引入一个离散时间复指数信号集 $\{\ \phi_k[n] = e^{jk(2\pi/N)n}$，$k \in Z\ \}$，注意这里 n 是信号的自变量，k 只是参数。这个信号集里面的元素都是以 N 为周期的周期序列，同时可以看到，因为 k 和 n 在 $e^{jk(2\pi/N)n}$ 中是对等的，因此 $e^{jk(2\pi/N)n}$ 对于参数 k 也具有周期性，即:

$$\phi_{k+N}[n] = e^{j(k+N)\frac{2\pi}{N}n} = \phi_k[n] = \phi_k[n+N] \tag{1-33}$$

也就是说，虽然信号集 $\{\ \phi_k[n] = e^{jk(2\pi/N)n}$，$k \in Z\ \}$ 具有无穷多个成员，但是只有 N 个是互不相同的。

很多情况下，可以将离散时间复指数序列看成是对连续时间复指数信号的采样，那么为什么 $e^{j\omega_0 t}$ 的周期性是无条件的，而 $e^{j\omega_0 n}$ 却是有条件的呢？我们来考虑一下，以 T 为采样间隔对连续时间信号 $e^{j\omega_0 t}$ 进行采样，形成离散时间信号 $x[n]$:

$$x[n] = e^{j\omega_0 nT} = e^{j(\omega_0 T)n} \tag{1-34}$$

序列 $x[n]$，只有当 $\omega_0 T/2\pi = m/N$ 时，才是周期的。图 1-17 说明，通过对连续时间周期信号的采样而获得的离散时间信号不一定是周期的。这是容易理解的，因为对连续时间周期信号进行采样，如果采样频率与连续时间信号的振荡频率不合拍，就会造成采样的结果是非周期的。

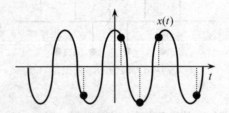

图 1-17　连续周期信号的采样不一定是周期的

1.4.3　离散时间单位阶跃信号和单位脉冲信号

离散时间单位阶跃（Unit Step）信号 $u[n]$ 的定义如下:

$$u[n] = \begin{cases} 0 & n < 0 \\ 1 & n \geqslant 0 \end{cases} \tag{1-35}$$

可见，$u[n]$ 在 n 小于 0 的点上都为 0，在 n 大于等于 0 的点上都为 1。图 1-18 所示是离散时间单位阶跃信号 $u[n]$ 的图示。与连续时间信号不同，离散时间信号只有在自变量 n 为整数的时候才有意义，这样就使得 $u[n]$ 的数学分析变得相对简单。

离散时间**单位脉冲**（Unit Impulse）信号 $\delta[n]$ 表示为:

$$\delta[n]=\begin{cases}0 & n\neq0\\1 & n=0\end{cases} \tag{1-36}$$

图 1-19 所示是离散时间单位脉冲信号 $\delta[n]$ 的图示。

图 1-18　离散时间单位阶跃信号　　　　　图 1-19　离散时间单位脉冲信号

可见，$\delta[n]$ 在 n 不等于 0 的点上都为 0，在 n 等于 0 的点上为 1。容易得到，$u[n]$ 和 $\delta[n]$ 具有如下基本性质：

（1）选择性质：

$$x[n]\delta[n]=x[0]\delta[n] \tag{1-37}$$
$$x[n]\delta[n-n_0]=x[n_0]\delta[n-n_0] \tag{1-38}$$

（2）差分性质：

$$\delta[n]=u[n]-u[n-1] \tag{1-39}$$

上式说明，离散时间单位脉冲信号是单位阶跃信号的一阶差分（First Order Difference）。

（3）求和性质：

$$u[n]=\sum_{m=-\infty}^{n}\delta[m] \tag{1-40}$$

分别讨论 $n>0$ 和 $n<0$ 的情况，可以很容易地验证式（1-40）。通过图 1-18，从另外一个角度来看，$u[n]$ 可以看成是由一根根的"电线杆"$\delta[n-k]$ 加起来的。同时可以对式（1-40）进行变量变换 $m=n-k$（注意，在变量替换中，求和变量是 m 和 k，n 看成常量），就可以将式（1-40）改写成：

$$u[n]=\sum_{m=-\infty}^{n}\delta[m]\overset{m=n-k}{=}\sum_{k=\infty}^{0}\delta[n-k]=\sum_{k=0}^{\infty}\delta[n-k] \tag{1-41}$$

这样就证实了上面的观点：$u[n]$ 可以看成是由无穷多个 $\delta[n-k]$（其中 $k\geq0$）累加而成的。

1.4.4　连续时间单位阶跃信号和单位冲激信号

连续时间单位阶跃信号定义为：

$$u[t]=\begin{cases}0 & t<0\\1 & t>0\end{cases} \tag{1-42}$$

可见，当 $t<0$ 时，$u(t)$ 等于 0；当 $t\geq0$ 时，$u(t)$ 等于 1。图 1-20 所示是连续时间单位阶跃信号的图示。阶跃信号的作用类似于电路里面的开关。

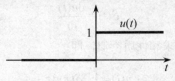

图 1-20　连续时间单位阶跃信号

下面讨论一个特殊函数——**狄拉克函数** $\delta(t)$（Dirac Delta Function），它的定义由以下两个命题组成：

$$\delta(t)=0 \quad \forall t \neq 0 \tag{1-43}$$

$$\int_{-\infty}^{\infty} \delta(t)\mathrm{d}t = 1 \tag{1-44}$$

直观地理解，$\delta(t)$ 在不为 0 的时刻都为 0，在 0 时刻为无穷大，但是整个信号的能量为 1。我们用一个向上的箭头来表示一个冲激信号，图 1-21 所示是狄拉克函数 $\delta(t)$ 的图示。

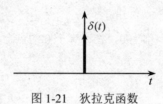

图 1-21　狄拉克函数

为了加深对特殊信号 $\delta(t)$ 的理解，我们给出 $\delta(t)$ 的另外一个定义：$\delta(t)=\mathrm{d}u(t)/\mathrm{d}t$。下面用极限方式来分析一下 $\delta(t)=\mathrm{d}u(t)/\mathrm{d}t$。由于 $u(t)$ 在 $t=0$ 处不连续，无法求导，但是我们考虑图 1-22（a）所示的连续函数 $u_{\Delta}(t)$，其导数是图 1-22（b）所示的函数 $\delta_{\Delta}(t)$，即：

$$\delta_{\Delta}(t) = \frac{\mathrm{d}u_{\Delta}(t)}{\mathrm{d}t} \tag{1-45}$$

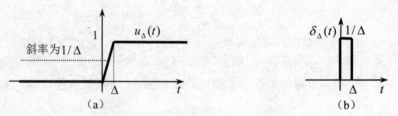

图 1-22　连续时间单位冲激信号的近似

可以看到，$\delta_{\Delta}(t)$ 波形下的面积等于 1，或者说 $\delta_{\Delta}(t)$ 的能量等于 1。$\Delta \to 0$，那么 $u_{\Delta}(t) \to u(t)$，在 $\Delta \to 0$ 的过程中 $\delta_{\Delta}(t)$ 的面积是不变的，于是可以定义：

$$\delta(t) = \lim_{\Delta \to 0} \delta_{\Delta}(t) = \frac{\mathrm{d}u(t)}{\mathrm{d}t} \tag{1-46}$$

狄拉克函数 $\delta(t)$ 也称为**单位冲激**（Unit Impulse）**信号**，而 $k\delta(t)$ 则称为**冲激强度为 k 的冲激信号**。由定义可知 $\delta(t)$ 具有与 $\delta[n]$ 类似的性质：

（1）**单位强度性质**：

$$\int_{-\infty}^{\infty} \delta(t)\mathrm{d}t = 1 \tag{1-47}$$

（2）**微分性质**：这与 $\delta[n]$ 的差分性质类似，即：

$$\delta(t) = \frac{\mathrm{d}u(t)}{\mathrm{d}t} \tag{1-48}$$

（3）**积分性质**：这与 $\delta[n]$ 的求和性质类似，即：

$$u(t) = \int_{-\infty}^{t} \delta(\tau)\mathrm{d}\tau \tag{1-49}$$

图 1-23 对积分性质做了说明。通过图 1-23 容易看出，当 $t < 0$ 时，积分区间不包含原点，因此积分值为 0；当 $t \geq 0$ 时，积分区间包含原点，因此积分值为 1。

$$\int_{-\infty}^{t} \delta(\tau)\mathrm{d}\tau = \begin{cases} 0 & t < 0 \\ 1 & t \geq 0 \end{cases} \tag{1-50}$$

（4）**选择性质**：同样通过极限方式来说明连续时间冲激函数的选择性质。在图 1-24 中，如果 $x(t)$ 在 0 点连续，那么：

$$x(t)\delta(t) = \lim_{\Delta \to 0} x(t)\delta(t) \approx \lim_{\Delta \to 0} x(0)\delta_\Delta(t) = x(0)\delta(t) \tag{1-51}$$

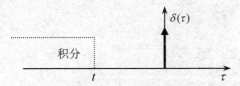

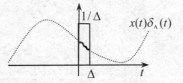

图 1-23 单位冲激信号的积分性质   图 1-24 单位冲激信号的选择性质

同理：
$$x(t)\delta(t - t_0) = x(t_0)\delta(t - t_0) \tag{1-52}$$

可见，$\delta(t)$ 具有与 $\delta[n]$ 类似的选择特性。

灵活地运用单位阶跃信号 $u(t)$ 可以使得信号的表达更加解析化，例如可以用 $u(t) - u(t-1)$ 来表达一个方波信号。一般地，如图 1-25 所示的方波信号就可以这样来表达：

$$x(t) = Mu(t - a) - Mu(t - b) \tag{1-53}$$

用 $\sin 100t[u(t) - u(t-T)]$ 可以表达一个持续时间为 T 的正弦波信号。

例题 1.3 试解析地表示图 1-26 所示的信号。

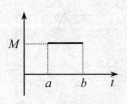

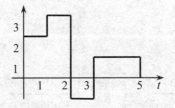

图 1-25 方波信号   图 1-26 例题 1.3 图

解：图中所示信号可以表示为 4 个方波信号的和，所以有
$$x(t) = 2[u(t) - u(t-1)] + 3[u(t-1) - u(t-2)] - [u(t-2) - u(t-3)] + [u(t-3) - u(t-5)]$$
化简得 $x(t) = 2u(t) + u(t-1) - 4u(t-2) + 2u(t-3) - u(t-5)$

例题 1.4 已知信号 $x(-2t)$ 如图 1-27 所示，画出信号 $x(t+1)u(-t)$ 的波形。

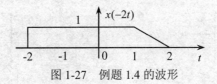

图 1-27 例题 1.4 的波形

解：先求出 $x(t)$ 的波形。设 $y(t) = x(-2t)$，那么 $y(-t) = x(2t)$，$y(-t/2) = x(t)$，可见将 $x(-2t)$ 反转，再尺度变换就得到了 $x(t)$。图 1-28（a）给出了 $x(2t)$ 的波形，图 1-28（b）给出了 $x(t)$ 的波形，图 1-28（c）给出了 $x(t+1)$ 的波形，这是 $x(t)$ 向左移位的结果，图 1-28（d）给出了 $x(t+1)u(-t)$ 的

波形，这是 $x(t+1)$ 截断 $t > 0$ 部分的结果。

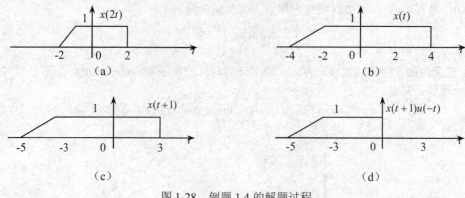

图 1-28　例题 1.4 的解题过程

1.5　系统的概念

所谓**系统**（System）就是对激励信号进行响应，并输出响应信号的装置、规则或者过程。用数学的语言来讲，**系统就是对信号的变换**。

如图 1-29 所示，系统的输入信号有时也称为**激励**（Excitation），系统的输出信号有时也称为**响应**（Response），记为：$y(t) = S[x(t)]$ 或 $x(t) \rightarrow y(t)$。

图 1-30 给出了一个简单的系统，它由单个耗能元件电阻构成，当输入为电压 $u(t)$，输出为电流 $i(t)$ 时，系统遵循欧姆定理实施变换，即 $i(t) = u(t)/R$。自然界也可以看成是典型的系统，称为生态系统。在乱砍滥伐为输入的激励下，系统根据复杂的生态法则，会给出洪水泛滥的输出。

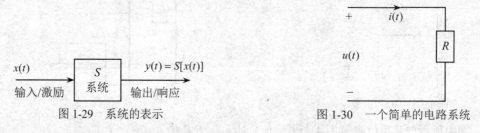

图 1-29　系统的表示

图 1-30　一个简单的电路系统

如图 1-31（a）所示，处理连续时间信号的系统称为**连续时间系统**（Continuous Time System），或者称为**模拟系统**（Analog System 或 Simulated System）；如图 1-31（b）所示，处理离散时间信号的系统称为**离散时间系统**（Discrete Time System），在一般的工程文献中，也称为**数字系统**（Digital System）。

（a）连续时间系统　　　　　　　　　　（b）离散时间系统

图 1-31　连续时间系统和离散时间系统

下面讨论一下系统之间的**互连**（Interconnection）。

（1）系统的**级联**（Series）。

图 1-32 所示是系统级联的情况，前面一个系统 S_1 的输出 $y_1(t)$ 作为后面一个系统 S_2 的输入。系统的级联表示的是复合变换，即 $y_1(t) = S_1[x(t)]$，那么

$$y(t) = S_2[y_1(t)] = S_2\{S_1[x(t)]\} = S_2 S_1[x(t)]$$

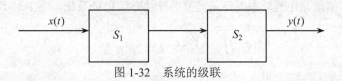

图 1-32 系统的级联

系统的级联与电路的串联虽然在形式上差不多，但实际上并不是一回事。

（2）系统的**并联**（Parallel）。

图 1-33 所示是系统并联的情况，两个系统的输出加起来成为总的输出，即：

$$y(t) = S_1[x(t)] + S_2[x(t)] \tag{1-54}$$

这里，系统的并联与电路的并联也仅仅是形似而已，以图 1-34 所示的电路为例，取 $i(t)$ 为输入，$u(t)$ 为输出，并将 R_1、R_2 看成两个系统，于是有：$u(t) = R_1\,i(t) + R_2\,i(t)$。如果用系统分析的框图表示，则上述串联电路应该是图 1-35 给出的系统并联。

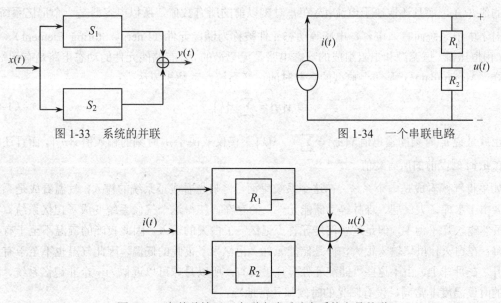

图 1-33 系统的并联   图 1-34 一个串联电路

图 1-35 在某种情况下串联电路反映在系统上是并联

1.6 系统的基本性质

系统是具有一些性质的，这些性质对于系统分析是非常重要的。下面对系统的一些重要性质逐一进行分析。

1.6.1 记忆性质

如果一个系统每一时刻的输出值仅仅取决于该时刻系统的输入值，则称该系统为**无记忆系统**（Memoryless System）；反之称为**记忆系统**（System with Memory）。

对于连续时间的无记忆系统而言，t_0 时刻的输出值 $y(t_0)$ 仅仅取决于 t_0 时刻的输入值 $x(t_0)$，与其他时刻的输入值无关。对于离散时间的无记忆系统而言，n_0 时刻的输出值 $y[n_0]$ 仅仅取决于 n_0 时刻的输入值 $x[n_0]$。如图 1-36 所示，由电阻组成的电阻电路是典型的无记忆系统，其解析表达式为：$i(t) = \dfrac{1}{R} u(t)$。含有储能元件的动态电路是典型的连续时间记忆系统，图 1-37 所示是一个电容器系统的例子，其解析表达式为：$u(t) = \dfrac{1}{C} \displaystyle\int_{-\infty}^{t} i(\tau) \mathrm{d}\tau$。

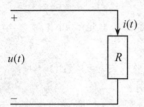

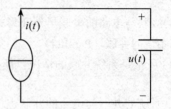

图 1-36　电阻电路是典型的无记忆系统　　　　图 1-37　动态电路是典型的记忆系统

对于上述电容器系统来说，t_0 时刻输出信号的值 $u(t_0) = 1/C \displaystyle\int_{-\infty}^{t_0} i(\tau) \mathrm{d}\tau$ 不仅仅取决于 t_0 时刻输入信号的值 $i(t_0)$，而且还取决于电流 $i(t)$ 在 t_0 时刻以前的所有数值，所以电容器是一个记忆系统。

对于电子系统而言，电容、电感等动态元件被称为**储能元件**（Energy Storing Element）。一般来说，由恒压源、恒流源和电阻组成的静态电路是无记忆的。含有储能元件的动态电路是有记忆的。**累加器**（Accumulator）是一个典型的离散时间记忆系统，其解析表达为：

$$y[n] = \sum_{k=-\infty}^{n} x[k] \tag{1-55}$$

也就是说 n_0 时刻的输出值 $y(n_0) = \sum_{k=-\infty}^{n_0} x[k]$ 不仅仅取决于 n_0 时刻的输入值 $x[n_0]$，而且还取决于 x 在 n_0 时刻以前的所有数值。

如果将气候看成是一个系统，在这个系统里面，将阳光看成是系统的输入，气温看成是系统的输出。由于水库、大气层、森林等"储能元件"的存在，使得这个气候系统变成了记忆系统。在夜晚，虽然输入几乎为零，但是这些储能元件"记忆"了白天的输入，因此夜晚的气温不至于有太大的下降；在白天，虽然输入很大，但是储能元件"记忆"了夜晚的低温，因此气温也不至于有太大的上升。在月球上，由于这些"储能元件"几乎没有，所以月球可以近似为一个非记忆系统，阳光直射的时候温度非常高，没有阳光的时候却异常地冷。

1.6.2　可逆性（Invertibility）

如果一个系统在不同输入信号的激励下会产生不同的输出信号，则该系统称为**可逆系统**（Invertible System），否则称为**不可逆系统**（Noninvertible System）。

集合论的分析使我们知道可逆系统的一个性质：可逆系统总存在一个**逆系统**（Inverse System），使得两者级联后，成为恒等系统。集合论已经证明上述性质与定义是等价的。我们将系统 S 的逆系统记为 S^{-1}。

图 1-38 显示了系统与其逆系统级联成为一个恒等系统的情况。显然，如果系统 S^{-1} 是系统 S 的逆系统，那么系统 S 也是系统 S^{-1} 的逆系统。图 1-39 对这个命题进行了说明，因此我们说，系统 S 和系统 S^{-1} 是互为可逆的系统。下面是一个连续时间可逆系统的例子，其系统的解析表达为

$y(t) = 2\,x(t)$，在这里，求逆系统的过程可以理解为通过输出求输入的过程。我们看到 $x(t) = y(t)/2$，于是，逆系统应该是 $y(t) = x(t)/2$。

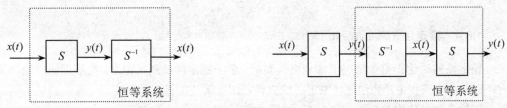

图 1-38　系统与其逆系统的级联等效为一个恒等系统　　　　图 1-39　系统、逆系统和系统的级联

下面是一个离散时间可逆系统的例子，系统的解析表达为：$y[n] = \sum_{k=-\infty}^{n} x[k]$。我们观察到，$y[n]$ 只比 $y[n-1]$ 多了一项，多出来的这一项是 $x[n]$，因此将两者相减可以得到：$y[n] - y[n-1] = x[n]$，于是逆系统是：$y[n] = x[n] - x[n-1]$。

由此可见，与连续时间系统中积分和微分为互逆变换一样，在离散时间系统中，累加和差分是一对互逆变换。当然，有些可逆系统的逆系统可能无法解析地表达，甚至无法物理实现。但是只要逻辑上存在这样一个逆系统，就会给今后的系统分析和设计带来便利。

解析式 $x(t) = 0$ 给出了一个不可逆系统的例子。在这里，无论输入信号是什么，输出信号都为零，也就是说，不同的输入产生相同的输出，因此这是一个不可逆系统。

解析 $y(t) = x^2(t)$ 式给出了另外一个不可逆系统的例子。在这里，系统在输入信号 $x(t)$ 和输入信号 $-x(t)$ 的激励下，输出都是 $x^2(t)$，也就是说，不同的输入产生相同的输出，因此这也是一个不可逆系统。

1.6.3　因果性（Causality）

如果一个系统在任何时刻的输出仅仅取决于现在时刻以及以前时刻的输入，则称之为**因果系统**（Causal System）；否则称为**非因果系统**。从字面上理解，因果就是前因（系统在现在时刻以及以前时刻的输入）后果（系统在此时刻的输出）的意思。毫无疑问，无记忆系统是一种特殊的因果系统。记忆系统可能是因果系统，也可能不是因果系统，是因为记忆系统的当前输出也可能和未来的输入值有关。

$y[n] = \sum_{k=-\infty}^{n} x[k]$ 表示的累加器就是一个因果系统，因为 n_0 时刻的输出信号的值 $y[n_0] = \sum_{k=-\infty}^{n_0} x[k]$ 取决于 n_0 时刻的输入信号的值 $x[n_0]$，以及输入信号 $x[n]$ 在 n_0 时刻以前的值，而与输入信号 $x[n]$ 在 n_0 时刻以后的值无关。解析式 $y(t) = x(t) + x(t+1)$ 所表示的系统是一个非因果系统，因为 t 时刻的输出还取决于 t 时刻的以后 $t+1$ 时刻的输入。

当系统的自变量是自然时间时，在实时的情况下，实际系统都是因果的，因为不可知的未来不会影响现在。但是，在科幻电影里面，所表现的系统往往是非因果的。例如电影《终结者 2》就体现了这种非因果性。影片中的小男孩在 1991 年时的生存状态（可以认为是系统的输出）不但取决于 1991 年以前的状态，如照料和营养状况等（这些可以认为是系统的输入），而且还取决于 1991 年以后的 2029 年，那时他已经成为了人类起义军的首领，但是他制造的机器人能否战胜人工智能制造的机器人，却是他在 1991 年能否生存的关键。

在自变量不是时间的情况下，例如静止图像处理，静止图像的自变量是空间坐标，因此涉及的系统可以是非因果系统，如对图像进行插值处理，当前位置的值需要由周边像素的值进行某种综合而得到。在自变量不是实时时间的情况下，例如在事后分析、离线的地震波分析、探伤信号分析等工作中，许多算法和系统也可以是非因果系统。如平滑滤波时，就需要当前时刻以后的若干时刻点的值。

1.6.4 稳定性（Stabilization）

稳定性的讨论在很多情况下都是很重要的。至于稳定性的严格定义，在不同的理论体系中则略有不同。在本课程中，我们这样来定义稳定性：如果系统的输入信号有界，系统的输出信号必定有界，则称系统是**稳定的**（Stable），否则称为**非稳定的**（Nonstable）。

信号有界的定义和函数有界的定义是一样的，也就是说：如果存在一个正数 M 使得信号在任何时刻点的模都小于 M，则将该信号称为**有界的**，形式地表达就是：

$$\exists M: \ \forall t: |x(t)| < M \tag{1-56}$$

体现在波形上，如图 1-40 所示，有界信号的波形被限制在一个容许带内。

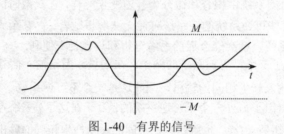

图 1-40 有界的信号

解析式 $y(t) = x(t-1)$ 表示的是一个延时系统，这是一个稳定系统的例子，这是因为，输出信号的模的最大值等于输入信号的模的最大值，那么输入信号有界，输出信号必然有界。

解析式 $y(t) = \int_{-\infty}^{t} x(\tau)\mathrm{d}\tau$ 表示的积分系统则是一个非稳定系统的例子，我们通过反例（Counterexample）来证明该解析式表示的积分系统是不稳定的。当输入为阶跃信号时，即 $x(t) = u(t)$ 时，输入信号是有界的，而输出信号

$$y(t) = \begin{cases} \int_0^t \mathrm{d}\tau = t & t>0 \\ 0 & t<0 \end{cases}$$

随着 t 的增加不断增加，没有上界，也就是说，找不到一个正数 M 使得信号 $y(t)$ 在所有的时刻的模都小于 M，因此 $y(t)$ 是无界的。所以，积分系统是非稳定的。

1.6.5 时不变性（Time Invariance）

一个系统，如果它的输入信号产生一个时间移位，其输出信号也一定产生一个相同的时间移位，则称该系统为**时不变系统**（Time-Invariant System），否则称该系统为**时变系统**（Time-Varying System）。上述定义可以形式地表示为：

如果 $x(t) \to y(t)$，则 $\forall t_0 : x(t-t_0) \to y(t-t_0)$；如果 $x[n] \to y[n]$，则 $\forall n_0 : x[n-n_0] \to y[n-n_0]$。

解析式 $y(t) = \sin[x(t)]$ 给出的是一个时不变系统的例子。可以这样来考虑，在 $x(t)$ 和 $z(t)$ 的输入激励下，系统变换分别为 $x(t) \to \sin[x(t)]$ 和 $z(t) \to \sin[z(t)]$。如果令 $z(t) = x(t-t_0)$，并代入上式右边，则系统的输出为：$\sin[z(t)] = \sin[x(t-t_0)]$，也就是说，当输入信号产生一个时间移位，成为 $x(t-t_0)$ 时，输出信号变成了 $\sin[x(t-t_0)]$，而 $\sin[x(t-t_0)] = y(t-t_0)$，输出信号也产生了一个相同

的时间移位，因此我们说系统是时不变的。

解析式 $y[n] = nx[n]$ 给出的则是一个时变系统的例子，同样考虑在 $x[n]$ 和 $z[n]$ 的激励下的系统变换，即：$x[n] \to nx[n]$ 和 $z[n] \to nz[n]$ 。如果，令 $z[n] = x[n - n_0]$ ，并代入上式右边，则有 $nz[n] = nx[n - n_0]$ 。因此，当输入为 $x(t - t_0)$ 时，输出为 $nx[n - n_0]$ ，由于 $y[n - n_0] = (n - n_0)x[n - n_0]$ 。系统在 $x(t - t_0)$ 激励下的输出并没有产生一个相同的时间移位，因此系统是时变的。

解析式 $y(t) = x(2t)$ 表达的是一个连续时间的时变系统，同样有：$x(t) \to x(2t)$ 和 $z(t) \to z(2t)$ 。如果，令 $z(t) = x(t - t_0)$ ，对变量 t 做变量替换 $t = 2t'$ ，则有 $z(2t') = x(2t' - t_0) \neq y(t' - t_0)$ ，这说明系统是时变的。

再举一个时变系统的例子，若离散系统的解析式为 $y[n] = x[-n]$ ，则有 $x[n] \to x[-n]$ 和 $z[n] \to z[-n]$ 。如果，令 $z[n] = x[n - n_0]$ ，对变量 n 做变量替换 $n = -n'$ ，则有 $z[-n'] = x[-n' - n_0]$ $\neq y[n' - n_0]$ ，这说明系统是时变的。

在理想情况下，大多数电子类系统都是时不变系统。例如，一盒录音带今天听是这样，明天听（有一天的时间移位）还是这样。但是，如果仔细推敲的话，因为磁头、磁带会有磨损，电子元件会老化，因此所有的模拟电子系统又都是时变的。所以说，从严格的意义上讲，实际系统的时变是绝对的，时不变是相对的。时不变系统只是一种理想的情况，是我们对许多实际系统的合理简化。

时变系统产生的重要原因之一就是热敏效应，我们知道，随着温度的升高，导体内的电子热运动加剧，电阻变大。例如，热敏电阻就是利用这个原理，它是典型的时变系统，它的电阻值随着温度的变化而变化，$i(t) = u(t)/R(t)$ 。

许多情况下我们要采取必要的手段来避免热敏带来的时变性，例如，显像管可能需要预热灯丝；大功率照明灯具可能需要缓慢点燃。然而有的情况下，我们却要有意识地利用时变性，例如利用热敏电阻来制造显示器的消磁电路。

社会系统和市场系统也是时变系统，你发现市场上一样产品好卖，便去组织生产，延时几个月后，产品出来了，结果却可能是滞销产品。俗话说"此一时也，彼一时也"，揭示的就是社会系统的时变性。

1.6.6　线性（Linearity）

一个系统，如果同时满足叠加性和齐次性，则称为**线性系统**（Linear System），否则称为**非线性系统**（Nonlinear System）。

上述定义可以形式地表示为：

如果 $x_1(t) \to y_1(t)$ ，$x_2(t) \to y_2(t)$ ，则

（1）**叠加性**（Superposition）：$x_1(t) + x_2(t) \to y_1(t) + y_2(t)$　　　　　　　　（1-57）

（2）**齐次性**（Homogeneity）：$ax_1(t) \to ay_1(t)$　　　　　　　　　　　　　　（1-58）

对线性系统综合运用齐次性和叠加性，可以得到：

$$ax_1(t) + bx_2(t) \to ay_1(t) + by_2(t) \tag{1-59}$$

推而广之，则有

$$\sum a_k x_k(t) \to \sum a_k y_k(t) \tag{1-60}$$

在式（1-59）中，如果令 $a = -b$ ，$x_1(t) = x_2(t)$ ，则 $ay_1(t) + by_2(t) = 0$ ，也就是说，线性系统对零输入的响应是零输出。我们考虑形如 $y(t) = ax(t) + b$ 的系统。虽然，该系统的输入输出表达式是一

个线性函数，但是并不满足对线性系统的定义。但是，这一类的系统在线性电路里面是常见的，我们称之为**增量线性系统**。在电路中，将输入为零时系统的响应称为**零输入响应**（Zero-Input Response），将状态为零时系统的响应称为**零状态响应**（Zero-State Response）。显然，零输入响应不为零的电路系统就是典型的增量线性系统。在电路分析的课程中，电路系统的完全响应等于零输入响应加上零状态响应，但是，我们认为这种分析方式不适合于信号处理的理论体系，因此，在本课程中我们强调，**增量线性系统不是线性系统！**

本节介绍的有关系统的概念很简单，但是都是非常重要的。在后面各章中，我们将主要以线性时不变系统为对象研究讨论信号的变换和处理原理。

研讨环节：信号与系统的分析和综合

引言

1. 信号的分析与综合

对于信号而言，分析是指将信号在时域中进行分解，分解成一些基础信号的线性加权和。而得到的加权值就是信号分析的结果。举个形象的例子，比如用积木搭建出了一种复杂的形状，这一形状就好比是原信号，而一块块的积木就好比是基础信号。对信号的分析就好比要弄明白在搭建复杂形状的过程中都是用了哪些积木，使用了几个。如使用了中等大小的圆形 2 个，使用了大三角形 1 个，小三角形 1 个等。获得这个清单的过程就是信号分析的过程，而最终我们真正得到的就是不同积木使用的数目，这个"数目"就是信号分析希望得到的加权值。

对于信号而言，综合是分析的反过程，是给定了基础信号的加权值，我们按照加权值将信号组合起来得到原信号的过程。好比我们知道了使用各种积木的数目，我们要按照正确的方法把它们组合起来形成一定的形状。

在信号分析中，原信号是已知的，加权值是我们要求取的。在综合中，加权值是已知的，原信号是我们需要求取的。本课程要讨论的傅里叶级数、傅里叶变换、拉普拉斯变换和 z 变换都属于信号分析的范畴，它们的反变换则属于信号综合的范畴。如在傅里叶级数里选用的就是有倍频关系的正弦信号作为基础信号，在傅里叶变换中则采用频率连续变化的正弦信号作为基础信号。

2. 系统的分析与综合

对于系统而言，所谓分析，是指在系统已给定的前提下，我们使用已经建立的各种理论和实验测量手段对系统的性质进行探究，并最终确定系统满足哪些性质的过程。例如，我们拿到了一个电子元器件组成的电路板，我们通过建模分析来判断此系统是否是稳定的，是否是因果的，是否是时不变的，系统的上升时间、稳定时间等具体参数又是多少等，这样一个过程就被称为系统的分析。

对于系统而言，所谓综合，是指我们已经知道系统具备哪些性质，满足哪些参数，反过来设计一个具体的系统，这个系统能满足提出的各种参数和性质。所以综合可以看作是一个设计过程，根据指标设计系统。这里的设计可以仅仅停留在纸面，也可以实现为具体的软硬件系统。

在系统分析中，系统是给定的，未知的是系统的各种性质和各种参数；在系统的综合中给定的是系统的性质和各种参数，未知的是系统的具体结构和实现方式。

系统的分析与综合在本门课中涉及是比较少的，在后期的控制理论课程学习中才会陆续接触到。

研讨提纲

1. 通过资料检索，举出信号的分析与综合、系统的分析与综合实际的工程例子并加以说明。

2. 通过资料检索，尽可能多地举出信号分析与综合的方法，并说明其基本思想和实现思路，以及它们彼此的基本差别。

3. 通过资料检索，尽可能多地举出系统分析与综合的方法，并理解其基本思想和实现思路。

思考题与习题一

1.1　画出信号 $(t-2)[u(t-2)-u(t-3)]$ 和 $u(t)-2u(t-1)+u(t-2)$ 的波形。

1.2　写出下列信号的解析表达式。

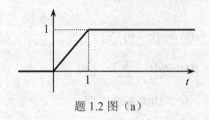
题 1.2 图（a）

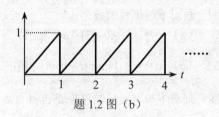
题 1.2 图（b）

1.3　信号 $x(t)$ 如题 1.3 图所示，请画出以下信号的波形：

　　（a）$x(t-1)$　　　　（b）$x(2t-1)$　　　　（c）$x(2-t)$

　　（d）$x(2-t/2)$　　　（e）$[x(t)+x(-t)]u(t)$

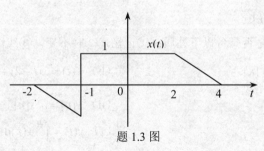
题 1.3 图

1.4　信号 $x\left(-\dfrac{1}{2}t\right)$ 如题 1.4 图所示，请画出信号 $x(t+1)u(-t)$ 的波形，其中 $u(t)$ 为单位阶跃信号。

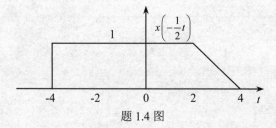
题 1.4 图

1.5　已知信号 $x(1-t)$ 如题 1.5 图所示，请画出信号 $x(2t+1)u(-t)$ 的波形。

1.6　试用阶跃信号来表示题 1.6 图所示的信号。

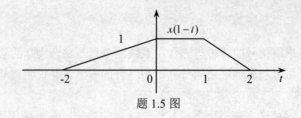

题 1.5 图

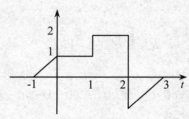

题 1.6 图

1.7　画出下列信号的波形：

（a）$x(t) = u(-2t+3) - u(-2t-3)$

（b）$x(t) = u(t^2-9) - u(t^2-3)$

（c）$x(t) = \sum_{n=0}^{\infty} [\sin \pi(t-n)u(t-n)]$

（d）$x(t) = tu(t) - \sum_{n=1}^{\infty} u(t-n)$

1.8　判断下列离散时间序列是否具有周期性，如果有，请求出其基波周期。

（a）$\cos\left(\dfrac{3\pi}{7}n - \dfrac{\pi}{8}\right)$

（b）$e^{j\left(\frac{n}{8}-\pi\right)}$

（c）$1 - e^{j\frac{5\pi n}{3}} + e^{-j\frac{3\pi n}{5}}$

（d）$\sum_{k=-\infty}^{\infty} \{\delta[n-3k] + \delta[n-1-3k]\}$

（e）$[\cos(2\pi n)]u[n]$

1.9　试确定下列系统是否具备以下性质：①记忆，②时不变，③线性，④因果，⑤稳定。

（a）$y[n] = \sum_{k=-\infty}^{n} x^2[k]$

（b）$y(t) = x(t-2) + x(2-t)$

（c）$y[n] = x[n^2]$

（d）$y[n] = n^2 x[n]$

（e）$[\sin 2t]x(t)$

（f）$y(t) = \int_{-\infty}^{2t} x(\tau)\,\mathrm{d}\tau$

（g）$y(t) = x(t/2)$

第 2 章

线性时不变系统

　　上一章讨论了系统及其性质。就现有的科学手段而言，如果不对系统的性质加以限制，那么分析一个系统将是十分困难的。本章讨论一类特殊的系统——线性时不变（Linear Time-Invariant，LTI）系统。通过本章的学习可以看到，如果给系统加上线性和时不变性的限制，系统的分析将变得十分简便。当然严格地讲，绝大多数实际的电子系统是非线性的和时变的。线性和时不变性可以认为是对现实系统的近似或者理想化，一般来说这样的近似是合理的。比如很多实际系统的时变因素是可以忽略的，例如，在很多弱电系统中，电阻阻值会随着温度的变化而变化，但在大部分电路分析中只需要使用一个固定的阻值就可以得到足够高精度的分析结果，所以电阻阻值的时变因素就是可以忽略的；在信号取值范围有限的情况下，某些器件的非线性也可以用局部线性化来近似，例如晶体管的小信号模型就是其中的例子。因此，LTI 系统的分析方法具有实用性和广泛性。同时，LTI 系统的分析还为非线性系统的分析提供了思路。例如，线性时不变系统可以用冲激响应来表达，非线性系统可以用 Volterra 级数来表达。

2.1 离散时间 LTI 系统的卷积分析

在分析一个系统时，经常遇到的一个问题是，给定一个输入信号，怎样求出系统的输出信号。分析这个问题可以先从输入信号入手。如果能够将输入信号分解成为基本信号的线性组合，再利用叠加性质，那么 LTI 系统输出的分析将会十分简单。

2.1.1 用单位脉冲函数表示离散时间信号

从波形的角度来观察离散时间信号 $x[n]$，可以将它看成是由许多加权的单位脉冲信号组合而成的，如图 2-1 所示。

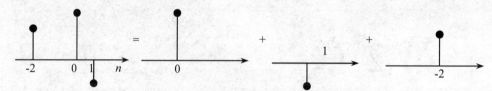

图 2-1 离散时间信号分解成单位脉冲信号的线性组合

也就是 $x[n] = x[1]\delta[n-1] + x[0]\delta[n] + x[-2]\delta[n+2]$。

推而广之，对于任意的离散时间信号 $x[n]$，都有：

$$x[n] = \sum_{k=-\infty}^{\infty} x[k]\delta[n-k] \tag{2-1}$$

也就是说，任意离散时间信号等于许多移位单位脉冲信号的加权和，其加权值等于信号在该移位点上的值。特别地，有 $u[n] = \sum_{k=0}^{+\infty} \delta[n-k]$。

式（2-1）中，k 只是变化的累加序号，n 是信号的自变量，式（2-1）应该理解为许多以 n 为自变量的函数的相加，而不是数值相加。式（2-1）说明许多移位单位脉冲信号 $\delta[n]$ 的加权和构成了 $x[n]$。

2.1.2 卷积和

式（2-1）表明，任何一个序列都可以表示为移位单位脉冲信号的线性组合。以此为基础，来求系统的输出信号。对于一个给定的 LTI 系统，定义一个特殊的输出信号 $h[n]$。$h[n]$ 是该 LTI 系统在单位脉冲信号 $\delta[n]$ 激励下的输出信号，即：

$$\delta[n] \rightarrow h[n] \tag{2-2}$$

这里，$h[n]$ 称为该系统的**单位脉冲响应**（Unit Impulse Response）。

由时不变性可得：$\delta[n-k] \rightarrow h[n-k]$。利用 LTI 系统的齐次性可得：

$$x[k]\delta[n-k] \rightarrow x[k]h[n-k] \tag{2-3}$$

利用 LTI 系统的叠加性和式（2-2），就得到了计算 LTI 系统的输出信号的一种方法，即：

$$y[n] = \sum_{k=-\infty}^{\infty} x[k]h[n-k] \tag{2-4}$$

式（2-4）称为**卷积和**（Convolution Sum）或者简称**卷积**（Convolution）。我们为卷积运算引入一个运算符号 $*$，也就是：

$$y[n] = x[n] * h[n] \tag{2-5}$$

卷积和是离散时间信号（或者说函数）之间的一种运算，两个以 n 为时间变量的信号的卷积运算结果是一个以 n 为时间变量的信号。

从实用的观点来说，如果对于任何输入，都能够求出系统的输出，这就说明我们对该系统有了足够的了解。求解系统响应的卷积方法是系统分析的重要工具。

由式（2-4）可知，单位脉冲响应 $h[n]$ 完全描述了线性时不变系统的变换规律。不同的系统激励，都在 $h[n]$ 的作用下产生相应的响应，因此，给定了一个 LTI 系统的单位脉冲响应 $h[n]$，就等于给定了该系统。

图 2-2 对 $h[n-k]$ 的形成过程做了进一步说明。在卷积和的公式里面，从计算某一个特定点 n 上的输出 $y[n]$ 的角度来看，k 是求和变量，n 暂时看成常量。

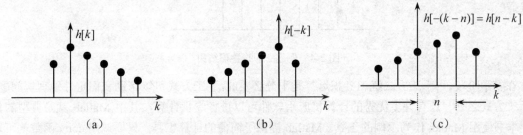

图 2-2　离散信号卷积求和公式中 $h[n-k]$ 的形成过程

在图 2-2 中获得 $h[n-k]$ 的过程是**先反转后平移**，其中（a）是 $h[k]$ 的波形，$h[k]$ 反转后得到 $h[-k]$ 的波形如（b）所示，$h[-k]$ 进行一个时间移位得到 $h[n-k]$ 的波形如（c）所示。当然，也可以先平移后反转，但是这种方式不容易操作，容易出错。要真正熟练地掌握卷积求和公式的计算方法，还需要通过大量的练习来加深体会。

例题 2.1　一个 LTI 系统的输入信号为 $x[n] = \alpha^n u[n]$（$0 < \alpha < 1$），该 LTI 系统的单位脉冲响应为 $h[n] = u[n]$，试求该 LTI 系统的输出 $y[n]$。

解：由卷积公式有：$y[n] = x[n] * h[n] = \sum_{k=-\infty}^{+\infty} x[k]h[n-k]$。图 2-3 所示是卷积过程示意图，（a）是 $x[n] = \alpha^n u[n]$ 的波形，（b）是 $h[n] = u[n]$ 的波形。为了方便识别，我们将 $x[n]$ 的数据点用菱形表示，将 $h[n]$ 的数据点用圆形表示。图 2-3 中，（c）是 $h[-k]$ 的波形，（d）是 $h[n-k]$ 的波形，其中"△"标志是 n 的位置，（e）标示出了 $h[n-k]$ 和 $x[k]$ 重叠的情况。通过图 2-3（d）看到，可以将时间分为 $n<0$ 和 $n \geq 0$ 两段来考虑。

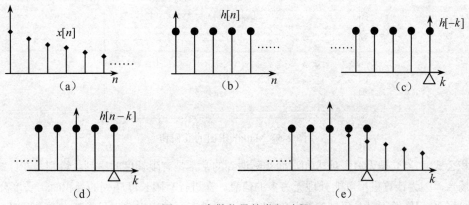

图 2-3　离散信号的卷积过程

（1）当 $n<0$ 时，$x[k]$ 和 $h[n-k]$ 没有重叠的部分，因此 $y[n]=0$。

（2）当 $n \geqslant 0$ 时，$x[k]$ 和 $h[n-k]$ 在 $0 \sim n$ 之间是重叠的，因此：

$$y[n] = \sum_{k=0}^{n} x[k]h[n-k] = \sum_{k=0}^{n} \alpha^k = \frac{1-\alpha^{n+1}}{1-\alpha} \quad （等比级数求和）$$

那么输出信号可以写成 $y[n] = \dfrac{1-\alpha^{n+1}}{1-\alpha} u[n]$，如图 2-4 所示。

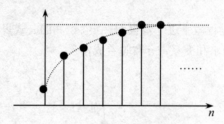

图 2-4　例题 2.1 的卷积结果

在初学阶段，用手工方式练习卷积运算是十分必要的，手工方式可以帮助我们定性地理解问题。除手工方式之外，还有许多优秀的计算机应用软件可以进行卷积计算，其中 Matlab 就是典型的代表。本书使用 Matlab 作为示例的工具。Matlab 提供了简便的计算工具，只要调用 conv 函数就可以方便地完成卷积运算。下面是例题 2.1 的 Matlab 的实现文本（Script）：

```
n=0:999;            （计算机不能计算无限多的数据，这里我们取 1000 个点，这就有足够多的时间进入稳态）
u=ones(1,1000);     （ones 函数产生一个幅度为 1，长度为 1000 个点的阶跃信号）
h=u;                （单位脉冲响应）
x=0.5^n.*u;         （我们取 α =0.5）
y=conv(h,x);        （conv 函数计算两个序列的卷积）
m=0:1998;           （我们知道长度为 N 的序列与长度为 M 的序列的卷积的长度为 M+N-1）
plot(m,y);
axis([-2,10,0,3]);  （axis 函数用于控制显示范围，其语法是 axis([XMIN, XMAX, YMIN,
                     YMAX]），它使得显示窗口的横坐标 x 限制在 XMIN～XMAX，纵坐标 y 限
                     制在 YMIN～YMAX）
```

图 2-5 给出了例题 2.1 的 Matlab 计算结果。

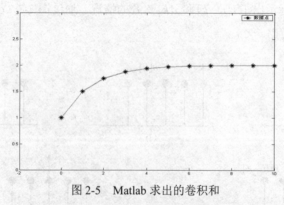

图 2-5　Matlab 求出的卷积和

卷积公式（2-4）是无穷多项求和，而实际遇到的常常是有限长度的序列，特别是在计算机离线处理的场合，因为计算机不可能处理无穷多的信息。在进行有限长度序列的卷积时，长度分别为 N 和 M 的两个序列作卷积时，反转序列从左到右进入重叠直至移出重叠，只有存在重叠项时，卷积和

才可能非零，因此其卷积结果的长度为 M+N-1。接下来，举一个有限长度序列卷积的例子。

例题 2.2   给定如下的 $x[n]$ 和 $h[n]$，试求：$y[n] = x[n] * h[n]$，其中：

$$x[n] = \delta[n] + \delta[n-1] + \delta[n-2] + \delta[n-3]$$
$$h[n] = \delta[n] + \delta[n-1] + \delta[n-2] + \delta[n-3]$$

解：

$$y[n] = x[n] * h[n] = \sum_{k=-\infty}^{\infty} x[k]h[n-k]$$

图 2-6 中用实线圆头表示 $x[k]$，虚线菱形头表示 $h[n-k]$，分别画出了 $n < 0$、$0 \leqslant n \leqslant 6$ 和 $n > 6$ 的情况。

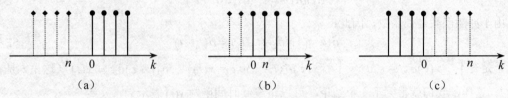

图 2-6 两个有限长度离散时间信号的卷积和

容易得出：

（1）$n < 0$ 时，$y[n] = 0$。

（2）$0 \leqslant n \leqslant 6$ 时，$y[0] = 1$，$y[1] = 2$，$y[2] = 3$，$y[3] = 4$，$y[4] = 3$，$y[5] = 2$，$y[6] = 1$。

（3）$n > 6$ 时，$y[n] = 0$：

$$y[n] = \delta[n] + 2\delta[n-1] + 3\delta[n-2] + 4\delta[n-3] + 3\delta[n-4] + 2\delta[n-5] + \delta[n-6]$$

同样，我们也给出了本例题的 Matlab 实现文本。

```
x=[1,1,1,1];          （一维数组的另一种表达）
h=[1,1,1,1];
y=conv(x,h);
y
y =
     1   2   3   4   3   2   1
n=0:10;
plot(n(1:7),y(1:7));
```

图 2-7 给出了例题 2.2 的 Matlab 计算结果。

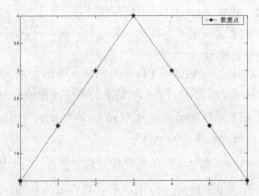

图 2-7 Matlab 计算的两个有限长度序列的卷积

2.2   连续时间 LTI 系统的卷积分析

本节讨论连续时间 LTI 系统的卷积分析，也就是利用输入信号和冲激响应函数的卷积来表示输出信号。

2.2.1   用冲激函数表示连续时间信号

对于连续时间信号，也可以利用冲激函数的选择性质来推导 LTI 系统输出信号的卷积表示。冲激函数的选择性质是：

$$x(t)\delta(t-t_0) = x(t_0)\delta(t-t_0) \qquad (2\text{-}6)$$

由于冲激函数是偶函数，因此：

$$\delta(t-t_0) = \delta[-(t-t_0)] = \delta(t_0-t) \qquad (2\text{-}7)$$

于是有 $\int_{-\infty}^{\infty} x(\tau)\delta(t-\tau)\mathrm{d}\tau = \int_{-\infty}^{\infty} x(\tau)\delta(t-\tau)\mathrm{d}\tau = x(t)\int_{-\infty}^{\infty}\delta(t-\tau)\mathrm{d}\tau = x(t)$（这里 τ 是积分变量）。这样，我们就得到了一个结论，可以将连续时间函数 $x(t)$ 表示为：

$$x(t) = \int_{-\infty}^{\infty} x(\tau)\delta(t-\tau)\mathrm{d}\tau \qquad (2\text{-}8)$$

2.2.2   卷积积分

把任何连续时间信号 $x(t)$ 看成 $\delta(t-\tau)$ 的加权积分：$x(t) = \int_{-\infty}^{\infty} x(\tau)\delta(t-\tau)\mathrm{d}\tau$，对于一个给定的 LTI 系统，我们定义一个特殊的输出信号，即系统在单位冲激信号 $\delta(t)$ 的激励下的输出信号 $h(t)$，也就是：

$$\delta(t) \rightarrow h(t) \qquad (2\text{-}9)$$

这里，$h(t)$ 称为该 LTI 系统的**单位冲激响应**。由 LTI 系统的时不变性，我们有：$\delta(t-\tau) \rightarrow h(t-\tau)$。由式（2-8）和 LTI 系统的线性有：

$$x(t) \rightarrow \int_{-\infty}^{\infty} x(\tau)h(t-\tau)\mathrm{d}\tau \qquad (2\text{-}10)$$

由此可见，LTI 系统在输入信号 $x(t)$ 的激励下，其输出信号 $y(t)$ 为：

$$y(t) = \int_{-\infty}^{\infty} x(\tau)h(t-\tau)\mathrm{d}\tau \qquad (2\text{-}11)$$

式（2-11）称为信号 $x(t)$ 和 $h(t)$ 的**卷积积分**（Convolution Integral）或者简称**卷积**。同样，用运算符号"＊"表示卷积积分，也就是：$y(t) = x(t) * h(t)$。

卷积是连续时间信号（或者说函数）之间的一种运算，两个以 t 为时间变量的信号的卷积运算的结果是一个以 t 为时间变量的信号。

由式（2-11）可知，$h(t)$ 同样完全刻画了 LTI 系统的输入输出关系。不同的系统输入，都在 $h(t)$ 的作用下产生相应的响应，因此，给定了一个 LTI 系统的单位冲激响应 $h(t)$，就等于给定了该系统。

例题 2.3   已知给定的 LTI 系统的输入信号为 $x(t) = \mathrm{e}^{-\alpha t}u(t)$，其中 $\alpha > 0$，该系统的单位冲激响应为 $h(t) = u(t)$，试求该系统的输出信号 $y(t)$。

解： $y(t) = \int_{-\infty}^{\infty} x(\tau)h(t-\tau)\mathrm{d}\tau$。图 2-8 所示是卷积过程示意图，（a）是 $x(\tau)$ 的波形，（b）是 $h(\tau)$ 的波形，（c）是 $h(-\tau)$ 的波形，（d）是 $h(t-\tau)$ 的波形。重叠 $x(\tau)$ 和 $h(t-\tau)$ 可以看到，应将时间分为 $t<0$ 和 $t>0$ 两段来考虑。

（1）当 $t < 0$ 时，$x(\tau)$ 和 $h(t-\tau)$ 没有重叠部分，$y(t) = 0$。

（2）当 $t > 0$ 时，$x(\tau)$ 和 $h(t-\tau)$ 的重叠部分为 $0 \sim t$，因此：

$$y(t) = \int_0^t x(\tau)h(t-\tau)\mathrm{d}\tau = \int_0^t \mathrm{e}^{-\alpha\tau}\mathrm{d}\tau = \frac{-\mathrm{e}^{-\alpha\tau}}{\alpha}\Big|_0^t = \frac{1}{\alpha}(1-\mathrm{e}^{-\alpha t})$$

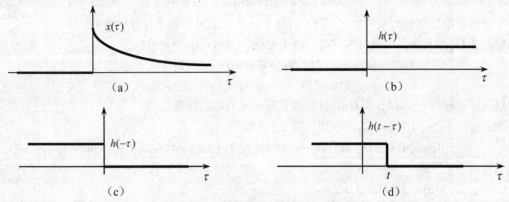

图 2-8　连续时间信号的卷积过程

整理后可得，$y(t) = \dfrac{1}{\alpha}(1-\mathrm{e}^{-\alpha t})\,u(t)$，其波形如图 2-9 所示。

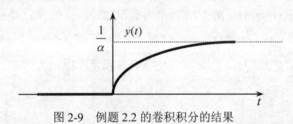

图 2-9　例题 2.2 的卷积积分的结果

2.3　卷积的性质

本节讨论卷积算子的基本性质，熟练应用这些性质可以有效地简化系统分析和卷积计算的复杂度。

2.3.1　交换律（Commutative Property）

注意到：$x[n] * h[n] = \displaystyle\sum_{k=-\infty}^{\infty} x[k]h[n-k] \overset{r=n-k}{=} \sum_{r=\infty}^{-\infty} x[n-r]h[r] = h[n] * x[n]$

$$x(t) * h(t) = y(t) = \int_{-\infty}^{\infty} x(\tau)h(t-\tau)\mathrm{d}\tau \overset{\alpha=t-\tau}{=} \int_{\infty}^{-\infty} x(t-\alpha)h(\alpha)(-\mathrm{d}\alpha)$$

$$= \int_{-\infty}^{\infty} x(t-\alpha)h(\alpha)\mathrm{d}\alpha = h(t) * x(t)$$

可见，类似于乘法运算，卷积运算也服从交换律，即

$$x[n] * h[n] = h[n] * x[n] \text{ 和 } x(t) * h(t) = h(t) * x(t) \tag{2-12}$$

利用卷积的交换律，将 $x[n] * h[n]$ 等效为 $h[n] * x[n]$，可能会大大简化卷积的计算过程。大家可以在练习中细心体会。

值得注意的是，在 Matlab 中卷积计算函数 conv 只能计算有限长度序列的卷积，而且默认这些序列是从 0 开始的，所以一旦遇到起始点不为零的序列进行卷积的情况，必须利用 LTI 系统的时不变性和卷积的交换率将序列的起始点移位到 0，卷积完成以后再移位回来。

利用时不变性有： $y[n-m]=x[n-m]*h[n]$ ，再利用交换律有：

$$y[n-m]=x[n-m]*h[n]=x[n]*h[n-m] \tag{2-13}$$

下面将举例说明如何利用式（2-13）对两个起始点不为 0 的序列进行卷积。

例题 2.4 给定如下的 $x[n]$ 和 $h[n]$ ，试求卷积： $y[n]=x[n]*h[n]$ 。

$$x[n]=\delta[n+1]+\delta[n]+\delta[n-1]+\delta[n-2]$$
$$h[n]=\delta[n-2]+\delta[n-3]+\delta[n-4]+\delta[n-5]$$

解： 经过移位， $x[n-1]$ 和 $h[n+2]$ 都成了起始点为零的序列。

令： $z[n]=x[n-1]*h[n+2]$ ，利用例题 2.2 的结论：

$$z[n]=\delta[n]+2\delta[n-1]+3\delta[n-2]+4\delta[n-3]+3\delta[n-4]+2\delta[n-5]+\delta[n-6]$$

可以得

$$y[n]=z[n+1-2]=z[n-1]$$
$$=\delta[n-1]+2\delta[n-2]+3\delta[n-3]+4\delta[n-4]+3\delta[n-5]+2\delta[n-6]+\delta[n-7]$$

例题 2.5 已知信号 $x_1(t)=(1+t)[u(t)-u(t-1)]$ ， $x_2(t)=u(t-1)-u(t-2)$ ，求卷积：

$$y(t)=x_1(t)*x_2(t)$$

解： $y(t)=\int_{-\infty}^{\infty}x_1(\tau)x_2(t-\tau)\mathrm{d}\tau$ 。图 2-10 所示为卷积过程示意图，（a）是 $x_1(t)$ 的波形，（b）是 $x_2(t)$ 的波形，（c）是 $x_1(\tau)$ 和 $x_2(t-\tau)$ 重叠显示的波形，其中"△"标示 t 的位置。通过图 2-10 看到，可以将时间分为 $t<1$ 、 $t>3$ 、 $1<t<2$ 和 $2<t<3$ 共 4 段来考虑。

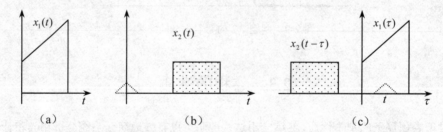

图 2-10 例题 2.5 的图示

（1）当 $t<1$ 或 $t>3$ 时， $x_1(\tau)$ 和 $x_2(t-\tau)$ 没有重叠， $y(t)=0$ 。

（2）当 $1<t<2$ 时， $x_1(\tau)$ 和 $x_2(t-\tau)$ 的重叠部分为 $0\sim t-1$ ，因此：

$$y(t)=\int_0^{t-1}x_1(\tau)\mathrm{d}\tau=\int_0^{t-1}(1+\tau)\mathrm{d}\tau=(t-1)+(t-1)^2/2=\frac{1}{2}(t^2-1)$$

（3）当 $2<t<3$ 时， $x_1(\tau)$ 和 $x_2(t-\tau)$ 的重叠部分为 $t-2\sim1$ ：

$$y(t)=\int_{t-2}^{1}x_1(\tau)\mathrm{d}\tau=\int_{t-2}^{1}(1+\tau)\mathrm{d}\tau=(1-t+2)+(1-(t-2)^2)/2$$
$$=-\frac{1}{2}t^2+t+\frac{3}{2}$$

当然，还可以利用时不变性来简化计算。

$y(t)=x_1(t)*x_2(t)$ ，那么设 $w(t)=x_2(t+1)$ ，则：

$$y(t+1)=x_1(t)*x_2(t+1)=x_1(t)*w(t)$$

图 2-11 所示为卷积过程示意图，（a）是 $x_1(t)$ 的波形，（b）是 $w(t) = x_2(t+1)$ 的波形，（c）是 $x_1(\tau)$ 和 $w(t-\tau)$ 重叠显示的波形，其中"△"标示 t 的位置。通过图 2-11 看到，可以将时间分为 $t < 0$、$t > 2$、$0 < t < 1$ 和 $1 < t < 2$ 共 4 段来考虑。

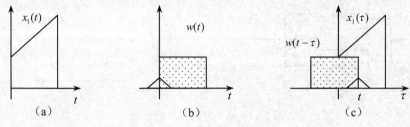

图 2-11　例题 2.5 的图示

（1）当 $t < 0$ 或 $t > 2$ 时，$x_1(\tau)$ 和 $w(t-\tau)$ 没有重叠，$y(t+1) = 0$。

（2）当 $0 < t < 1$ 时，$x_1(\tau)$ 和 $w(t-\tau)$ 的重叠部分为 $0 \sim t$，因此：

$$y(t+1) = \int_0^t x_1(\tau)\mathrm{d}\tau = \int_0^t (1+\tau)\mathrm{d}\tau = t + t^2/2$$

（3）当 $1 < t < 2$ 时，$x_1(\tau)$ 和 $w(t-\tau)$ 的重叠部分为 $t-1 \sim 1$，因此：

$$y(t+1) = \int_{t-1}^1 x_1(\tau)\mathrm{d}\tau = \int_{t-1}^1 (1+\tau)\mathrm{d}\tau = (1-t+1) + (1-(t-1)^2)/2 = -\frac{1}{2}t^2 + 2$$

容易验证，将上面的结果向右移一位就得到了 $y(t)$。

例题 2.6　一个连续时间线性时不变系统的输入为 $x(t)$，它的单位冲激响应 $h(t)$ 和 $x(t)$ 的波形分别如图 2-12（a）和（b）所示，求系统在 4 秒时的输出 $y(4)$。

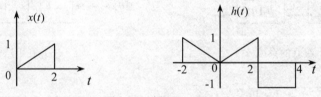

图 2-12　例题 2.6 图

解：利用交换率 $y(t) = x(t) * h(t) = h(t) * x(t)$ 有：$y(4) = \int_{-\infty}^{\infty} h(\tau)x(4-\tau)\mathrm{d}\tau$，即 $y(4) = \int_2^4 h(\tau)x(4-\tau)\mathrm{d}\tau$，如图 2-13 所示，$y(4)$ 等于加黑的三角形的面积加负号，即 $y(4) = -1$。

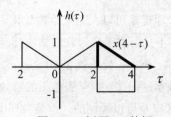

图 2-13　例题 2.6 的解

2.3.2　分配律（Distributive Property）

容易证明，类似于乘法运算，卷积计算对加法还具有分配律，即：

$$x[n]*[h_1[n]+h_2[n]]=x[n]*h_1[n]+x[n]*h_2[n] \tag{2-14}$$

$$x(t)*[h_1(t)+h_2(t)]=x(t)*h_1(t)+x(t)*h_2(t) \tag{2-15}$$

利用卷积运算的分配律可以简化两个 LTI 系统的并联。在图 2-14 中，系统框图（a）等效于（b）。

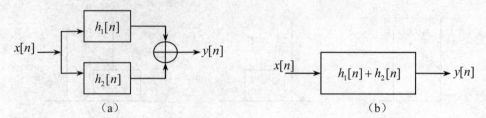

图 2-14　两个互相等效的系统

2.3.3　结合律（Associative Property）

还可以证明，类似于乘法运算，卷积计算还服从结合律，即

$$x[n]*[h_1[n]*h_2[n]]=[x[n]*h_1[n]]*h_2[n] \tag{2-16}$$

$$x(t)*[h_1(t)*h_2(t)]=[x(t)*h_1(t)]*h_2(t) \tag{2-17}$$

将卷积的交换律和结合律综合运用于两个 LTI 系统的级联的分析上面，会发现一个有用的结论。在图 2-15 中，综合运用交换律和结合律，可以看到系统框图（a）、（b）、（c）和（d）是彼此等效的。

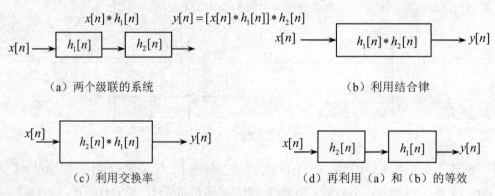

图 2-15　四个相互等效的系统

在系统综合层面，利用这些等效原理是可以在系统结构优化、系统安全性、能耗控制等方面取得良好效果的。但值得注意的是，并不是所有系统级联的情况都满足上述交换律，只有 LTI 系统在输入输出关系这个层面上满足交换律。例如，稳压器和 UPS 就不能互换，因为它们不是 LTI 系统。此外，要特别注意的是这种等效是数学层面的，数学表达上的等效并不意味着物理上的等效，例如数学层面上投影仪和计算机的连接顺序是可以颠倒的，但是物理上则是不容许的。

图 2-16（a）和（b）所示的两个电路是 LTI 系统，它们在输入输出关系这个层面上是等效的，但是它们在其他方面却不一定等效，比如它们的输入阻抗和输出阻抗不一定相等。

卷积的分配律和结合律的证明，请读者在习题里完成。

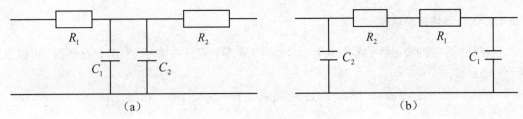

图 2-16　两个等效的 LTI 电路

2.4　LTI 系统的性质

本节用卷积算子来重新讨论一下 LTI 系统的性质。LTI 系统可以由其单位冲激/脉冲响应 $h(t)/h[n]$ 来描述。下面通过单位冲激响应与系统性质的关系进一步说明这个观点。我们将看到，可以用单位冲激响应的性质来描述 LTI 系统的性质。

2.4.1　LTI 系统的记忆性质

系统可以看成是对信号的变换过程，如果系统的输入为 $x(t)$，输出为 $y(t)$ 的话，那么：

$$y(t) = S[x(t)] \tag{2-18}$$

在这里，用集合论的语言来说，S 是一个从函数集到函数集的映射。我们知道，如果一个系统的每一时刻的输出仅仅取决于该时刻的输入，则称该系统为无记忆系统。那么，无记忆系统 S 的作用仅仅是将一个数值（输入信号的值）变换到另外一个数值（输出信号的值）。因此，式（2-18）就退化成为：

$$y(t) = S[x(t)] \quad S \in C^{C}（对于实数信号 S \in R^{R}） \tag{2-19}$$

也就是说，S 从一个函数集到函数集的映射退化为一个复数集到复数集（或者是实数集到实数集）的映射。

进一步地，无记忆的 LTI 系统还具备线性性质，因此有：

$$y(t) = Kx(t) \tag{2-20}$$

$$y[n] = Kx[n] \tag{2-21}$$

其中，K 为常数。因此可以知道，无记忆的 LTI 系统的冲激（脉冲）响应满足：

$$h(t) = K\delta(t) \quad 或 \quad h[n] = K\delta[n] \tag{2-22}$$

也就是说，式（2-22）是 LTI 系统无记忆的必要条件。同时，我们知道，任何信号与冲激信号的卷积的结果都是该信号本身，所以式（2-22）也是 LTI 系统无记忆的充分条件。因此我们说，**LTI 系统为无记忆系统的充分必要条件是：其单位冲激（脉冲）响应与单位冲激（脉冲）信号成正比。**

如果读者认为上述的讨论过于抽象，在这里，通过一个反例来说明式（2-22）为 LTI 系统无记忆的必要条件，以离散系统为例，其输出响应为：

$$y[n] = \sum_{k=-\infty}^{\infty} x[k]h[n-k] \tag{2-23}$$

如果单位脉冲响应在多处取非零值，比如说：$h[n] = \delta[n] + \delta[n+1]$，则有：

$$y[n] = \sum_{k=-\infty}^{\infty} x[k]\delta[n-k] + \sum_{k=-\infty}^{\infty} x[k]\delta[n-k+1] = x[n] + x[n+1]$$

上式表明，$y[n]$ 与其他时刻的输入 $x[n+1]$ 有关，显然是记忆系统。

2.4.2　LTI 系统的可逆性

在系统分析中，冲激函数的卷积具有十分特殊的地位，将任意信号 $x(t)$ 与 $\delta(t)$ 卷积，可以得到一些有用的结论：

$$x(t)*\delta(t)=\int_{-\infty}^{\infty}x(\tau)\delta(t-\tau)\mathrm{d}\tau=\int_{-\infty}^{\infty}x(t)\delta(t-\tau)\mathrm{d}\tau=x(t) \tag{2-24}$$

同理：

$$x[n]*\delta[n]=x[n] \tag{2-25}$$

这就是说，恒等系统的单位冲激（脉冲）响应就是单位冲激（脉冲）信号。再利用时不变性，可得：

$$x(t)*\delta(t-t_0)=x(t-t_0)\quad 和 \quad x[n]*\delta[n-n_0]=x[n-n_0] \tag{2-26}$$

上述表明在卷积运算里面，冲激（脉冲）函数 $\delta(t)$（$\delta[n]$）的地位相当于 1 在乘法里面的地位。虽然，卷积与乘法有很多相同之处，但也有不同之处，式（2-13）和式（2-26）就是例子。下面再来讨论 LTI 系统的可逆性，我们知道，可逆系统总存在一个逆系统，使得两个互逆的系统的级联成为恒等系统，如图 2-17（a）所示。同时也知道恒等系统的单位冲激（脉冲）响应就是冲激（脉冲）信号，因此图 2-17（a）所示的系统等效于图 2-17（b）所示的系统。

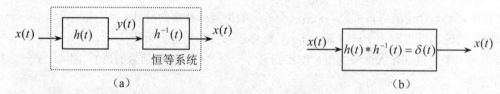

图 2-17　用卷积的观点看 LTI 系统的逆系统

由此可见，单位冲激（脉冲）响应为 $h(t)$（或 $h[n]$）的 LTI 系统为可逆系统的充要条件是：存在单位冲激（脉冲）响应为 $h^{-1}(t)$（或 $h^{-1}[n]$）的逆系统，使得：

$$h(t)*h^{-1}(t)=\delta(t)\quad（或 h[n]*h^{-1}[n]=\delta[n]） \tag{2-27}$$

接下来，用系统的可逆条件来计算两个系统求逆的例子

例题 2.7　求延时器 $y(t)=x(t-t_0)$ 的逆系统。

解：可以证明，延时器 $y(t)=x(t-t_0)$ 是 LTI 系统。$y(t)=x(t)*\delta(t-t_0)$，故 $h(t)=\delta(t-t_0)$。我们需要寻找一个 $h^{-1}(t)$，使得 $\delta(t-t_0)*h^{-1}(t)=\delta(t)$。利用单位冲激信号的特殊性质（2-27），我们有 $\delta(t-t_0)*\delta(t+t_0)=\delta(t-t_0+t_0)=\delta(t)$，故有 $h^{-1}(t)=\delta(t+t_0)$。于是可得延时器的逆系统的解析表达式为：

$$y(t)=x(t)*\delta(t+t_0)=x(t+t_0)$$

例题 2.8　试确定累加器 $y[n]=\sum_{k=-\infty}^{n}x[k]$ 的逆系统。

解：可以证明，累加器 $y[n]=\sum_{k=-\infty}^{n}x[k]$ 是 LTI 系统。通过图 2-18 可以清晰地看到，一个信号被累加的过程就是该信号与单位阶跃信号卷积的过程。

$$y[n]=\sum_{k=-\infty}^{n}x[k]=\sum_{k=-\infty}^{\infty}x[k]u[n-k]=x[n]*u[n]$$

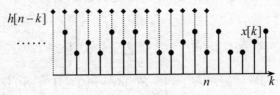

图 2-18　累加器的卷积表示

可见累加器的单位脉冲响应就是阶跃信号：$h[n] = u[n]$。我们的目的是求出一个 $h^{-1}[n]$，使得 $u[n] * h^{-1}[n] = \delta[n]$。我们注意到：

$$u[n] - u[n-1] = \delta[n] \tag{2-28}$$

利用卷积的分配律：

$$u[n] - u[n-1] = u[n] * \delta[n] - u[n] * \delta[n-1] = u[n] * [\delta[n] - \delta[n-1]] = \delta[n]$$

故有：$h^{-1}[n] = \delta[n] - \delta[n-1]$。于是可得累加器的逆系统的解析表达为：

$$y[n] = x[n] * h^{-1}[n] = x[n] - x[n-1]$$

本例说明求和运算的逆过程就是差分运算。

2.4.3　LTI 系统的因果性

由系统的因果性的定义可以知道，系统具有因果性等价于：$y[n]$ 只与 $k \leqslant n$ 的 $x[k]$ 有关。注意到 LTI 系统的输出信号为：$y[n] = \sum_{k=-\infty}^{+\infty} x[k]h[n-k]$，那么 LTI 系统具有因果性，就意味着 $k > n$ 时，$h[n-k] = 0$。整理一下，就可以得到，**离散时间 LTI 系统具有因果性的充分必要条件为：$h[n] = 0, \ n < 0$**；类似地，**连续时间 LTI 系统为因果系统的充分必要条件为：$h(t) = 0, \ t < 0$**。

2.4.4　LTI 系统的稳定性

我们知道，系统的稳定性条件可以形式地描述为：

$$\exists M: \ \forall n: \ |x[n]| < M \Rightarrow \exists B: \ \forall n: \ |y[n]| < B \tag{2-29}$$

对于 LTI 系统来说，由于：

$$|y[n]| = \left| \sum_{k=-\infty}^{\infty} x[k]h[n-k] \right| \leqslant \sum_{k=-\infty}^{\infty} |x[k]||h[n-k]| \leqslant M \sum_{k=-\infty}^{\infty} h[n-k] = M \sum_{k=-\infty}^{\infty} |h[k]| \tag{2-30}$$

可见，离散时间 LTI 系统稳定的充分条件为：

$$y[n] = \sum_{k=-\infty}^{\infty} x[k]h[n-k] \tag{2-31}$$

可以证明，式（2-31）也是离散时间 LTI 系统稳定的必要条件。

同样地，对于连续时间 LTI 系统有：

$$|y(t)| = \int_{-\infty}^{\infty} x(\tau)\delta(t-\tau)\mathrm{d}\tau \leqslant \int_{-\infty}^{\infty} x(\tau)\delta(t-\tau)\mathrm{d}\tau$$

$$\leqslant M \int_{-\infty}^{\infty} |h(t-\tau)|\,\mathrm{d}\tau = M \int_{-\infty}^{\infty} |h(\tau)|\,\mathrm{d}\tau$$

可见，连续时间 LTI 系统稳定的充分条件为：

$$\int_{-\infty}^{\infty} |h(t)|\,\mathrm{d}t < \infty \tag{2-32}$$

可以证明，式（2-32）也是连续时间 LTI 系统稳定的必要条件。

下面再来看两个例子：

（1） $y[n]=x[n-n_0]$ ，显然 $h[n]=\delta[n-n_0]$ ， $\sum\limits_{n=-\infty}^{\infty}|h[n]|=1<\infty$ ，因此该 LTI 系统稳定。

（2） $y(t)=\int_{-\infty}^{t}x(\tau)\mathrm{d}\tau$ ，则： $h(t)=\int_{-\infty}^{t}\delta(\tau)\mathrm{d}\tau=u(t)$ ， $\int_{-\infty}^{\infty}|h(t)|\,\mathrm{d}t=\int_{0}^{\infty}\mathrm{d}t\rightarrow\infty$ ，因此该 LTI 系统不稳定。

2.5 单位阶跃响应

当输入信号为单位阶跃信号时，LTI 系统的响应称为该 LTI 系统的**单位阶跃响应**（Unit Step Response）。许多早期的文献是以单位阶跃响应为支点来讨论 LTI 系统的。物理上，阶跃响应比冲激响应容易得到，电路一合上，给出的输入就是一个阶跃信号，而冲激信号则涉及无穷大的数值和无限短的时间，实现起来很困难。

本节讨论单位阶跃响应与单位冲激响应之间的关系。如果可以在物理上求得阶跃响应，然后在数学上通过阶跃响应求得冲激响应，这将是一种非常理想的情况。

分别使用 $s(t)$ 和 $s[n]$ 来表示连续时间和离散时间 LTI 系统的单位阶跃响应。图 2-19（a）为连续时间 LTI 系统的单位阶跃响应的情况，图 2-19（b）为离散时间 LTI 系统的单位阶跃响应的情况。

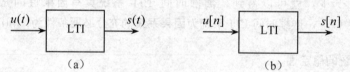

图 2-19 LTI 的单位阶跃响应

依据 LTI 系统的单位阶跃响应的定义，我们有：

$$s[n]=u[n]*h[n] \tag{2-33}$$

根据分配律，我们注意到：

$$u[n]-u[n-1]=u[n]*\{\delta[n]-\delta[n-1]\}=\delta[n] \tag{2-34}$$

将式（2-33）两边进行相同的卷积运算： $*\{\delta[n]-\delta[n-1]\}$ ，整理可得：

$$h[n]=s[n]-s[n-1] \tag{2-35}$$

再看看连续时间的情况：

$$s(t)=u(t)*h(t)=\int_{-\infty}^{t}h(\tau)\mathrm{d}\tau \tag{2-36}$$

式（2-36）两边求导：

$$h(t)=s'(t)=\frac{\mathrm{d}s(t)}{\mathrm{d}t} \tag{2-37}$$

式（2-35）和式（2-37）说明，可以通过 LTI 系统的单位阶跃响应来求出该系统的单位冲激响应。

研讨环节：线性与时不变性质在信号和系统分析中的作用

引言

严格地讲我们接触到的物理系统总是具有非线性特性的。就拿简单的运算放大器来看，其输入电压和输出电压一定不是严格的线性关系，或者说输入和输出一定不是成简单的比例关系，而是呈非线性关系。但是，人类五种感觉的精度是有限的，特别是人类的感知能力基本上存在于一个宏观低速的空间内，在这样一个空间内，人类创造的并为人类自身服务的大部分设备，其物理或者数据精度并不需要特别高，这样就允许我们在对这些物理系统建模时进行一些简化，在满足精度要求的同时使得模型和相应的分析能够尽可能地简单。而将一个非线性系统全局近似为一个线性系统，或者分段局部近似为多个线性系统就是研究者经常使用的一种模型简化方法。

同样的道理，假设系统是时不变的也是系统建模时的一种简化策略。因为理论上没有什么物理系统是真正时不变的。同样以运算放大器为例。运放输入输出电压间的映射关系总会随着时间而变化，这是因为元器件总是存在老化现象的，随着时间的推移其电气参数是会发生渐变。当然这种渐变的时间跨度是以年计的，在短时间，如数天内假设参数不会变化就是一种合理的假设。这样在运放使用的当下，总是可以认为它是时不变的。不过除了老化现象，对于电气系统来说，很多别的因素同样可以造成参数的起伏。如环境温度升高，电气元件的工作速度就可能降低，并造成系统整体性能的下降，比如我们日常使用的计算机，温度过高时运算速度、稳定性等都会出现明显的变化，在个别的情况下还会出现死机的现象。如果我们要建模的系统正好是处于一个环境温度快速变化的环境里面，那么将系统简化为时不变系统显然就是不合适的了。

研讨提纲

1. 除了线性、时不变这种建模简化策略外还有哪些常见的简化方法？
2. 假设系统是线性时不变的，在系统分析过程中会带来什么样的好处？
   提示：可以结合"信号与系统的分析和综合"问题来讨论。
3. 在对系统进行线性假设时，在什么情况下选用全局线性化假设？在什么情况下选用局部线性化假设？

思考题与习题二

2.1　对于下列 $x_1(t)$ 和 $x_2(t)$，求 $y(t) = x_1(t) * x_2(t)$，并简要画出波形示意图。

（a）$x_1(t) = e^{2t}$，$x_2(t) = e^{-t}u(t)$

（b）$x_1(t) = u(t) - u(t-2)$，$x_2(t) = e^{-t}u(t)$

（c）$x_1(t) = u(t) - u(t-2)$，$x_2(t) = (e^{-t} - e^{-2t})u(t)$

（d）$x_1(t) = e^{-3t}u(t+2)$，$x_2(t) = u(t-1)$

（e）$x_1(t) = e^{-3t}u(t)$，$x_2(t) = e^t u(t-1)$

2.2　计算下列卷积和：

（a）$2^n u[n] * 3^n u[n]$

（b）$2^{-n} u[-n] * 3^n [u[n] - u[n-2]]$

　　（c）$2^n u[-n] * 3^n u[-n]$　　　　　　　　　　（d）$2^{-n} u[-n] * 3^{-n} u[-n]$

　　2.3　两个连续时间线性时不变系统的输入为 $x(t)$，其单位冲激响应 $h(t)$ 和 $x(t)$ 的波形分别如题 2.3 图（a）和（b）所示，求这两个系统在 4 秒时的输出 $y(4)$。

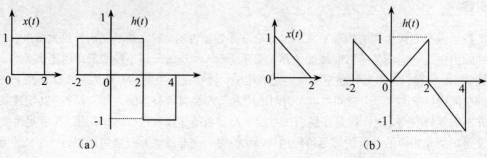

题 2.3 图

　　2.4　证明连续时间信号卷积的交换律、分配律和结合律。

　　2.5　证明离散时间信号卷积的交换律、分配律和结合律。

　　2.6　计算下列离散时间信号的卷积和：$\{0.8^n u[n]\} * u[n+3] * \{\delta[n] - \delta[n-1]\}$。

　　2.7　一个 LTI 系统的输入为 $x(t)$，输出为 $y(t)$，单位冲激响应为 $h(t)$，且定义信号 $w(t)$ 的面积为 $A_w = \int_{-\infty}^{\infty} w(t)\mathrm{d}t$，证明：$A_y = A_x A_h$。

第 3 章

傅里叶级数

刻画 LTI 系统对信号实施变换的途径有多种,除了可以直接给出系统的输入输出关系外,上一章还介绍了系统的冲激响应表示法,并给出了确定系统响应的卷积方法。卷积方法的基本出发点是将一般信号分解为单位冲激(脉冲)信号的移位加权积分(和)。可以看出,将任意信号分解为基本信号的组合往往是信号与系统分析的前提。

本章及以后的两章,将讨论信号的另外一种分解方法,其中所用的基本信号是复指数信号,分解得到的表示就是时域信号的傅里叶级数或傅里叶变换,这些表示方法也能够用来构成范围相当广泛且有用的许多信号。

本章还将会看到,LTI 系统对复指数信号的响应具有一种特别简单的形式。根据叠加性质,LTI 系统对任意一个由复指数信号线性组合而成的输入信号的响应等价于系统对这些复指数信号响应的线性组合。因此研究 LTI 系统对复指数信号的响应显得尤为重要,同时也提供了一种非常方便的 LTI 系统的表示及分析方法,进而可以对系统的性质有更为深入的理解。

本章介绍连续时间和离散时间周期信号的傅里叶级数,即傅里叶分解,还将讨论傅里叶级数的性质和收敛问题。最后,本章简要介绍数字信号处理中应用广泛的离散傅里叶变换(DFT)和快速傅里叶变换(FFT)。

3.1　傅里叶分析引论

　　前面两章都是在时间域中分析信号与系统的响应，这种分析方法被称为**时域**（Time Domain）方法。在本章中，我们利用信号的频率分量来分析信号，这种方法被称为**频域**（Frequency Domain）方法。可以看到，在频域上来刻画 LTI 系统对信号实施的变换将会变得相当简单。因此，频域方法是一类重要的系统与信号的分析方法，除用于 LTI 系统的分析以外，它还适用于更广泛的系统分析，或者仅仅分析信号本身。

　　傅里叶分析的基本出发点是将信号分解为复指数信号的加权和或者加权积分，因此，典型的复指数信号在频域方法中占有极为重要的地位。复指数信号的物理背景就是正弦信号。人们很早就意识到，正弦振荡是各种振荡的基本形式，例如弦的振动、交流电源产生的电压和电流、热的传播和扩散、行星的运动、地球气候的周期性变化等现象中都存在正弦信号。利用"三角函数和"的概念（即成谐波关系的正弦和余弦函数或周期复指数函数的和）来描述周期性过程甚至可以追溯到古巴比伦时代。近代历史中，欧拉、伯努利、傅里叶等人都对信号的复指数表示形式进行过不懈的研究。特别是傅里叶，不仅洞察出了周期信号的复指数线性组合表示形式的潜在威力，而且还得出了非周期信号的复指数表示形式——不是成谐波关系的复指数信号的组合，而是不全成谐波关系的复指数信号的加权积分，也就是第 4 章和第 5 章中的傅里叶变换。这一研究成果比傅里叶的任何先驱者都更进一步，但是直到傅里叶的晚年，他才得到了某种应有的承认。

　　既然傅里叶分解的基础是复指数信号，那么它应该具备以下两个基本性质：

　　1．由复指数信号能够构成相当广泛的一类有用信号。

　　2．LTI 系统对复指数信号响应的形式应该简单，以使系统对任意输入信号的响应有一个很简洁的表达式。

　　傅里叶分析的很多重要价值都来自于这两个性质，本节将集中在第二个性质上。将会看到在 LTI 系统的分析中，应用傅里叶级数和傅里叶变换可以使分析过程更简单方便。本章的后续各节和下面两章将说明第一个性质。

　　为说明复指数信号的第二个性质，先讨论一下复指数信号激励 LTI 系统时系统的输出，也就是 LTI 系统对复指数信号的响应。在电路分析中，我们知道线性时不变系统在正弦信号的激励下，其响应仍然是同频率的正弦信号，只是在幅度和相位上有所变化，如图 3-1 所示。复指数信号激励 LTI 系统也有类似的结论。

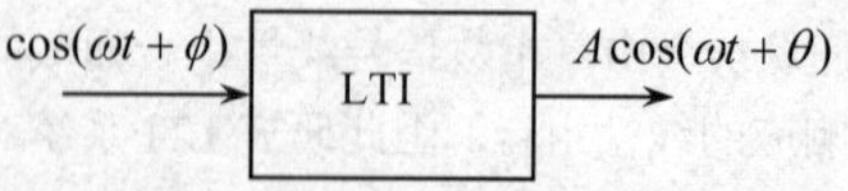

$$\cos(\omega t + \phi) \longrightarrow \boxed{\text{LTI}} \longrightarrow A\cos(\omega t + \theta)$$

图 3-1　LTI 系统对正弦信号的响应仍然是同频正弦信号

　　由卷积方法可知，单位冲激响应为 $h(t)$ 的 LTI 系统，对复指数信号 e^{st} 的响应为：

$$y(t) = h(t) * e^{st} = \int_{-\infty}^{\infty} h(\tau) e^{s(t-\tau)} d\tau = e^{st} \int_{-\infty}^{\infty} h(\tau) e^{-s\tau} d\tau = e^{st} H(s) \tag{3-1}$$

其中 $H(s) = \int_{-\infty}^{\infty} h(t) e^{-st} dt$ 。

　　可见，LTI 系统在复指数信号的激励下，其响应仍然是复指数信号，只是乘上了与时间无关的一个因子 $H(s)$，$H(s)$ 只与 s 和系统本身有关，如图 3-2 所示，$H(s)$ 将改变复指数信号 e^{st} 的幅值和相位。$H(s)$ 称为该 LTI 系统的**系统函数**（System Function）或**传递函数**（Transfer Function）。

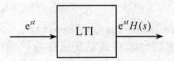

图 3-2　LTI 系统对复指数信号的响应仍然是复指数信号

如果能将信号 $x(t)$ 分解成为复指数信号的加权和 $x(t) = \sum a_k e^{s_k t}$，那么利用 LTI 系统的线性性质，可以得到该系统在信号 $x(t)$ 激励下的输出为：

$$y(t) = \sum a_k H(s_k) e^{s_k t} \tag{3-2}$$

由式（3-2）可知，$H(s)$ 与时域单位冲激响应 $h(t)$ 一样，完全可以刻画 LTI 系统的变换规律。在傅里叶分析里面，我们将上述复数 s 限定为纯虚数 $s = j\omega$，由此导出的方法称为**傅里叶**（Fourier）**方法**；如果不对复数 s 进行限定，即 $s = \alpha + j\omega$，由此导出的一套方法称为拉普拉斯方法，将在第 9 章中讨论。

傅里叶分析帮助我们从时域的分析方法转变到频域的分析方法，工程上，频域方法具有更加广泛的应用，是一种常用的信号与系统的分析方法。

3.2　连续时间周期信号的傅里叶级数展开

本节讨论连续时间周期信号展开为（或者说表达为）傅里叶级数的问题。

3.2.1　谐波复指数信号集

考虑一个复指数信号集 $\{\phi_k(t)，k \in Z\}$，其中 $\phi_k(t) = e^{jk\omega_0 t}$。$\{e^{jk\omega_0 t}，k \in Z\}$ 称为**谐波复指数信号集**，在谐波复指数信号集中，各元素成谐波关系。

如果一个以 T_0 为周期的周期信号 $x(t)$ 满足：

$$x(t) = \sum_{k=-\infty}^{\infty} a_k e^{jk\omega_0 t} \qquad （其中 \omega_0 = \frac{2\pi}{T_0}） \tag{3-3}$$

我们就说，$x(t)$ 存在一个**傅里叶级数的表达**（Fourier Series Representation），或者说成谐波关系的复指数信号按式（3-3）进行的组合是 $x(t)$ 的**傅里叶级数展开**，也可以说，周期信号 $x(t)$ **分解**（Decompose）为傅里叶级数 $\sum_{k=-\infty}^{\infty} a_k e^{jk\omega_0 t}$。在这里，$a_k e^{jk\omega_0 t}$ 和 $a_{-k} e^{-jk\omega_0 t}$ 称为 k **次谐波分量**（k th Harmonic Component），特别地，a_0 称为**直流分量**（Direct Component），$a_1 e^{j\omega_0 t}$ 和 $a_{-1} e^{-j\omega_0 t}$ 称为**基波分量**（Fundamental Component）。显然，各次谐波分量都是以 T_0 为周期的周期信号。a_k 表示了频率为 $k\omega_0$ 的正弦振荡在信号中所占的比重。按照式（3-3）将各次谐波分量相加而得到原信号 $x(t)$ 的过程，称为**谐波合成**（Harmonic Synthesis），级数 $\sum_{k=-\infty}^{\infty} a_k e^{jk\omega_0 t}$ 称为**傅里叶级数**（Fourier Series）。

在实际工程中，并不存在复指数信号。我们已经指出，复指数信号的物理背景是正弦信号。我们引入复指数信号这样一种数学工具，只是为了简化数学推导和方便运算。复指数信号和正弦信号的关系是本节首先要解决的问题。理解复指数信号与正弦信号的关键是所谓的欧拉公式，即 $e^{jt} = \cos t + j\sin t$、$\cos t = (e^{jt} + e^{-jt})/2$ 和 $\sin t = (e^{jt} - e^{-jt})/2j$。

例题 3.1　将下列复指数信号的线性组合变换为正弦信号的线性组合。

$$x(t) = \sum_{k=-3}^{3} a_k\, e^{jk2\pi t} \quad (a_0 = 5,\quad a_1 = a_{-1} = 2,\quad a_2 = a_{-2} = 3,\quad a_3 = a_{-3} = 4)$$

解：
$$\begin{aligned} x(t) &= 5 + 2(e^{j2\pi t} + e^{-j2\pi t}) + 3(e^{j4\pi t} + e^{-j4\pi t}) + 4(e^{j6\pi t} + e^{-j6\pi t}) \\ &= 5 + 4\cos 2\pi t + 6\cos 4\pi t + 8\cos 6\pi t \end{aligned} \qquad (3\text{-}4)$$

上式表明，复指数信号的线性组合确实就是正弦信号的线性组合，而 a_k 和 a_{-k} 表示了频率为 $k\omega_0$ 的正弦信号的权重。5、$4\cos 2\pi t$、$6\cos 4\pi t$ 和 $8\cos 6\pi t$ 分别为直流分量、基波分量、二次谐波分量和三次谐波分量。

下面是显示该例题中各次谐波分量的 Matlab 实现文本。图 3-3 显示了式（3-4）所涉及的各次谐波分量的波形。

```
t=-2:0.001:2;
x=5;                    %(x=4*cos(2*pi*t); x=6*cos(4*pi*t);x=8*cos(6*pi*t);)
plot（t,x）;
axis([-2 2 -25 25]);
```

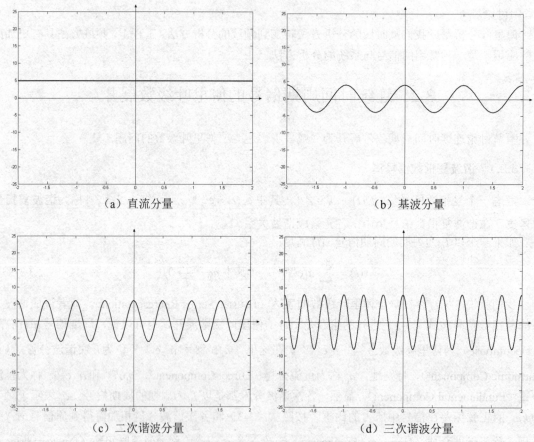

（a）直流分量   （b）基波分量

（c）二次谐波分量   （d）三次谐波分量

图 3-3　例题 3.1 中的谐波分量

下面是显示该例题谐波合成结果的 Matlab 实现文本。图 3-4 显示了式（3-4）谐波合成后的波形。

```
t=-2:0.001:2;
x=5+4*cos(2*pi*t)+6*cos(4*pi*t)+8*cos(6*pi*t);
plot（t,x）;
axis([-2 2 -25 25]);
```

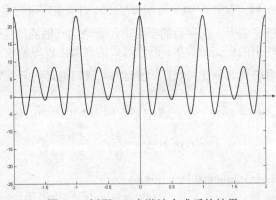

图 3-4　例题 3.1 中谐波合成后的结果

例题 3.1 的结论具有一般性，但是考虑到物理上存在的信号均为实信号，所以这里特别针对实信号的情况进行更进一步的讨论。由于实数的共轭为其本身，因此有：

$$x^*(t) = x(t) \tag{3-5}$$

将式（3-3）代入式（3-5），可得

$$x^*(t) = \sum_{k=-\infty}^{\infty} a_k^* \, e^{-jk\omega_0 t} = \sum_{k=-\infty}^{\infty} a_{-k}^* \, e^{jk\omega_0 t} = \sum_{k=-\infty}^{\infty} a_k \, e^{jk\omega_0 t} \tag{3-6}$$

因此

$$a_{-k}^* = a_k \text{ 或 } a_k^* = a_{-k} \tag{3-7}$$

严格地说，式（3-6）到式（3-7）的推导是根据正交函数的性质取得的，这里暂不作证明。

如果实信号 $x(t)$ 可以展开为傅里叶级数，即 $x(t) = \sum_{k=-\infty}^{\infty} a_k \, e^{jk\omega_0 t}$，则有：

$$x(t) = a_0 + \sum_{k=1}^{\infty} a_k \, e^{jk\omega_0 t} + \sum_{k=-\infty}^{-1} a_k \, e^{jk\omega_0 t}$$

$$= a_0 + \sum_{k=1}^{\infty} (a_k \, e^{jk\omega_0 t} + a_{-k} \, e^{-jk\omega_0 t}) = a_0 + \sum_{k=1}^{\infty} 2\,\text{Re}\{a_k \, e^{jk\omega_0 t}\} \tag{3-8}$$

下面分别讨论当 a_k 用极坐标和直角坐标表示时的不同情况。

（1）若 a_k 用极坐标表示为 $a_k = A_k \, e^{j\theta_k}$，代入式（3-8），并应用欧拉公式展开可得

$$x(t) = a_0 + \sum_{k=1}^{\infty} 2A_k \cos(k\omega_0 t + \theta_k) \tag{3-9}$$

（2）若 a_k 用直角坐标表示为 $a_k = B_k + jC_k$，代入式（3-8）可得

$$x(t) = a_0 + 2\sum_{k=1}^{\infty} (B_k \cos k\omega_0 t - C_k \sin k\omega_0 t) \tag{3-10}$$

可见，式（3-3）虽然是复指数级数形式，但是在 $x(t)$ 为实信号的情况下，这个复指数级数可以表示为形如式（3-9）和式（3-10）的正弦级数。尽管式（3-9）和式（3-10）这两种形式是普遍采用的傅里叶级数表示式，而且也是傅里叶在最初的研究工作中所采用的形式，但是式（3-3）的复指数表示式对于我们要讨论的问题而言却是特别方便的，因此今后将几乎毫无例外地采用这种复指数表示式。

3.2.2　傅里叶级数系数的确定

绝大多数周期信号都可以分解成傅里叶级数。在讨论是否所有的周期信号都能够分解为傅里叶

级数之前，先研究信号的分解方法，即确定周期信号 $x(t)$ 的傅里叶级数系数 a_k。

正交函数集是信号分解的基础。在今后的学习中还会遇到其他的信号分解方法，这些分解方法都对应着特定的、起基底作用的正交函数集，而分解式的系数可以理解成 $x(t)$ 在正交函数集各分量上的投影系数或者坐标。考虑到这种几何观点的普适性，我们用正交函数集的方法来确定信号的傅里叶级数系数。

如果函数集 $\{\phi_k(t),\ k \in Z\}$ 中的每一个元素都是周期为 T 的周期函数，并且满足：

$$\int_T \phi_k(t)\phi_l^*(t)\mathrm{d}t = \begin{cases} M & k = l \\ 0 & k \neq l \end{cases} \tag{3-11}$$

则称它为**正交函数集**（Set of Orthogonal Function）。

下面来证明复指数函数集 $\{\mathrm{e}^{jk\omega_0 t},\ k \in Z\}$ 为正交函数集。显然，该函数集的所有成员函数都是以 $T_0 = 2\pi/\omega_0$ 为周期的周期函数。先来考察周期函数的一个基本性质，对于一个周期函数 $x(t) = x(t+T)$ 和任意的一个实数 a，有：

$$\begin{aligned} \int_a^{T+a} x(t)\mathrm{d}t &= \int_a^T x(t)\mathrm{d}t + \int_T^{T+a} x(t)\mathrm{d}t \\ &= \int_a^T x(t)\mathrm{d}t + \int_0^a x(t+T)\mathrm{d}t = \int_0^T x(t)\mathrm{d}t \end{aligned} \tag{3-12}$$

上式说明，无论 a 取何值，积分的数值不变。也就是说，一个以 T 为周期的周期函数在一段长度为 T 的区间上的积分与起始位置无关。因此，我们引入一个新的表示方法：

$$\int_T x(t)\mathrm{d}t \tag{3-13}$$

上式表示以 T 为周期的周期信号 $x(t)$，在任意一段长度为 T 的区间内的积分。下面证明复指数函数集的正交性。

$$\begin{aligned} \int_{T_0} \mathrm{e}^{jk\omega_0 t}\,\mathrm{e}^{-jn\omega_0 t}\,\mathrm{d}t &= \int_{T_0} \mathrm{e}^{j(k-n)\omega_0 t}\,\mathrm{d}t \\ &= \int_{T_0} \cos[(k-n)\omega_0 t]\mathrm{d}t + \mathrm{j}\int_{T_0} \sin[(k-n)\omega_0 t]\mathrm{d}t \end{aligned}$$

由于在一个 T_0 周期内，正弦波的上波瓣和下波瓣的面积是相等的，因此：

$$\int_{T_0} \cos \omega_0 t \mathrm{d}t = \int_{T_0} \sin \omega_0 t \mathrm{d}t = 0$$

对于高次谐波而言，无非是在一个周期内，上波瓣和下波瓣的个数多了一些，但是它们的总面积还是相等的，即对于任意的 $k \neq 0$：

$$\int_{T_0} \cos k\omega_0 t \mathrm{d}t = \int_{T_0} \sin k\omega_0 t \mathrm{d}t = 0$$

因此

$$\int_{T_0} \mathrm{e}^{jk\omega_0 t}\,\mathrm{e}^{-jn\omega_0 t}\,\mathrm{d}t = \begin{cases} 0 & k \neq n \\ T_0 & k = n \end{cases} = T_0\delta[k-n] \tag{3-14}$$

这样就证明了：复指数函数集 $\{\mathrm{e}^{jk\omega_0 t},\ k \in Z\}$ 构成了一个正交函数集。

下面利用复指数函数集的正交性来求傅里叶级数的系数 a_k。如果一个周期为 T_0 的周期信号 $x(t)$ 可以进行傅里叶展开，相应的正交函数集的基波频率为 $\omega_0 = 2\pi/T_0$，其中 T_0 为 $x(t)$ 的周期，它的傅里叶级数展开可以写为 $x(t) = \sum_{k=-\infty}^{\infty} a_k \mathrm{e}^{jk\omega_0 t}$，若两边同时乘以 $\mathrm{e}^{-jn\omega_0 t}$，可得：

$$x(t)\mathrm{e}^{-jn\omega_0 t} = \sum_{k=-\infty}^{\infty} a_k \mathrm{e}^{j(k-n)\omega_0 t}$$

两边同时在一个 T_0 区间内进行积分，等式右边交换积分与求和的次序，并且利用正交性，可得：

$$\int_{T_0} x(t) \mathrm{e}^{-jn\omega_0 t}\,\mathrm{d}t = \int_{T_0} \sum_{k=-\infty}^{\infty} a_k \mathrm{e}^{j(k-n)\omega_0 t}\,\mathrm{d}t$$

$$= \sum_{k=-\infty}^{\infty} a_k \int_{T_0} \mathrm{e}^{j(k-n)\omega_0 t}\,\mathrm{d}t = \sum_{k=-\infty}^{\infty} a_k T_0 \delta[k-n] = a_n T_0$$

于是有：

$$a_n = \frac{1}{T_0} \int_{T_0} x(t) \mathrm{e}^{-jn\omega_0 t}\,\mathrm{d}t \qquad (3\text{-}15)$$

这样就求得了傅里叶级数的系数，上式称为**傅里叶级数的分析公式**。而傅里叶级数的综合公式为：

$$x(t) = \sum_{k=-\infty}^{\infty} a_k \mathrm{e}^{jk\omega_0 t} \qquad (3\text{-}16)$$

由于频率分量 $\mathrm{e}^{jk\omega_0 t}$ 和 $\mathrm{e}^{-jk\omega_0 t}$ 代表了频率为 $k\omega_0$ 的正弦信号，因此 $\{a_k,\ k \in Z\}$ 又称为周期信号 $x(t)$ 的**频谱系数**，它反映了频率为 $k\omega_0$ 的频率分量在整个周期信号 $x(t)$ 中所占的比重。直流分量 a_0 是傅里叶级数中的一个特殊频率分量，也被称为**信号的均值**，这是因为 $a_0 = 1/T_0 \int_{T_0} x(t)\mathrm{d}t$ 是周期信号 $x(t)$ 在一个周期内的均值。

下面讨论两个关于傅里叶级数展开的例题，其中关键的问题是如何确定傅里叶级数的系数。

例题 3.2　试确定信号 $\cos \omega_0 t$ 和 $\sin \omega_0 t$ 的傅里叶级数展开。

解： 根据欧拉公式，$\cos\omega_0 t = (\mathrm{e}^{j\omega_0 t} + \mathrm{e}^{-j\omega_0 t})/2$，因此 $\cos\omega_0 t$ 的傅里叶级数的系数为 $a_1 = a_{-1} = 0.5$，而对于其他的谐波分量均有 $a_k = 0$，当 $|k| \neq 1$ 时。而 $\sin\omega_0 t = (\mathrm{e}^{j\omega_0 t} - \mathrm{e}^{-j\omega_0 t})/2j$，因此 $\sin\omega_0 t$ 的傅里叶级数的系数为 $a_1 = 1/2j$，$a_{-1} = -1/2j$，对于其他的谐波分量同样均有 $a_k = 0$，当 $|k| \neq 1$ 时。

例题 3.3　试确定图 3-5 所示周期方波信号的傅里叶级数展开。

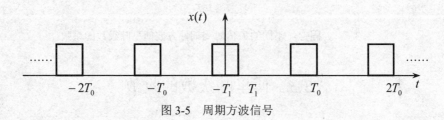

图 3-5　周期方波信号

解： 根据傅里叶级数分析公式

$$a_k = \frac{1}{T_0} \int_{T_0} x(t) \mathrm{e}^{-jk\omega_0 t}\,\mathrm{d}t = \frac{1}{T_0} \int_{T_0} x(t) \mathrm{e}^{-jn\omega_0 t}\,\mathrm{d}t$$

为了避免被零除的情况，下面分两种情况来讨论。

（1）当 $k = 0$ 时，$a_0 = \dfrac{2T_1}{T_0}$

（2）当 $k \neq 0$ 时，$a_k = \dfrac{1}{T_0} \int_{T_0} x(t) \mathrm{e}^{-jn\omega_0 t}\,\mathrm{d}t = \left. \dfrac{\mathrm{e}^{-jk\omega_0 t}}{-jk\omega_0 T_0} \right|_{-T_1}^{T_1}$

$$= \frac{1}{jk\omega_0 T_0}(\mathrm{e}^{jk\omega_0 T_1} - \mathrm{e}^{-jk\omega_0 T_1}) = \frac{2j\sin(k\omega_0 T_1)}{jk\omega_0 T_0} = \frac{\sin k\omega_0 T_1}{\pi k}$$

下面考虑一个极端的情况，$T_1 \rightarrow T_0/2$，也就是说方波的宽度等于周期，此时 $x(t)$ 退化为 1，

此时傅里叶级数的系数

$$a_k = \begin{cases} 1 & k=0 \\ \dfrac{\sin \pi k}{\pi k}=0 & k \neq 0 \end{cases} = \delta[k]$$

也就是说，傅里叶级数里面只有直流分量非零。

在这个例子中，傅里叶级数的系数是实数，所以只用一张图表示其大小就可以了。图 3-6 给出了在某一固定的 T_1 和几个不同的 T 值时傅里叶级数系数的情况。在更一般的情况下，傅里叶级数的系数是复数，需要用两张图来分别表示每个系数的实部与虚部，或者模与相位。

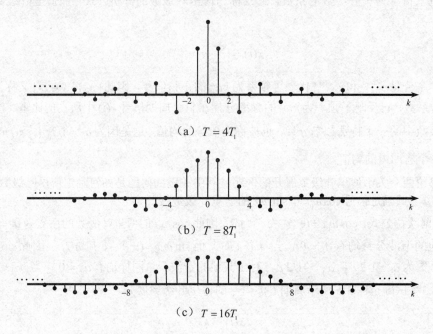

（a）$T=4T_1$

（b）$T=8T_1$

（c）$T=16T_1$

图 3-6 T_1 固定，不同的 T 值时周期性方波傅里叶级数的系数

3.3 傅里叶级数的收敛

我们知道，复指数信号 $e^{jk\omega_0 t}$ 是连续的，而任意信号 $x(t)$ 却不一定，如周期方波信号就不是连续的。那么，什么样的信号可以展开成傅里叶级数呢？有限多个连续函数累加起来仍然是连续函数，而无限多个连续函数累加起来是否可以收敛到一个不连续函数呢？这其实就是傅里叶与他同时代的学者争论的焦点。

傅里叶认为，周期信号无论连续与否都可以表示为傅里叶级数，但后来的学术发展证明了傅里叶当初的论断至少在数学上是不严密的。从数学上来讲，无穷级数的收敛是有条件的。如果级数不收敛，那么级数的表示也是不成立的。在傅里叶级数的收敛性研究方面，狄利赫利等人做出了卓有成效的工作，给出了傅里叶级数的收敛条件。由于收敛条件的证明过于专业化，不便在本书中展开详细的讨论，本节只是给出了这些收敛条件的理论结果。

讨论傅里叶级数的收敛问题所采用的收敛准则是**误差平方和准则**，又称为**误差能量准则**。在工程上，不可能用无穷多项级数来表述信号 $x(t)$，一般只能用有限项级数的谐波合成来表达信号 $x(t)$，即：

$$x(t) \approx x_N(t) = \sum_{k=-N}^{N} a_k \, \mathrm{e}^{jk\omega_0 t} \tag{3-17}$$

如果用 $x_N(t)$ 来近似 $x(t)$，则近似的误差为

$$e_N(t) = x(t) - x_N(t) \tag{3-18}$$

一个周期内误差信号 $e_N(t)$ 的能量为

$$E_N = \int_{T_0} \left| e_N(t) \right|^2 \mathrm{d}t \tag{3-19}$$

当 $N \to \infty$ 时，如果有 $E_N \to 0$，就可以说，从能量的角度来看，傅里叶级数收敛于 $x(t)$，即 $x(t)$ 可以用 $x_N(t)$ 来近似。

当傅里叶级数按照上述方式收敛时，我们并不能保证近似误差 $e_N(t)$ 处处都很小，在某些局部 $x_N(t)$ 和 $x(t)$ 可能会相差很大，但由于误差的平方和很小，这些较大的误差只是短暂的，正是这种情况导致了傅里叶分析方法在工程上可以用来分析一些不连续信号。能量很小，但是某些瞬时值很大的例子在自然界中也不鲜见，例如电棒的瞬时电压很高，但是放电时间很短，放电的能量很小，因此不至于危及生命。也就是说，数值高并不意味着能量大。

用傅里叶级数近似周期信号时，可以证明只有当 $a_k = \int_{T_0} x(t)\mathrm{e}^{-jk\omega_0 t} \, \mathrm{d}t / T_0$ 时，即按照式（3-15）求取系数 a_k 时，E_N 取值最小。但当 $N \to \infty$ 时，E_N 是否趋近于 0，即傅里叶级数表达式能否收敛于原来的信号 $x(t)$，却还需要一些附加条件。下面我们不加证明地给出傅里叶级数收敛的条件。

（1）如果周期信号 $x(t)$ 连续，其傅里叶级数一定收敛。我们知道，由于分布参数的存在，所有的实际电信号都是连续的，这样一来，傅里叶分析在电信号处理中就具有了很大的普适性。

（2）如果 $x(t)$ 不连续，但是在一个周期内**平方可积**（Square Integrable）或能量有限，即：

$$\int_{T} \left| x(t) \right|^2 \mathrm{d}t < \infty \tag{3-20}$$

则可以保证按照式（3-15）求得的诸系数 a_k 都是有限值。进一步，可以保证由 a_k 构成的级数表达式 $x_N(t) = \sum_{k=-N}^{N} a_k \mathrm{e}^{jk\omega_0 t}$ 与 $x(t)$ 之间近似误差的能量在 $N \to \infty$ 时，有 $E_N \to 0$，即 $x_N(t)$ 收敛于原周期信号 $x(t)$。但这种收敛性并不能保证在每一个时间点 t 上 $x_N(t)$ 和 $x(t)$ 都相等，而只表示两者在能量上没有任何差别。考虑到实际系统都是对信号能量做出响应，从这个观点出发，$x(t)$ 和它的傅里叶级数表示就是不可区分的了。由于要研究的大多数周期信号在一个周期内的能量都是有限的，因此它们都有傅里叶级数的表示。

（3）**狄里赫利**（Dirichlet）**条件**，该条件包括三个部分，分别是：

条件 1：在任何周期内，$x(t)$ 必须**绝对可积**（Absolutely Integrable），即：

$$\int_{T} \left| x(t) \right| \mathrm{d}t < \infty \tag{3-21}$$

与平方可积条件相同，这一条件保证了每一系数 a_k 都是有限值。不满足该条件的周期信号可以举例如下：

$$x(t) = 1/t \qquad 0 < t \leqslant 1$$

也就是说，$x(t)$ 是周期的，且周期为 1，该信号如图 3-7（a）所示。

条件 2：在任意有限区间内，$x(t)$ 具有有限个起伏变化。也就是说，在任何单个周期内，$x(t)$ 的极大值和极小值数目有限。

满足条件 1 而不满足条件 2 的一个函数是：

$$x(t) = \sin(2\pi/t) \qquad 0 < t \leqslant 1$$

如图 3-7（b）所示，此函数的周期为 1，且：

$$\int_0^1 |x(t)| \mathrm{d}t < 1$$

但是它在一个周期内有无限多的极大值和极小值点。

条件 3：在任何有限区间内，只有有限个不连续点，而且在这些不连续点上函数是有限值。

不满足条件 3 的例子如图 3-7（c）所示。该信号的周期 $T = 8$，且后一个阶梯的高度和宽度都是前一个阶梯的一半。因此 $x(t)$ 在一个周期内的面积不会超过 8，即满足条件 1。但是不连续点的数目却是无穷多个，从而不满足条件 3。

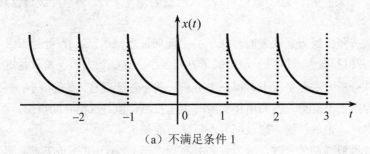

（a）不满足条件 1

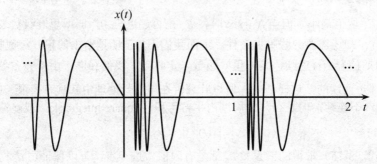

（b）不满足条件 2

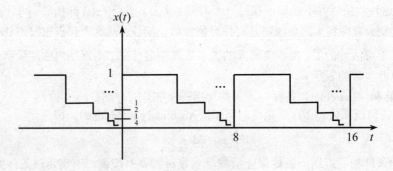

（c）不满足条件 3

图 3-7 不满足狄里赫利条件的信号

由图 3-7 给出的例子可见，若是不满足狄里赫利条件的信号，一般来说都是比较反常的信号，在实际系统中基本不会出现。因此，傅里叶级数的收敛问题对本书要讨论的信号与系统来说并不具有特别的限制。具体来说，若信号是不存在任何间断点的周期信号，则在每一点上其傅里叶级数都等于原信号。若信号是在一个周期内存在有限个不连续点的周期信号，则除了那些孤立的不连续点外，其余所有点上傅里叶级数都等于原信号；而在那些孤立的不连续点上，傅里叶级数收敛于不连续点处的平均值，同时保证两者没有任何能量上的差别。也就是说，两者只是在一些孤立点上有差异，但在任意区间内的积分是一样的。因此，在卷积的意义下，两者的特性是一样的，而且从 LTI 系统分析的观点来看，两个信号也可以视为相同。

3.4　连续时间傅里叶级数的性质

如果周期信号 $x(t)$ 可以展开为傅里叶级数，即 $x(t) = \sum_{k=-\infty}^{\infty} a_k \mathrm{e}^{jk\omega_0 t}$，那么求傅里叶级数系数 a_k 的过程可以看成是从一个连续时间周期信号 $x(t)$ 到一个离散序列 a_k 的变换，简记为

$$x(t) \quad \underline{FS} \quad a_k \tag{3-22}$$

FS 的含义是求傅里叶级数的系数。傅里叶级数的性质大多都可以通过傅里叶分析公式和傅里叶综合公式直接得到，下面就给出傅里叶级数的基本性质，这些性质对于深入理解傅里叶级数的概念很有帮助，而且还有助于我们研究更复杂的周期信号的傅里叶级数。

3.4.1　线性性质

若 $x(t)$ 和 $y(t)$ 为两个周期信号，周期同为 T，且 $x(t)$ $\underline{FS}$ a_k 和 $y(t)$ $\underline{FS}$ b_k，则有

$$Ax(t) + By(t) \quad \underline{FS} \quad Aa_k + Bb_k \tag{3-23}$$

3.4.2　时域平移性质

若给一个周期信号 $x(t)$ 以某个时移 t_0，则该信号的周期 T 保持不变。接下来考察原周期信号和时移后的周期信号傅里叶级数系数之间的关系。

如果 $x(t)$ $\underline{FS}$ a_k，那么将 $t - t_0$ 代入傅里叶级数综合公式，可以得到

$$x(t-t_0) = \sum_{k=-\infty}^{\infty} a_k \mathrm{e}^{jk\omega_0(t-t_0)} = \sum_{k=-\infty}^{\infty} (a_k \mathrm{e}^{-jk\omega_0 t_0}) \mathrm{e}^{jk\omega_0 t}$$

因此

$$x(t-t_0) \quad \underline{FS} \quad a_k \mathrm{e}^{-jk\omega_0 t_0} \tag{3-24}$$

由此可见，时域内的时移对应于频域内的模保持不变，而相位附加了 $-k\omega_0 t_0$。

3.4.3　时间反转性质

一个周期信号 $x(t)$ 经过时间反转后成为 $x(-t)$，其周期 T 保持不变，而傅里叶级数的系数会有变化。

如果 $x(t)$ $\underline{FS}$ a_k，将 $-t$ 代入傅里叶级数综合公式，可以得到

$$x(-t) = \sum_{k=-\infty}^{\infty} a_k \mathrm{e}^{-jk\omega_0 t} = \sum_{k=-\infty}^{\infty} a_{-k} \mathrm{e}^{jk\omega_0 t}$$

于是

$$x(-t) \quad \underline{FS} \quad a_{-k} \tag{3-25}$$

由此可见，时域内的时间反转对应于频域内傅里叶级数系数序列的反转。对于时域内的偶函数 $x(t)$，由于 $x(t) = x(-t)$，则 $a_k = a_{-k}$，即其傅里叶级数系数也为偶函数；对于时域内的奇函数 $x(t)$，由于 $x(t) = -x(-t)$，则 $a_k = -a_{-k}$，即其傅里叶级数系数也为奇函数。

3.4.4 时域尺度变换性质

一般来说，时域尺度变换会改变信号的周期大小。假设信号 $x(t)$ 的周期为 T，基波频率为 $\omega_0 = 2\pi/T$，那么 $x(\alpha t)$（α 为正实数）仍为周期信号，但周期为 T/α，基波频率为 $\alpha\omega_0$。可见时间尺度变换运算改变的是 $x(t)$ 的基波和谐波频率的大小，而对于每一个频率分量对应的傅里叶级数的系数并没有改变。

可以从下面的推导进一步说明该结论，如果 $x(t)$ $\underline{FS}$ a_k，以 αt 代替 t 代入傅里叶级数综合公式，得：

$$x(\alpha t) = \sum_{k=-\infty}^{\infty} a_k \, \mathrm{e}^{jk(\alpha\omega_0)t} \tag{3-26}$$

因此

$$x(\alpha t) \quad \underline{FS} \quad a_k \tag{3-27}$$

可见 $x(\alpha t)$ 的基波频率发生了变化，变成了 $\alpha\omega_0$，但参与合成的各次谐波的权重不变。设 $\omega_0 = 100\pi$（就是通常用的交流电频率，基波频率为 50Hz，二次谐波为 100Hz），如果有一个时域尺度变化 $\alpha = 2$，则基波频率变为 100Hz，二次谐波变为 200Hz，但是频谱系数 a_k 不变。

3.4.5 相乘性质

假设 $x(t)$ 和 $y(t)$ 是两个周期同为 T 的周期信号，则它们的乘积仍是周期的，且周期仍为 T，因此可以展开成傅里叶级数，其系数与原周期信号 $x(t)$ 和 $y(t)$ 的傅里叶级数系数有确定的关系。

如果 $x(t)$ $\underline{FS}$ a_k 和 $y(t)$ $\underline{FS}$ b_k，则

$$x(t) \cdot y(t) \quad \underline{FS} \quad \sum_{l=-\infty}^{\infty} a_l \cdot b_{k-l} \tag{3-28}$$

该性质的证明留作习题。可以看出，式（3-28）右边的和式可以看作是 $x(t)$ 的傅里叶系数序列和 $y(t)$ 的傅里叶系数序列的离散时间卷积。

3.4.6 共轭及共轭对称性质

对一个周期信号取复数共轭，得到的仍是周期信号，其傅里叶级数的系数将在取复数共轭的基础上再反转。即若 $x(t)$ $\underline{FS}$ a_k，对傅里叶综合公式两边求共轭，可得

$$x^*(t) = \sum_{k=-\infty}^{\infty} a_k^* \, \mathrm{e}^{-jk\omega_0 t} = \sum_{k=-\infty}^{\infty} a_{-k}^* \, \mathrm{e}^{jk\omega_0 t}$$

于是有

$$x^*(t) \quad \underline{FS} \quad a_{-k}^* \tag{3-29}$$

特别地，当 $x(t)$ 为实信号，即 $x(t) = x^*(t)$ 时，可以得到

$$a_{-k}^* = a_k \text{ 或 } a_k^* = a_{-k} \tag{3-30}$$

从而有

$$|a_k| = |a_{-k}| \tag{3-31}$$

这说明实信号的傅里叶级数系数是共轭对称的，其幅度谱线 $|a_k|$ 关于纵轴对称。

3.4.7 帕斯瓦尔定理

可以证明，连续时间周期信号具有下述性质：

$$\frac{1}{T}\int_T |x(t)|^2 \, \mathrm{d}t = \sum_{k=-\infty}^{\infty} |a_k|^2 \tag{3-32}$$

式中 a_k 是 $x(t)$ 的傅里叶级数系数，而 $|a_k|^2$ 表示 $x(t)$ 中第 k 次谐波的平均功率，这是由于

$$\frac{1}{T}\int_T |a_k \, \mathrm{e}^{jk\omega_0 t}|^2 \, \mathrm{d}t = \frac{1}{T}\int_T |a_k|^2 \, \mathrm{d}t = |a_k|^2$$

因此式（3-32）的左边是周期信号 $x(t)$ 在时域里面的平均功率，右边是全部谐波分量的平均功率之和，也就是该信号在频域里面的平均功率。式（3-32）所描述的周期信号在时域和频域之间的能量关系称为帕斯瓦尔定理，它从能量的角度揭示了信号时域和频域的内在联系。

例题 3.4 连续时间周期信号的傅里叶级数为 $x(t) = \sum_{k=-\infty}^{\infty} a_k \, \mathrm{e}^{jk\omega_0 t}$，试证明：

（1）如果 $x(t)$ 为实偶信号，则 a_k 为实数。

（2）如果 $x(t)$ 为实奇信号，则 a_k 为虚数。

（3）如果 $x(t)$ 为虚偶信号，则 a_k 为虚数。

（4）如果 $x(t)$ 为虚奇信号，则 a_k 为实数。

证明：

（1）若 $x(t)$ 为实偶信号，则 $x^*(t) = x(t) = x(-t)$。

由式（3-7）有 $a_k = a_{-k}^*$，由式（3-25）有 $a_k = a_{-k}^*$，因此 $a_{-k} = a_{-k}^*$，经过变量替换得 $a_k = a_k^*$，说明 a_k 为实数。

（2）若 $x(t)$ 为实奇信号，则 $x^*(t) = x(t) = -x(-t)$。

由式（3-7）有 $a_k = a_{-k}^*$，式（3-25）有 $a_k = -a_{-k}$，因此 $-a_{-k} = a_{-k}^*$，经过变量替换得 $-a_k = a_k^*$，说明 a_k 为虚数。

（3）若 $x(t)$ 为虚偶信号，则 $x^*(t) = -x(t)$，$x(t) = x(-t)$。

由式（3-29）有 $-a_k = a_{-k}^*$，由式（3-25）有 $a_k = a_{-k}$，因此 $-a_{-k} = a_{-k}^*$，经过变量替换得 $-a_k = a_k^*$，说明 a_k 为虚数。

（4）若 $x(t)$ 为虚奇信号，则 $x^*(t) = -x(t)$，$x(t) = -x(-t)$。

由式（3-29）有 $-a_k = a_{-k}^*$，由式（3-25）有 $a_k = -a_{-k}$，因此 $a_{-k} = a_{-k}^*$，经过变量替换得 $a_k = a_k^*$，说明 a_k 为实数。

例题 3.5 对于周期为 T 的周期信号 $x(t)$，其傅里叶级数的系数为 a_k，如果 a_k 的偶数项都为 0，即 $a_{2k} = 0$，试证明：$x(t) = -x(t + T/2)$。

证明： 因为 $a_{2k} = 0$，因此 $x(t) = \sum_{k=-\infty}^{\infty} a_k \, \mathrm{e}^{jk\omega_0 t} = \sum_{k=-\infty}^{\infty} a_{(2k+1)} \, \mathrm{e}^{j(2k+1)\omega_0 t}$，

而

$$x\left(t+\frac{T}{2}\right) = \sum_{k=-\infty}^{\infty} a_k \, \mathrm{e}^{jk\omega_0 t} \mathrm{e}^{jk\omega_0 \frac{T}{2}} = \sum_{k=-\infty}^{\infty} a_k \, \mathrm{e}^{jk\omega_0 t} \mathrm{e}^{jk\pi}$$

$$= \sum_{k=-\infty}^{\infty} a_{2k} \, \mathrm{e}^{j2k\omega_0 t} \mathrm{e}^{j2k\pi} + \sum_{k=-\infty}^{\infty} a_{2k+1} \, \mathrm{e}^{j(2k+1)\omega_0 t} \mathrm{e}^{j(2k+1)\pi}$$

$$= 0 - \sum_{k=-\infty}^{\infty} a_{2k+1} \, \mathrm{e}^{j(2k+1)\omega_0 t} = -x(t)$$

因此结论得证。

例题 3.6   试确定图 3-8 所示周期信号 $g(t)$ 的傅里叶级数。

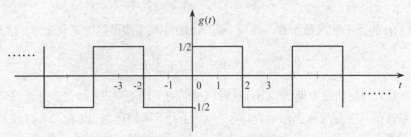

图 3-8   例题 3.6 中的周期信号

解：可以直接用傅里叶级数的分析公式求解傅里叶级数的系数，在学习了傅里叶级数的性质后，也可以在例题 3.3 的基础上通过变换得到傅里叶级数的系数。这里采用第二种方法求解。

对照图 3-5，可知 $T_0 = 4$，$T_1 = 1$，且

$$g(t) = x(t-1) - 1/2$$

仍然记 $x(t)$ 的傅里叶系数为 a_k，则根据傅里叶级数的时域平移性质，$x(t-1)$ 的傅里叶系数 b_k 是

$$b_k = a_k \mathrm{e}^{-jk\pi/2}$$

而 $g(t)$ 中直流偏移项 $-1/2$ 的傅里叶系数 c_k 是

$$c_k = \begin{cases} 0, & k \neq 0 \\ -\dfrac{1}{2}, & k = 0 \end{cases}$$

利用傅里叶级数的线性性质，$g(t)$ 的傅里叶级数系数 d_k 可以表示为

$$d_k = \begin{cases} a_k \mathrm{e}^{-jk\pi/2}, & k \neq 0 \\ a_0 - \dfrac{1}{2}, & k = 0 \end{cases}$$

将例题 3.3 的结果代入上式，可得

$$d_k = \begin{cases} \dfrac{\sin(k\pi/2)}{k\pi} \mathrm{e}^{-jk\pi/2}, & k \neq 0 \\ 0, & k = 0 \end{cases}$$

3.5   离散时间周期信号的傅里叶级数展开

本节专门讨论离散时间周期信号展开为傅里叶级数的问题。与连续时间周期信号的傅里叶级数类似，离散时间周期信号的傅里叶级数也是信号频域分析的基础。而且本节展开讨论的方式也与 3.3 节类似，所不同的是两种级数之间有重要的差别：连续时间周期信号的傅里叶级数是无穷级数，而在离散时间情况下却是有限项级数，因此不存在 3.4 节所讨论的数学上的收敛问题。

3.5.1   谐波复指数信号集

周期为 N 的离散时间周期信号满足 $x[n] = x[n+N]$。考虑离散时间复指数信号 $\mathrm{e}^{j(2\pi/N)n}$，显然，它是以 N 为周期的复指数序列。

令 $\phi_k[n] = \mathrm{e}^{jk(2\pi/N)n}$，那么信号集 $\{\phi_k[n]$，$k \in Z \}$ 的成员都是以 N 为周期的周期信号，即这些成员信号间彼此成**谐波关系**。与连续时间周期信号的情况类似，成谐波关系的复指数信号构成了信号

分解的基础。而与连续时间情况不同的是，在离散情况下，谐波复指数信号集还满足：

$$\phi_{k+N}[n] = e^{j(k+N)\frac{2\pi}{N}n} = e^{jk\frac{2\pi}{N}n} = \phi_k[n] = \phi_k[n+N] \tag{3-33}$$

即 $\phi_k[n]$ 对 k 而言也呈现出周期变化，这是离散时间复指数信号集所特有的性质，连续时间复指数信号集不具备这种特性。

与连续情况类似，我们也希望将周期序列 $x[n]$ 分解成傅里叶级数

$$x[n] = \sum_{k=-\infty}^{\infty} a_k e^{jk\frac{2\pi}{N}n} \tag{3-34}$$

根据 $\phi_k[n]$ 对 k 的周期性，可以将 k 的取值范围分解成以 N 为长度的段，即 $k = m + lN$，其中 l 是段的标号，其变化范围是 $-\infty \sim \infty$；m 是段内的标号，其变化范围是 $0 \sim N-1$。可见，当 l 遍历 $-\infty \sim \infty$，m 遍历 $0 \sim N-1$ 时，k 将遍历所有整数：$-\infty \sim \infty$。

如果将式（3-34）中 k 遍历所有整数 $-\infty \sim \infty$ 的求和方式变成 l 遍历 $-\infty \sim \infty$、m 遍历 $0 \sim N-1$ 的求和方式，则有：

$$x[n] \overset{k=m+lN}{=} \sum_{l=-\infty}^{\infty} \sum_{m=0}^{N-1} a_{m+lN} e^{j(m+lN)\frac{2\pi}{N}n} = \sum_{m=0}^{N-1} e^{jm\frac{2\pi}{N}n} \sum_{l=-\infty}^{\infty} a_{m+lN}$$

令 $b_k = \sum_{l=-\infty}^{\infty} a_{k+lN}$，则有：

$$x[n] = \sum_{k=0}^{N-1} b_k e^{jk\frac{2\pi}{N}n} \tag{3-35}$$

通过式 b_k 的定义，可以看出 $b_k = b_{k+N}$，也就是说 b_k 也是以 N 为周期的。式（3-35）说明，与连续情况不同，离散时间信号的傅里叶级数只有有限项。

对于式（3-35）的求和运算，并非一定要限制在 $0 \sim N-1$ 的范围内，我们有如下的结论：**以 N 为周期的序列在长度为 N 的区间内进行求和，其求和运算值与求和运算的起始点无关**，对此可以作简要的证明：设有任意一个周期为 N 的序列 $x[n]$，在任意一段长度为 N 的区间上求和，即 $\sum_{n=m}^{N+m-1} x[n]$。显然，对任意的 m 都存在整数 k 和 l 使得 $m = k + lN$，其中 $l \in Z$，$0 \leqslant k \leqslant N-1$，有：

$$\sum_{n=m}^{N+m-1} x[n] = \sum_{n=k+lN}^{N+k+lN-1} x[n] \overset{r=n-lN}{=} \sum_{r=k}^{k+N-1} x[r+lN] = \sum_{r=k}^{N-1} x[r] + \sum_{r=N}^{k+N-1} x[r] = \sum_{r=k}^{N-1} x[r] + \sum_{r=0}^{k-1} x[r] = \sum_{r=k}^{N-1} x[r] = \sum_{n=0}^{N-1} x[n]$$

可见，对周期序列在任意一个周期长度内的求和运算都等于 $0 \sim N-1$ 区间内的求和。因此，用 $k = <N>$ 来表示这种求和运算，即 $k = <N>$ 表示遍历任意一个周期长度的求和运算。

综合考虑 $\phi_k[n]$ 的周期性和 b_k 的周期性，式（3-35）的求和又与起始点无关，可以将式（3-35）写成 $x[n] = \sum_{k=<N>} b_k e^{jk(2\pi/N)n}$。出于统一标记的考虑，还是使用 a_k 而不是 b_k 来表示傅里叶级数的系数，那么式（3-35）就写成：

$$x[n] = \sum_{k=<N>} a_k e^{jk\frac{2\pi}{N}n} \tag{3-36}$$

如果式（3-36）成立，我们就说，离散时间周期信号 $x[n]$ 存在一个傅里叶级数的表达，或者说成谐波关系的复指数信号按式（3-36）进行的组合是 $x[n]$ 的**傅里叶级数展开**，也可以说，周期信号 $x[n]$ **分解**为傅里叶级数 $x[n] = \sum_{k=<N>} a_k e^{jk(2\pi/N)n}$。在这里，$e^{jk(2\pi/N)n}$ 称为 k 次谐波分量。形如式（3-36）的级数称为**离散时间傅里叶级数**，式（3-36）称为**综合公式**，a_k 称为 $x[n]$ 的**频谱系数**。弹性的求和起始位置有时可以简化分析计算过程。一般而言，在计算机和数字硬件里，这个取值范围

是 0，1，.....，$N-1$。

3.5.2 确定傅里叶级数的系数

首先可以确定，对周期为 N 的离散时间周期信号，其傅里叶级数展开式中的每一个复指数项都是以 N 为周期的，即它的傅里叶级数是信号集 $\{e^{jk(2\pi/N)n}，k=<N>\}$ 的线性组合。为了确定 $x[n]$ 的傅里叶级数，需要计算系数 a_k。

容易验证，信号集 $\{e^{jk(2\pi/N)n}，k=<N>\}$ 也具有某种正交性，可以观察到

（1）当 $k=pN$ （其中 $p\in Z$）时，$\displaystyle\sum_{n=0}^{N-1}e^{jk\frac{2\pi}{N}n}=N$。

（2）当 $k\neq pN$ 时，$\displaystyle\sum_{n=0}^{N-1}e^{jk\frac{2\pi}{N}n}=\frac{1-e^{jk\frac{2\pi}{N}N}}{1-e^{jk\frac{2\pi}{N}}}=0$。

因此有：

$$\sum_{n=<N>}e^{jk\frac{2\pi}{N}n}=\begin{cases}N & k=pN,\ p\in Z\\0 & k\neq pN,\ p\in Z\end{cases}\tag{3-37}$$

对于周期序列 $x[n]=x[n+N]$，可以用 $\displaystyle\sum_{n=<N>}x[n]$ 来表示 $x[n]$ 在任意一个周期段的求和，也就是说：

$$\sum_{n=<N>}x[n]=\sum_{n=0}^{N-1}x[n]\tag{3-38}$$

于是，当式（3-36）成立时，式（3-36）两边同时乘以 $e^{-jp(2\pi/N)n}$，$-\infty<p<\infty$，则有

$$x[n]e^{-jp\frac{2\pi}{N}n}=e^{-jp\frac{2\pi}{N}n}\sum_{k=<N>}a_k e^{jk\frac{2\pi}{N}n}=\sum_{k=<N>}a_k e^{j(k-p)\frac{2\pi}{N}n}$$

由于上面等式两边都是以 n 为自变量，以 N 为周期的周期序列，因此可以进行形如 $\displaystyle\sum_{n=<N>}$ 的求和

$$\sum_{n=<N>}x[n]e^{-jp\frac{2\pi}{N}n}=\sum_{n=<N>}\sum_{k=<N>}a_k e^{j(k-p)\frac{2\pi}{N}n}$$

$$=\sum_{k=<N>}a_k\sum_{n=<N>}e^{j(k-p)\frac{2\pi}{N}n}=\sum_{k=0}^{N-1}a_k\sum_{n=<N>}e^{j(k-p)\frac{2\pi}{N}n}$$

对于一个固定的 p，总存在一组 (k_0,m_0) 使得 $p=k_0-m_0N$，其中 $0\leqslant k_0\leqslant N-1$，因此有

$$\sum_{k=0}^{N-1}a_k\sum_{n=<N>}e^{j(k-p)\frac{2\pi}{N}n}=\sum_{k=0}^{N-1}a_k\sum_{n=<N>}e^{j(k-k_0+m_0N)\frac{2\pi}{N}n}$$

$$=\sum_{k=0}^{N-1}a_k\sum_{n=<N>}e^{j(k-k_0)\frac{2\pi}{N}n}=Na_{k_0}=Na_{p+m_0N}=Na_p$$

所以有 $a_p=\displaystyle\sum_{n=<N>}x[n]e^{-jp(2\pi/N)n}/N$，出于习惯，还是用 k 来表示傅里叶级数系数的下标。至此，可以归纳出离散时间周期信号傅里叶级数的**分析公式**和**综合公式**。

分析公式： $$a_k=\frac{1}{N}\sum_{n=<N>}x[n]e^{-jk\frac{2\pi}{N}n}\tag{3-39}$$

综合公式：
$$x[n] = \sum_{k=<N>} a_k \, \mathrm{e}^{jk\frac{2\pi}{N}n} \tag{3-40}$$

离散时间傅里叶级数系数 a_k 的一个特点就是它的周期性，通过式（3-39）可以观察到

$$a_k = a_{k+N} \tag{3-41}$$

因此，只需要知道 a_k 在某一个周期 N 内的值，就可以确定在其他周期内 a_k 的所有值。

例题 3.7　计算周期序列 $x[n] = \sin\omega_0 n$ 的傅里叶级数。

解：考虑 $x[n]$ 的离散性，只有当 $\omega_0/2\pi$ 为有理数即 $\omega_0/2\pi = m/N$ 时，$x[n]$ 才是周期的。

先考虑 $\omega_0 = 2\pi/N$ 的情况，这时 $x[n]$ 的基波周期为 N，基波频率为 $2\pi/N$。由于 $x[n] = \mathrm{e}^{j(2\pi/N)n} - \mathrm{e}^{-j(2\pi/N)n}/2j$，故

$$a_1 = \frac{1}{2j}, \quad a_{-1} = -\frac{1}{2j}$$

其余系数均为 0。由于这些系数以 N 为周期重复，因此 $a_{N+1} = 1/2j$，$a_{N-1} = -1/2j$。若此例中 $N = 5$，其傅里叶级数的系数可以表示为图 3-9 所示。可以看到，这些系数是周期性重复的。而在综合公式（3-40）中只需要用到其中一个周期内的系数。

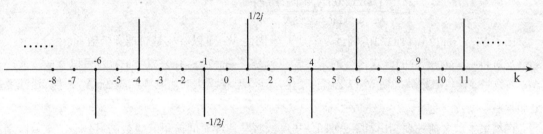

图 3-9　$x[n] = \sin(2\pi/5)n$ 的傅里叶系数

一般地，若 $\omega_0 = 2\pi m/N$，则 N 仍为 $x[n]$ 的基波周期，而 $2\pi/N$ 为 $x[n]$ 的基波频率。此时

$$x[n] = \frac{1}{2j}\left(\mathrm{e}^{jm\frac{2\pi}{N}n} - \mathrm{e}^{-jm\frac{2\pi}{N}n} \right)$$

因此，$x[n]$ 的 m 次谐波分量为 $a_m = 1/2j$，$a_{-m} = -1/2j$，而在一个长度为 N 的周期内，其余系数均为 0。若 $m = 3$，$N = 5$，则 $x[n]$ 的傅里叶系数如图 3-10 所示。可以看到，在任意一个长度为 5 的周期内，仅有两个非零的傅里叶系数，因此在综合公式中仅有两个非零项。

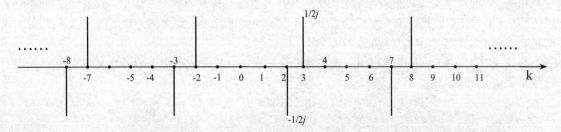

图 3-10　$x[n] = \sin 3(2\pi/5)n$ 的傅里叶系数

例题 3.8　计算如图 3-11 所示的离散时间周期方波信号的傅里叶级数，其中：

$$x[n] = \begin{cases} 1 & kN - N_1 \leqslant n \leqslant kN + N_1 \\ 0 & \text{其他} \end{cases}$$

解：由傅里叶分析公式可得，$a_k = \frac{1}{N}\sum_{n=<N>} x[n]\mathrm{e}^{-jk\frac{2\pi}{N}n} = \frac{1}{N}\sum_{n=-N_1}^{N_1} x[n]\mathrm{e}^{-jk\frac{2\pi}{N}n}$

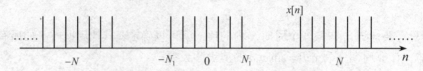

图 3-11 例题 3.8 的离散时间周期方波信号

（1）当 $k = 0, \pm N, \pm 2N, \cdots$ 时，$a_k = \frac{2N_1 + 1}{N}$。

（2）当 $k \neq 0, \pm N, \pm 2N, \cdots$ 时，$a_k \overset{m=n+N_1}{=} \frac{1}{N}\sum_{m=0}^{2N_1} \mathrm{e}^{-jk\frac{2\pi}{N}(m-N_1)}$

$$= \frac{1}{N}\mathrm{e}^{jk\frac{2\pi}{N}N_1}\sum_{n=0}^{2N_1}\mathrm{e}^{-jk\frac{2\pi}{N}n} = \frac{1}{N}\mathrm{e}^{jk\frac{2\pi}{N}N_1}\frac{1-\mathrm{e}^{-jk\frac{2\pi}{N}(2N_1+1)}}{1-\mathrm{e}^{-jk\frac{2\pi}{N}}}$$

$$= \frac{1}{N}\frac{\sin[2\pi k(N_1+1/2)/N]}{\sin(2\pi k/2N)} \tag{3-42}$$

由于 $Na_k = \sin[(2N_1+1)\Omega/2]/\sin(\Omega/2)|_{\Omega=2\pi k/N}$，因此 Na_k 可以看成是对连续函数 $\sin[(2N_1+1)\Omega/2]/\sin(\Omega/2)$ 以 $\Omega = k(2\pi/N)$ 的方式进行的采样，也就是说 $\sin[(2N_1+1)\Omega/2]/\sin(\Omega/2)$ 可以看成离散序列 Na_k 的包络。该包络不随周期 N 的变化而变化，但是当 N 增大时，取样间隔 $2\pi/N$ 变小，谱线变得更加紧密。

在结束本节之前还要指出，离散时间傅里叶级数与连续时间傅里叶级数的另外一个重要区别就是，因为离散时间傅里叶级数只有有限多项，因此它没有不收敛的问题，只要级数 $x_M[n] = \sum_{k=-M}^{M} a_k \mathrm{e}^{jk(2\pi/N)n}$ 有了 $N = 2M + 1$ 项，离散时间傅里叶级数就可以如实地再现离散时间信号 $x[n]$。

3.6 离散时间傅里叶级数的性质

离散时间傅里叶级数的性质与连续时间傅里叶级数的性质之间存在很大的相似性，本节只针对时域相乘、时域尺度变换和帕斯瓦尔定理等一些有显著差别的性质做一些说明，其余的性质读者可以仿照 3.4 节导出。而且在第 5 章将会看到，离散时间傅里叶级数的大部分性质还可以从离散时间傅里叶变换相应的性质中推导出来。

和连续时间情况相同，本节将用一种简便的符号表示一个离散时间周期信号 $x[n]$ 和它的傅里叶级数系数 a_k 之间的关系，即：

$$x[n] \quad \underline{FS} \quad a_k \tag{3-43}$$

3.6.1 相乘性质

由 3.4 节可知，两个周期为 T 的连续时间信号的乘积还是一个周期为 T 的周期信号，其傅里叶级数系数序列是被乘的两个信号的傅里叶级数系数序列的卷积。在离散时间情况下，假设：

$$x[n] \quad \underline{FS} \quad a_k$$

$$y[n] \quad \underline{\text{FS}} \quad b_k$$

且 $x[n]$、$y[n]$ 均是周期为 N 的周期信号，那么乘积 $x[n] \cdot y[n]$ 仍是一个周期为 N 的周期信号，且可以证明，其傅里叶级数系数 d_k 为：

$$x[n] \cdot y[n] \quad \underline{\text{FS}} \quad d_k = \sum_{l=\langle N \rangle} a_l \cdot b_{k-l} \tag{3-44}$$

可见，式（3-44）与式（3-28）的不同之处在于这里的卷积要限制在 N 个连续的样本区间上进行，通常把这种类型的运算称为两个周期的傅里叶系数序列之间的周期卷积，而求和变量从 $-\infty$ 到 ∞ 的运算称为非周期卷积。

3.6.2 时域尺度变换性质

对于连续时间周期信号 $x(t)$，无论 $a > 1$ 还是 $a < 1$，都可以进行时域尺度变换得到新的周期信号 $x(at)$，只不过基波周期从原来的 T 变成了 T/a，基波频率从 ω_0 变成了 $a\omega_0$，而傅里叶级数的系数大小保持不变。

对于离散时间周期信号 $x[n]$，当试图通过时域尺度变换得到 $x[mn]$ 时，必须分别讨论 $m > 1$ 和 $m < 1$ 的不同情况。当 $m > 1$ 例如 $m = 2$ 时，$x[2n]$ 意味着只抽取原信号偶数点上的取值，奇数点的取值全都舍弃了，相当于时域进行压缩，这样将会丢失原信号的很多信息，因此我们对这种尺度变换不予考虑。当 $m < 1$ 例如 $m = 1/2$ 时，$x[n/2]$ 将把原信号展开，偶数点上保持原信号的值，而奇数点上全部补零，可以表示为

$$x_{(m)}[n] = \begin{cases} x\left[\dfrac{n}{m}\right], & n = lm \\ 0, & n \neq lm \end{cases} \tag{3-45}$$

其中 $l = 0, \pm 1, \pm 2, \ldots$，通常称 $x_{(m)}[n]$ 为信号 $x[n]$ 的 **时域扩展**。

时域扩展后的信号 $x_{(m)}[n]$ 仍是周期的，只是基波周期变成了 mN，基波频率变成了 ω_0/m，相应各次谐波的系数成为 a_k/m。

3.6.3 帕斯瓦尔定理

离散时间周期信号的帕斯瓦尔定理可以表示为

$$\frac{1}{N} \sum_{n=\langle N \rangle} \left| x[n] \right|^2 = \sum_{k=\langle N \rangle} \left| a_k \right|^2 \tag{3-46}$$

式中 a_k 是 $x[n]$ 的傅里叶级数系数，N 是周期，其证明留作习题 3.8。式（3-46）左边表示的是周期信号在一个周期内的平均功率，而 $\left| a_k \right|^2$ 是 $x[n]$ 第 k 次谐波的平均功率。因此，式（3-46）的意义在于再一次表明：一个周期信号的平均功率等于它所有的谐波分量的平均功率之和。稍有区别的是离散时间周期信号只有 N 个不同的谐波分量，因此式（3-46）右边的求和只需在任何 k 的 N 个相继值上求和即可。

3.7　离散傅里叶变换

在讨论了离散时间周期信号的傅里叶级数展开的基础上，本节讨论非周期有限时间长度离散信号的傅里叶分析，特别注意与后面第 5 章的区别，这里讨论的是非周期有限长的离散时间信号，而第 5 章要讨论的是非周期无限长的离散时间信号。由于计算机受存储容量的限制，不可能处理无限

长的序列，因此本节的讨论是为信号的计算机处理做准备的。

对于有限长的离散时间信号，有其独特的傅里叶表示——离散傅里叶变换，我们可以通过将有限长时间信号周期延拓的方式得到周期信号，然后借助于周期信号的傅里叶级数展开得到离散傅里叶变换的公式。

讨论一个长度为 N、起始点为 0 的序列 $x[n]$，即：

$$x[n] = 0，\quad 当\ n < 0\ 或\ n \geqslant N \tag{3-47}$$

也就是说，$x[n]$ 只在 $[0, N-1]$ 区间内可能非零。这是计算机信号处理中常用的方式。

将上述非周期信号 $x[n]$ 进行周期延拓，形成一个周期信号 $\tilde{x}[n]$：

$$\tilde{x}[n] = \sum_{r=-\infty}^{\infty} x[n + rN] \tag{3-48}$$

为了直观起见，以图 3-12 表示周期延拓的过程，（a）为 $x[n]$ 的波形，（b）为 $\tilde{x}[n]$ 的波形。

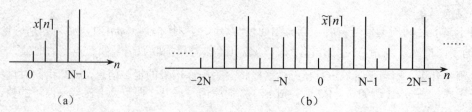

图 3-12　离散时间信号的周期延拓

周期信号 $\tilde{x}[n]$ 可以展开为离散时间傅里叶级数。依据前面的讨论，可以知道周期信号 $\tilde{x}[n]$ 的离散时间傅里叶系数 a_k 也是以 N 为周期的，即 $a_k = a_{k+N}$。

定义 $\tilde{X}(k) = Na_k$，可以将 $\tilde{X}(k)$ 看成是一个以 k 为自变量、以 N 为周期的离散时间序列，显然有 $\tilde{X}(k) = \tilde{X}(k+N)$。回顾一下离散时间周期信号的傅里叶级数表达式，有：

$$\tilde{X}(k) = Na_k = \sum_{n=<N>} \tilde{x}[n] e^{-jk(2\pi/N)n}$$

和

$$\tilde{x}[n] = \sum_{k=<N>} a_k\, e^{jk\frac{2\pi}{N}n} = \frac{1}{N} \sum_{k=<N>} \tilde{X}(k) e^{jk\frac{2\pi}{N}n}$$

由于被求和的序列都是以 N 为周期的，可以将求和区间限制为 $0 \leqslant n \leqslant N-1$ 和 $0 \leqslant k \leqslant N-1$，则有

$$\tilde{X}(k) = \sum_{n=0}^{N-1} \tilde{x}[n] e^{-jk\frac{2\pi}{N}n}$$

和

$$\tilde{x}[n] = \frac{1}{N} \sum_{k=0}^{N-1} \tilde{X}(k) e^{jk\frac{2\pi}{N}n}$$

定义：

$$W_N \overset{\Delta}{=} e^{-j\frac{2\pi}{N}} \tag{3-49}$$

$$X(k) = \tilde{X}(k)\, R_N(k) \tag{3-50}$$

其中 $R_N(k)$ 是矩形窗，它的定义如下：

$$R_N(k) = \begin{cases} 1 & 0 \leqslant k \leqslant N-1 \\ 0 & \text{其他} \end{cases} \tag{3-51}$$

由此，可以给出**离散傅里叶变换 DFT**（Discrete FourierTransform）的定义：

$$X(k) = \begin{cases} \displaystyle\sum_{n=0}^{N-1} x[n]W_N^{kn} & 0 \leqslant k \leqslant N-1 \\ 0 & \text{其他} \end{cases} \tag{3-52}$$

$$x[n] = \begin{cases} \displaystyle\frac{1}{N}\sum_{k=0}^{N-1} X(k)W_N^{-kn} & 0 \leqslant n \leqslant N-1 \\ 0 & \text{其他} \end{cases} \tag{3-53}$$

必须注意到：离散时间傅里叶级数将一个周期为 N 的序列变换为另一个周期为 N 的序列；而离散傅里叶变换（DFT）却是将一个 $0 \sim N-1$ 的序列变换为另一个 $0 \sim N-1$ 的序列。而且离散时间傅里叶级数和离散傅里叶变换（DFT）在名称上的差别是很小的，还要细心体会。

3.8 快速傅里叶变换

离散傅里叶变换（DFT）在信号处理中是一种常用的变换，在第 7 章还会讨论 DFT 和连续时间傅里叶变换的关系。在工程上，一般都是通过 DFT 来求信号的频谱，可以说 DFT 是由时域分析进入频域分析的一个关键环节，因此能否快速地计算 DFT 是实施信号处理的关键。所谓**快速傅里叶变换 FFT**（Fast Fourier Transform）就是一种计算 DFT 的快速算法，它的提出大大推动了信号处理技术的发展。

3.8.1 计算复杂性

计算复杂性是计算机学科里面的一个专用术语，是用来描述算法的计算效率的一个指标，它度量的是算法所需要的乘法或者加法的次数与计算对象的规模 N 之间的关系。在这里，计算对象的规模 N 一般是指计算对象的大小，例如图像的像素点数、一段一维信号的采样点数。下面通过分析 DFT 的计算机算法来理解计算复杂性这个概念。

先考虑直接根据定义计算 DFT：

$$X(k) = \sum_{n=0}^{N-1} \left\{ \begin{array}{l} \text{Re}[x[n]]\text{Re}[W_N^{kn}] - \text{Im}[x[n]]\text{Im}[W_N^{kn}] \\ + j\{\text{Re}[x[n]]\text{Im}[W_N^{kn}] + \text{Im}[x[n]]\text{Re}[W_N^{kn}]\} \end{array} \right\} \tag{3-54}$$

可见，对于每一个固定的 k，得到 $X(k)$ 需要 $4N$ 次实数乘法，那么计算整个 DFT 需要 $4N^2$ 次实数乘法。如果 $x[n]$ 为实信号，也需要 $2N^2$ 次乘法，总之计算量与 N^2 成正比，因此说计算复杂性是 N^2 级的。实际中 N 的数值可能非常大，N^2 级的计算量往往无法达到实时性的要求。

3.8.2 时间抽取 FFT 算法

在这里限定信号的点数 N 满足 $N = 2^m$，考虑到很多情况下对信号采集多少个点来分析是可以人为确定的，因此这种限定是符合实际的。下面再来分析 DFT 的定义式：

$$X(k) = \sum_{n为偶} x[n]W_N^{kn} + \sum_{n为奇} x[n]W_N^{kn}$$

$$= \sum_{r=0}^{N/2-1} x[2r]W_N^{2kr} + \sum_{r=0}^{N/2-1} x[2r+1]W_N^{2kr+k} \qquad (3-55)$$

$$= \sum_{r=0}^{N/2-1} x[2r]W_{N/2}^{kr} + W_N^k \sum_{r=0}^{N/2-1} x[2r+1]W_{N/2}^{kr}$$

令

$$G(k) = \sum_{r=0}^{N/2-1} x[2r]W_{N/2}^{kr} , \quad k = 0,1,2,\cdots,N/2-1 \qquad (3-56)$$

$$H(k) = \sum_{r=0}^{N/2-1} x[2r+1]W_{N/2}^{kr} , \quad k = 0,1,2,\cdots,N/2-1 \qquad (3-57)$$

即 $G(k)$ 是原信号中偶数点所组成的信号 $g[n]$ 进行 $N/2$ 点 DFT 的结果，$H(k)$ 是原信号中奇数点所组成的信号 $h[n]$ 进行 $N/2$ 点 DFT 的结果。则有：

$$X(k) = G(k) + W_N^k H(k) , \quad k = 0,1,2,\cdots,N/2-1 \qquad (3-58)$$

注意到 $G(k)$ 和 $H(k)$ 都是 $N/2$ 的点，而 $X(k)$ 需要计算 N 点 DFT，因此单用式（3-58）表示 $X(k)$ 并不完全。但由于：

$$X(k+N/2) = G(k) - W_N^k H(k) , \quad k = 0,1,2,\cdots,N/2-1 \qquad (3-59)$$

所以用 $G(k)$ 和 $H(k)$ 可以完整地表示 $X(k)$。当 $N = 8 = 2^3$ 时，$G(k)$、$H(k)$ 与 $X(k)$ 之间的关系如图 3-13 所示。

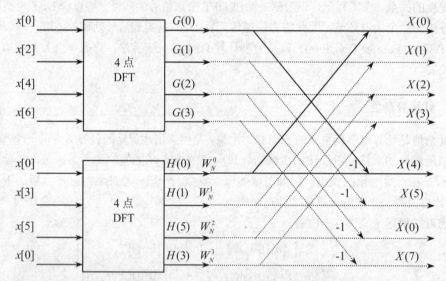

图 3-13 8 点 FFT 的一级蝶形运算单元

考虑到 $G(k)$ 和 $H(k)$ 仍是高复合数（如 $2^2 = 4$）的 DFT，因此可以按照上述方法继续予以分解。若将 $g[n]$ 再分解为奇数点和偶数点，则有：

$$G(k) = \sum_{r=0}^{N/2-1} g[r]W_{N/2}^{kr}$$

$$= \sum_{l=0}^{N/4-1} g[2l]W_{N/2}^{2lk} + W_{N/2}^k \sum_{l=0}^{N/4-1} g[2l+1]W_{N/2}^{2lk} \qquad (3-60)$$

$$= \sum_{l=0}^{N/4-1} g[2l]W_{N/4}^{lk} + W_{N/2}^k \sum_{l=0}^{N/4-1} g[2l+1]W_{N/4}^{lk}$$

令

$$O(k) = \sum_{l=0}^{N/4-1} g[2l]W_{N/4}^{lk}, \quad k = 0,1,2,\cdots,N/4-1$$

$$P(k) = \sum_{l=0}^{N/4-1} g[2l+1]W_{N/4}^{lk}, \quad k = 0,1,2,\cdots,N/4-1$$

则有

$$G(k) = O(k) + W_{N/2}^{k}P(k), \quad k = 0,1,2,\cdots,N/4-1 \tag{3-61}$$

$$G\left(k+\frac{N}{4}\right) = O(k) - W_{N/2}^{k}P(k), \quad k = 0,1,2,\cdots,N/4-1 \tag{3-62}$$

同理可以通过将 $h[n]$ 分解为奇数点和偶数点，计算得到 $H(k)$ 和 $H(k+N/4)$，如图 3-14 所示。

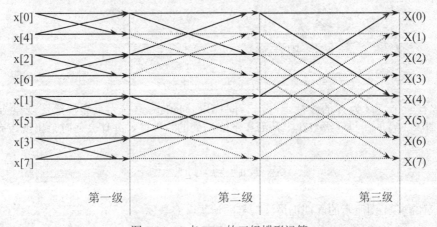

图 3-14　8 点 FFT 的三级蝶形运算

　　若 N 是 2 的更高次幂，则类似的分解还要继续进行下去，直到两点的 DFT 为止。以上算法是将时间 n 按奇、偶分开，故称为时间抽取算法。

　　W_N^k 可以放在存储器里面不必每次都计算。显然，对于一个 N 点的 FFT，有 $\log_2 N$ 级**蝶形运算**（Butterfly Computation）。每一级蝶形运算有 N 次乘法和 N 次加法。因此，FFT 的计算复杂性是 $N\log_2 N$ 级别的。N^2 级和 $N\log_2 N$ 级在 N 很大的情况下有很大的差别，例如 $N = 2^{20}$ 约为 100 万点，N^2 级比 $N\log_2 N$ 级大 5 万多倍。IBM/XT/8086 发展到今天的酷睿处理器，经历了 30 余年的发展，虽然速度有了数千倍的提升，但没有达到 5 万多倍，这就体现了快速算法的作用。

　　比较一下 DFT 的正变换式（3-52）和反变换式（3-53），可以发现它们的差异很小。因此，对正变换 FFT 程序中的参数稍加改动，就可以计算 DFT 的反变换。除了按时间抽取的 FFT 算法外，还有按频率抽取的 FFT 算法以及不限定 $N = 2^m$ 的 FFT 算法，由于篇幅限制就不一一介绍了。而且 Matlab 中的 Signal Processing 工具箱已经将 FFT 算法封装好了，工程上只需要调用即可。

研讨环节：周期函数与吉布斯现象

　　为了加深对周期信号傅里叶级数收敛性的理解，有必要了解一下著名的吉布斯现象[1]。1898 年，美国物理学家米切尔森（Albert Michelson）做了一台谐波分析仪，该仪器可以对任何一个周期信号 $x(t)$ 的傅里叶级数截断后的近似式 $x_N(t) = \sum_{k=-N}^{N} a_k \, e^{jk\omega_0 t}$ 进行计算，其中 N 可以算到 80。米切尔森用了很多函数来测试他的仪器，结果发现 $x_N(t)$ 和 $x(t)$ 非常一致。然而当他测试方波信号时，却看到了一个令人吃惊的现象。在方波信号的不连续点附近，$x_N(t)$ 呈现出起伏，而且这个起伏的峰值大小似乎不随 N 的增大而下降！对于这一现象，米切尔森无法给出解释，甚至怀疑他的仪器是否有不完善的地方。他将这一问题写了一封信给著名的数学物理学家吉布斯（Josiah Gibbs），吉布斯后来对这一现象给出了证明，并且指出：若不连续处的高度是 1，则部分和所呈现的峰值的最大值是 1.09，即有 9% 的超量。N 取得越大，部分和的起伏就越向不连续点处压缩，但是对任何有限的 N 值，起伏的峰值大小保持不变，都有 9% 的超量。后人称这一现象为吉布斯现象。

试以 Matlab 语言为工具，绘图观察方波周期信号的吉布斯现象，体会周期信号傅里叶级数的收敛性。

若一个周期为 2π 的锯齿波函数 $x(t)$，其定义为[2]

$$x(t) = \begin{cases} \dfrac{1}{A}t & 0 \leqslant t < A \\ 1 & A \leqslant t < \pi \\ 0 & \pi \leqslant t < 2\pi \\ x(t+2\pi) & 其余 t \end{cases}$$

该函数有一个宽度为 A 的线性上升沿。同样以 Matlab 语言为工具，绘图观察当 A 分别取 $\pi/2$、$\pi/64$ 时，$x(t)$ 的傅里叶级数在上升沿和下降沿处的收敛性，并体会何时会出现吉布斯现象。

思考题与习题三

3.1 求如题 3.1 图所示的周期锯齿波信号的傅里叶系数 a_k。

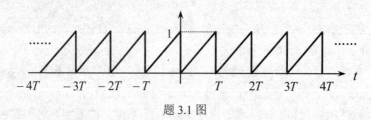

题 3.1 图

3.2 求如题 3.2 图所示的周期序列的傅里叶系数 a_k，已知序列的周期为 $N=4$。

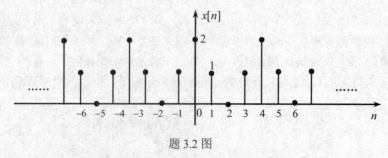

题 3.2 图

3.3 计算下列周期信号的傅里叶系数 a_k，其中 ω_0 为基波频率。

（1）$2 + \cos(2\omega_0 t) + \sin(5\omega_0 t)$。

（2）$x(t) = e^{-t}$，$-1 < t < 1$，周期为 2。

（3）$x(t) = \begin{cases} 1.5 & 0 \leqslant t < 1 \\ -1.5 & 1 \leqslant t < 2 \end{cases}$，$\omega_0 = \pi$。

3.4 对于一个实的周期信号 $x(t)$，其基波周期为 T，傅里叶级数系数为 a_k，证明：

（1）$a_k = a_{-k}^*$，而且 a_0 为实数。

（2）如果 $x(t)$ 为偶函数，则它的傅里叶级数系数为偶的，即 $a_k = a_{-k}$，并且是实数。

（3）如果 $x(t)$ 为奇函数，则它的傅里叶级数系数为奇的，即 $a_{-k} = -a_k$，并且是虚数，$a_0 = 0$。

（4）$x(t)$ 偶部的傅里叶级数系数为 $\text{Re}\{a_k\}$。

（5）$x(t)$ 奇部的傅里叶级数系数为 $j\,\text{Im}\{a_k\}$。

3.5 两个基波频率为 ω_0 的周期信号 $x(t)$ 和 $y(t)$ 的乘积 $z(t)$ 仍然是频率为 ω_0 的周期信号，若

$$x(t) = \sum_{k=-\infty}^{\infty} a_k e^{jk\omega_0 t}，\quad y(t) = \sum_{k=-\infty}^{\infty} b_k e^{jk\omega_0 t}，\quad z(t) = \sum_{k=-\infty}^{\infty} c_k e^{jk\omega_0 t}，\quad 试证明：c_k = \sum_{n=-\infty}^{\infty} a_n b_{k-n}。$$

3.6 利用习题 3.4 的结论，证明连续时间周期信号的帕斯瓦尔定理：$\dfrac{1}{T}\int_T |x(t)|^2 \, \mathrm{d}t = \sum_{k=-\infty}^{\infty} |a_k|^2$。

3.7 如果将获得离散时间傅里叶级数系数的过程看成是一个以 N 为周期的周期序列到另一个以 N 为周期的周期序列的变换，而且将 $x[n] = \sum_{k=<N>} a_k e^{jk(2\pi/N)n}$ 记为 $x[n] \underset{\sim}{\text{FS}} a_k$，试证明：

$x[n]y[n] \underset{\sim}{\text{FS}} \sum_{l=<N>} a_l b_{k-l}$，其中 $x[n] \underset{\sim}{\text{FS}} a_k$，$y[n] \underset{\sim}{\text{FS}} b_k$。

3.8 利用题 3.6 的结论，证明离散时间周期信号的帕斯瓦尔定理：$\sum_{n=<N>} |x[n]|^2 / N = \sum_{k=<N>} |a_k|^2$。

3.9 如果 $\sum_{k=-\infty}^{\infty} a_k \varphi_k(t) = \sum_{k=-\infty}^{\infty} b_k \varphi_k(t)$，而且函数集 $\{\phi_k(t), \ k \in Z\}$ 是正交函数集，试证明：$a_k = b_k$。

3.10 周期为 T 的周期信号 $x(t)$ 的傅里叶级数系数为 a_k，如果 $x(t) = -x(t + T/2)$，试证明：a_k 的偶数项都为 0，即 $a_{2k} = 0$。

3.11 利用傅里叶级数的特性，求如题 3.11 图所示的周期方波 $g(t)$ 的傅里叶级数。

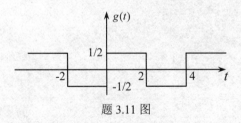

题 3.11 图

3.12 试举出不满足狄里赫利条件的周期性信号的例子。

3.13 周期性实序列 $x[n]$ 如题 3.13 图所示，判断下列各说法是否正确，并说明理由。

（1）$a_k = a_{k+10}$。

（2）$a_k = a_{-k}$。

（3）$a_0 = 0$。

3.14 在 Matlab 中产生一个 4096 点的正弦加性白噪声序列，并用 FFT 程序分析其频谱，然后绘制其幅度谱。

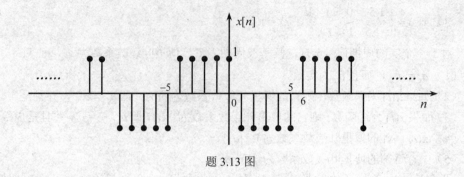

题 3.13 图

参考文献

[1]　Alan V. Oppenheim，Alan S. Willsky，S. Hamid Nawab. 信号与系统. 刘树棠译. 西安：西安交通大学出版社，1998.

[2]　B. P. Lathi. 线性系统与信号. 刘树棠译. 西安：西安交通大学出版社，2006.

第 4 章

连续时间傅里叶变换

第 3 章讨论了连续时间周期信号和离散时间周期信号的傅里叶级数分析方法，可以看到通过傅里叶级数展开可以得到周期信号的复指数线性组合表示，而且这些复指数信号是成谐波关系的。然而工程上要处理的信号中有相当大一部分是非周期的，因此，仅出于应用范围的考虑，傅里叶分析对象也不能局限于周期信号。

本章要将周期信号的傅里叶级数分析方法推广到连续时间非周期信号的分析中，基本思路是将非周期信号看成是周期无限长的周期信号。考虑在周期信号的傅里叶级数表示中，当周期增加时，基波频率就减小，成谐波关系的各分量在频率上越趋靠近。当周期变成无穷大时，这些频率分量就形成了一个连续域，从而傅里叶级数的求和也就变成了一个积分。这正是傅里叶当时研究非周期信号的级数展开时所采用的途径，也是本章第一节所要讨论的内容。以后各节还将讨论连续时间傅里叶变换的很多重要性质，以此形成连续时间信号与系统频率域分析法的基础。第 5 章将并行地对离散时间非周期信号进行相似的讨论。

4.1   连续时间非周期信号的傅里叶分析

本节讨论连续时间非周期信号的傅里叶分析，首先从周期信号的傅里叶级数展开入手，然后让周期信号的周期趋向于无穷大，从而研究其频谱的变化。

4.1.1   傅里叶变换的引出

先从一个周期方波信号的讨论入手，如图 4-1 所示，该周期方波信号的周期为 T_0，方波宽度为 $2T_1$。

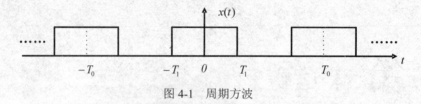

图 4-1   周期方波

由例题 3.3 可知，该周期方波信号的傅里叶级数系数为：

$$k = 0 \text{ 时，} \quad a_0 = 2T_1/T_0$$
$$k \neq 0 \text{ 时，} \quad a_k = 2\sin k\omega_0 T_1 / k\omega_0 T_0$$

整理后，可得

$$T_0 a_k = \frac{2\sin \omega T_1}{\omega}\bigg|_{\omega = k\omega_0} \tag{4-1}$$

先引入一个在信号处理技术中常用的函数：**抽样函数**（Sample Function），其定义如下：

$$Sa(x) = \sin x/x \tag{4-2}$$

显然抽样函数是偶函数，且由罗必塔法则，有 $Sa(0) = 1$。该函数通过正 x 轴的第一个过零点在 $x = \pi$ 处。在波形上，可以将抽样函数 $Sa(x)$ 看成一个包络为 $\frac{1}{x}$ 的正弦波，$x \to \pm\infty$ 时，包络趋于 0。函数 $\sin ax/x = aSa(ax)$ 的波形如图 4-2 所示。

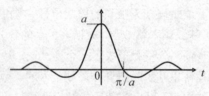

图 4-2   抽样函数

再考虑图 4-1 中周期方波信号的傅里叶系数 a_k，式（4-1）可写成 $T_0 a_k = 2\sin \omega T/\omega\big|_{\omega = k\omega_0}$ $= 2T_1 Sa(\omega T_1)\big|_{\omega = k\omega_0}$。图 4-3 所示是 $T_0 a_k$ 的波形，其中横轴对于包络线来说是 $\omega = k\omega_0$。可以看出，$\{T_0 a_k, \ k \in Z\}$ 是对连续函数 $2T_1 Sa(\omega T_1)$ 的抽样，抽样间隔为 ω_0。如果 T_1 不变，而 T_0 不断变大，则抽样间隔 ω_0 不断变小，也就是说，谱线越来越密，但包络不变。当 $T_0 \to \infty$ 时，周期方波信号变成了非周期的单个方波信号，离散的谱线变成连续函数。通过这个例子的分析，可以建立一个直观的印象：非周期信号的频谱应该是一个连续函数。

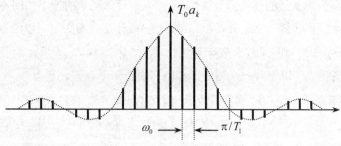

图 4-3 周期方波的频谱

4.1.2 傅里叶变换

下面考虑一般的情况，对于任意的连续时间信号（可能是周期的也可能是非周期的），将其两端截断，得到的截断信号记为 $x(t)$，如图 4-4 所示，有：

$$\forall |t| > T_0/2：\ x(t) = 0 \tag{4-3}$$

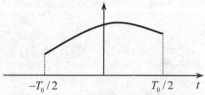

图 4-4 被截断的连续时间信号 $x(t)$

将 $x(t)$ 延拓成为以 T_0 为周期的周期信号 $z(t)$，如图 4-5 所示，$z(t)$ 也可以解析地表达为：

$$z(t) = \sum_{r=-\infty}^{\infty} x(t + rT_0) \tag{4-4}$$

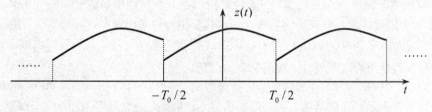

图 4-5 被截断的连续时间信号的周期延拓

对周期信号 $z(t)$ 进行傅里叶级数展开：$z(t) = \sum_{k=-\infty}^{\infty} a_k e^{jk\omega_0 t}$，其傅里叶系数为

$$a_k = \frac{1}{T_0} \int_{-T_0/2}^{T_0/2} x(t) e^{-jk\omega_0 t} \mathrm{d}t = \frac{1}{T_0} \int_{-\infty}^{\infty} x(t) e^{-jk\omega_0 t} \mathrm{d}t \tag{4-5}$$

对于 $x(t)$，为其定义一个相应的连续函数 $X(j\omega)$：

$$X(j\omega) = \int_{-\infty}^{\infty} x(t) e^{-j\omega t} \mathrm{d}t \tag{4-6}$$

则式（4-5）进一步写成 $a_k = X(jk\omega_0)/T_0$，将 a_k 代入傅里叶级数的综合公式，可得：$z(t) = \sum_{k=-\infty}^{\infty} X(jk\omega_0) e^{jk\omega_0 t}/T_0$。再以 $T_0 = 2\pi/\omega_0$ 代入，可得：

$$z(t) = \sum_{k=-\infty}^{\infty} X(jk\omega_0) e^{jk\omega_0 t} \omega_0/2\pi \tag{4-7}$$

下面来考虑以 ω 为自变量的连续函数 $X(j\omega)\mathrm{e}^{j\omega t}$，假设该函数的波形如图 4-6 所示。以 ω_0 为间隔将 ω 轴分成多个小段，在任一 $k\omega_0$ 处，以 $\left[k\omega_0,(k+1)\omega_0\right]$ 小段为底边，以函数值 $X(jk\omega_0)\mathrm{e}^{jk\omega_0 t}$ 为高，可以形成一个矩形，用阴影来表示这个矩形，如图 4-6 所示，且阴影矩形的面积为 $X(jk\omega_0)\mathrm{e}^{jk\omega_0 t}\omega_0$。变化 k 可以得到一系列矩形，所有阴影矩形面积之和为 $\sum_{k=-\infty}^{\infty} X(jk\omega_0)\mathrm{e}^{jk\omega_0 t}\omega_0$，当 $\omega_0\to 0$ 时，这些阴影矩形面积的总和收敛于函数 $X(j\omega)\mathrm{e}^{j\omega t}$ 波形下的面积。通过图 4-6 还可以看到，一方面随着 $T_0\to\infty$，$\omega_0\to 0$，$z(t)\to x(t)$。另一方面式（4-7）可以演变为

$$x(t)=\frac{1}{2\pi}\int_{-\infty}^{\infty} X(j\omega)\mathrm{e}^{j\omega t}\mathrm{d}\omega \tag{4-8}$$

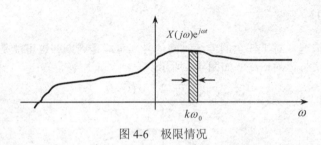

图 4-6　极限情况

式（4-8）也可以看成信号 $x(t)$ 的一种分解，它是信号 $x(t)$ 的**傅里叶反变换**（Inverse Fourier Transformation）。而连续函数：

$$X(j\omega)=\int_{-\infty}^{\infty} x(t)\mathrm{e}^{-j\omega t}\mathrm{d}t \tag{4-9}$$

称为连续时间信号 $x(t)$ 的**傅里叶变换**（Fourier Transform）或**傅里叶正变换**，$X(j\omega)$ 也称为信号 $x(t)$ 的**频谱**（Frequency Spectrum），记为：$x(t)\ \underline{F}\ X(j\omega)$ 和 $X(\omega)\ \underline{F^{-1}}\ x(t)$。有些文献，将 $X(j\omega)$ 写成 $X(\omega)$，这只是一个习惯问题。无论 $X(j\omega)$ 还是 $X(\omega)$ 都是以 ω 为自变量的函数。

通过 $a_k=X(jk\omega_0)/T_0$，可知 $X(j\omega)$ 的物理含义与 a_k 接近。对周期信号来说，表示成傅里叶级数时各复指数信号的幅度为 $\{a_k\}$，由式（3-15）给出，并且只在成谐波关系的一组离散点 $k\omega_0$，$k=0,\pm 1,\pm 2,\cdots$ 上出现。而对非周期信号来说，这些复指数信号出现在连续频率上，并且根据综合公式（4-8），其"幅度"为 $X(j\omega)(\mathrm{d}\omega/2\pi)$，因此"频谱" $X(j\omega)$ 可以告诉我们将 $x(t)$ 表示为不同频率正弦信号的线性组合（即积分）时所需要的信息。

另一方面，一个周期信号 $\tilde{x}(t)$ 的傅里叶级数系数 a_k 可以利用 $\tilde{x}(t)$ 在一个周期内信号的傅里叶变换取等间隔样本来表示。也就是说，若有限长信号 $x(t)$ 恰好是周期信号 $\tilde{x}(t)$ 在一个周期内的分量，譬如说限制在 $s\leqslant t\leqslant s+T$ 内，而在该周期外 $x(t)$ 全为 0，则 $\tilde{x}(t)$ 的傅里叶级数系数可以表示为：

$$a_k=\frac{1}{T}\int_{s}^{s+T}\tilde{x}(t)\mathrm{e}^{-jk\omega_0 t}\mathrm{d}t$$

$$=\frac{1}{T}\int_{s}^{s+T} x(t)\mathrm{e}^{-jk\omega_0 t}\mathrm{d}t=\frac{1}{T}\int_{-\infty}^{\infty} x(t)\mathrm{e}^{-jk\omega_0 t}\mathrm{d}t$$

与式（4-9）比较可知

$$a_k=\frac{1}{T}X(j\omega)\Big|_{\omega=k\omega_0} \tag{4-10}$$

这里，$X(j\omega)$ 是非周期有限长信号 $x(t)$ 的傅里叶变换。可见，周期信号 $\tilde{x}(t)$ 的傅里叶级数系数正比于其中一个周期分量 $x(t)$ 的傅里叶变换被离散后的样本值，取样间隔为 ω_0。

4.1.3　傅里叶变换的收敛

由于傅里叶变换的推导过程源于周期信号的傅里叶级数，因此在数学上，仍然采用能量的观点来讨论傅里叶变换的收敛性，而且傅里叶变换的收敛条件和傅里叶级数的收敛条件是类似的。考虑傅里叶变换是利用一个积分 $\int_{-\infty}^{\infty} X(j\omega)\mathrm{e}^{j\omega t}\mathrm{d}\omega/2\pi$ 而不是级数来逼近非周期信号 $x(t)$，因此定义二者的差异为：

$$e(t) = x(t) - \frac{1}{2\pi}\int_{-\infty}^{\infty} X(j\omega)\mathrm{e}^{j\omega t}\mathrm{d}\omega \tag{4-11}$$

从能量的观点来分析收敛问题，此时收敛的标准是能量为 0，也就是：

$$\int_{-\infty}^{\infty} \left|e(t)\right|^2 \mathrm{d}t = 0 \tag{4-12}$$

本节同样不进行收敛性的证明，只呈现一些结论。下面是傅里叶变换收敛的条件：

（1）平方可积。

$$\int_{-\infty}^{\infty} \left|x(t)\right|^2 \mathrm{d}t < \infty \tag{4-13}$$

即如果信号 $x(t)$ 能量有限，那么 $x(t)$ 和它的傅里叶表示虽然在个别点上或许有明显的不同，但是在能量上没有任何差别。

（2）狄里赫利条件。

①绝对可积：

$$\int_{-\infty}^{\infty} \left|x(t)\right|\mathrm{d}t < \infty \tag{4-14}$$

②在任何有限区间内，$x(t)$ 只有有限个极值。

③在任何有限区间内，$x(t)$ 只有有限个不连续点，并且在每个不连续点处都必须是有限值。

狄里赫利条件保证了由式（4-8）综合得到的 $\hat{x}(t)$ 除了那些不连续点外，在任何其他的时刻 t 上都等于原信号 $x(t)$，而在不连续点处 $\hat{x}(t)$ 等于 $x(t)$ 在不连续点两边值的平均值。

下面通过几个实例来加深对傅里叶变换的理解。

例题 4.1　求信号 $x(t) = \mathrm{e}^{-at}u(t)$（$a$ 为实数）的傅里叶变换。

解：如果 $a \leqslant 0$，显然不满足绝对可积和平方可积条件，傅里叶变换不收敛。

如果 $a > 0$，则：

$$\begin{aligned} X(j\omega) &= \int_{-\infty}^{\infty} \mathrm{e}^{-at}u(t)\mathrm{e}^{-j\omega t}\mathrm{d}t \\ &= \int_{0}^{\infty} \mathrm{e}^{-(a+j\omega)t}\mathrm{d}t \\ &= \frac{\mathrm{e}^{-(a+j\omega)t}}{-(a+j\omega)}\Big|_0^{\infty} = \frac{1}{a+j\omega} \end{aligned}$$

在很多情况下，频谱 $X(j\omega)$ 的模 $|X(j\omega)|$ 和相位 $\angle X(j\omega)$ 具有各自独特的含义，图 4-7（a）是频谱 $X(j\omega)$ 的模 $|X(j\omega)|$，也称为幅频特性，图 4-7（b）是频谱 $X(j\omega)$ 的相位 $\angle X(j\omega)$，也称为相频特性。对于许多电子系统而言，相频特性也是很重要的。

例题 4.2　求单位冲激信号 $x(t) = \delta(t)$ 的频谱。

解：将单位冲激信号 $\delta(t)$ 代入傅里叶正变换式，可得

$$X(j\omega) = \int_{-\infty}^{\infty} \delta(t)\mathrm{e}^{-j\omega t}\mathrm{d}t = 1 \tag{4-15}$$

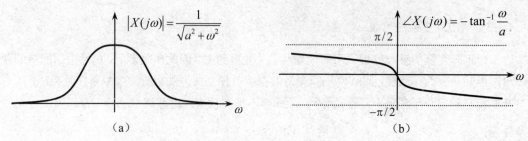

图 4-7   例题 4.1 频谱的模和相位

也就是说，单位冲激信号 $\delta(t)$ 的频谱是常数 1，在所有的频率点上频谱的值都是相同的。

这个例子的物理含义非常重要，它意味着，尖脉冲信号的频谱非常宽，会对处于不同接收频率的电子设备产生干扰。在生活中我们有这样的体验，当我们开灯的时候，电视机和收音机都会受到不同程度的干扰。而收音机和电视机的接收频段是不一样的，说明开灯的时候，电流的突变激发了一个尖脉冲的磁场，而这个磁场又激发了电场，形成一个尖脉冲的电磁波，这个尖脉冲电磁波的频谱是很宽的，类似于图 4-8，因此它同时干扰了电视机和收音机。电机干扰、大电流设备开机时所产生的电磁干扰等都是基于这种原理。

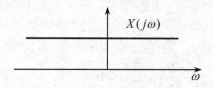

图 4-8   例题 4.2 的频谱

例题 4.3   求图 4-9 所示方波信号 $x(t) = u(t + T_0) - u(t - T_0)$ 的频谱。

解：将方波信号 $x(t)$ 代入傅里叶正变换式，得

$$X(j\omega) = \int_{-T_0}^{T_0} e^{-j\omega t} dt = \frac{e^{-j\omega t}}{-j\omega}\bigg|_{-T_0}^{T_0}$$

$$= \frac{2\sin\omega T_0}{\omega} = 2T_0 Sa(\omega T_0) \tag{4-16}$$

也就是说，方波信号的频谱是一个抽样函数，如图 4-10 所示。

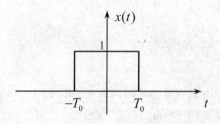

图 4-9   例题 4.3 信号的波形

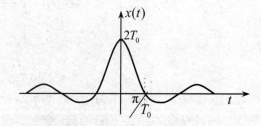

图 4-10   方波信号的频谱

例题 4.4   求下列频谱的傅里叶反变换：

$$X(j\omega) = \begin{cases} 1 & |\omega| < W \\ 0 & |\omega| > W \end{cases} \tag{4-17}$$

解：$X(j\omega)$ 如图 4-11 所示，利用傅里叶反变换式，则有：

$$x(t) = \frac{1}{2\pi}\int_{-W}^{W} e^{j\omega t}d\omega = \frac{\sin Wt}{\pi t} = \frac{W}{\pi}Sa(Wt) \tag{4-18}$$

图 4-12 所示是信号 $x(t)$ 的波形，可以看出，方波形状的频谱其傅里叶反变换是一个抽样信号，而且在频域上，频谱的方波宽度 W 越大，即原信号 $x(t)$ 在频域里的频谱越宽，那么在时域上 $x(t)$ 越尖锐。这也说明时域中越尖锐（突变）的信号，其包含的高频成分越多。

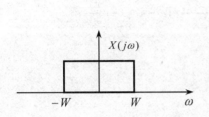

图 4-11　例题 4.4 的频谱

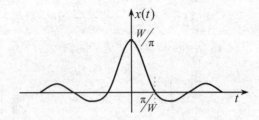

图 4-12　例题 4.4 信号的波形

4.2　连续时间周期信号的傅里叶变换

本节主要研究周期信号的傅里叶变换。经过前面两节的讨论，可以对满足收敛条件的非周期信号进行傅里叶变换，得到其频谱表示。然而对于周期信号，虽然其不能满足收敛条件，但是也可以建立起傅里叶变换表示（注意不是傅里叶级数表示），只是此时的变换式中有一些特殊的函数，如一串冲激函数，且各冲激的面积正比于周期信号的傅里叶级数系数。这是一个非常有用的表示，因为这样一来就可以在统一框架内考虑周期和非周期信号的傅里叶表示。

先考虑一下形如 $X(j\omega) = 2\pi\delta(\omega - \omega_0)$ 的频谱，它的傅里叶反变换为：

$$x(t) = \frac{1}{2\pi}\int_{-\infty}^{\infty} 2\pi\delta(\omega - \omega_0)e^{j\omega t}d\omega = e^{j\omega_0 t} \tag{4-19}$$

也就是说，复指数周期信号 $e^{j\omega_0 t}$ 的频谱等于一个移位的冲激函数 $2\pi\delta(\omega - \omega_0)$，即：

$$e^{j\omega_0 t} \xrightarrow{F} 2\pi\delta(\omega - \omega_0) \tag{4-20}$$

知道了复指数信号 $e^{j\omega_0 t}$ 的频谱，任意周期信号的频谱就可以通过其傅里叶级数而获得。因为傅里叶变换是线性的，则有

$$x(t) = \sum_{k=-\infty}^{\infty} a_k e^{jk\omega_0 t} \xrightarrow{F} \sum_{k=-\infty}^{\infty} 2\pi a_k \delta(\omega - k\omega_0) \tag{4-21}$$

或者说周期信号 $x(t)$ 的傅里叶变换 $X(j\omega)$ 可以表示为

$$X(j\omega) = \sum_{k=-\infty}^{\infty} 2\pi a_k \delta(\omega - k\omega_0) \tag{4-22}$$

其中 a_k 是 $x(t)$ 的傅里叶级数系数。可以看到，由于周期信号的傅里叶变换是不收敛的，因此它的频谱也很特别，是一串冲激函数。

注意，周期信号的傅里叶级数和傅里叶变换是不一样的。傅里叶级数是由一系列的频谱系数组成的，这些频谱系数可以看成一个离散序列，而周期信号的傅里叶变换虽然是冲激函数串，但却是一个连续函数（这里的连续是离散的反义词，与数学分析里面的连续不是一个概念），因为冲激信号是连续时间信号的特例，并非离散时间信号。

例题 4.5　求图 4-1 所示的连续时间周期方波信号的频谱。

解：将周期方波展开为傅里叶级数，即：$x(t) = \sum_{k=-\infty}^{\infty} a_k e^{jk\omega_0 t}$，其中：

$$a_k = \frac{\sin k\omega_0 T_1}{\pi k}（k \neq 0），\quad a_0 = \frac{2T_1}{T_0}$$

代入式（4-22）可得：

$$X(j\omega) = \sum_{k=-\infty}^{-1} \frac{2\sin k\omega_0 T_1}{k}\delta(\omega - k\omega_0) + \sum_{k=1}^{\infty} \frac{2\sin k\omega_0 T_1}{k}\delta(\omega - k\omega_0) + \frac{4\pi T_1}{T_0}\delta(\omega)$$

图 4-13 所示是周期方波信号的频谱 $X(j\omega)$。

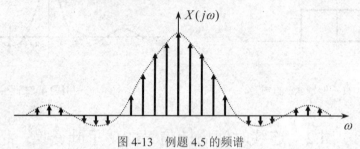

图 4-13　例题 4.5 的频谱

例题 4.6　求信号 $x(t) = \cos\omega_0 t$ 和 $x(t) = \sin\omega_0 t$ 的频谱。

解：$x(t) = \sin\omega_0 t = \dfrac{e^{j\omega_0 t} - e^{-j\omega_0 t}}{2j}$

其傅里叶级数的系数为：$a_1 = \dfrac{1}{2j}$，$a_{-1} = -\dfrac{1}{2j}$

代入式（4-22）可得：

$$X(j\omega) = \frac{\pi}{j}\delta(\omega - \omega_0) - \frac{\pi}{j}\delta(\omega + \omega_0)$$

如图 4-14 所示。

对于 $x(t) = \cos\omega_0 t$，则有 $X(j\omega) = \pi\delta(\omega - \omega_0) + \pi\delta(\omega + \omega_0)$，如图 4-15 所示。

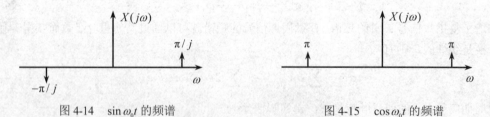

图 4-14　$\sin\omega_0 t$ 的频谱　　　　　　　　图 4-15　$\cos\omega_0 t$ 的频谱

本例的结论在第 8 章学习信号调制理论时将会用到。

例题 4.7　求一个如图 4-16 所示的冲激串 $x(t) = \sum_{k=-\infty}^{\infty}\delta(t - kT)$ 的频谱。

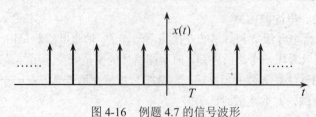

图 4-16　例题 4.7 的信号波形

解：这个冲激串显然是一个周期函数，它的傅里叶级数的系数为：

$$a_k = \frac{1}{T}\int_{-T/2}^{T/2}\delta(t)\mathrm{e}^{-jk\omega_0 t}\mathrm{d}t = \frac{1}{T}$$

代入式（4-22）可得：

$$X(j\omega) = \sum_{k=-\infty}^{\infty}\frac{2\pi}{T}\delta(\omega - k\omega_0)$$

其中 $\omega_0 = \dfrac{2\pi}{T}$。图 4-17 给出了 $x(t)$ 的频谱 $X(j\omega)$。

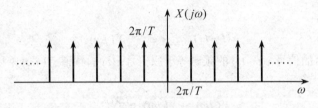

图 4-17　例题 4.7 的频谱

也就是说，一个以 T 为周期的单位冲激串信号的频谱仍是一个冲激串函数，只是周期变成了 $2\pi/T$，冲激强度为 $2\pi/T$。可以看到时域和频域之间存在着一种相反关系：随着时域各冲激之间间隔（即周期 T）的增大，频域中各冲激之间的间隔（即基波频率 $2\pi/T$）将减小。这种关系在下一节学习傅里叶变换的时域尺度变换性质时还将看到。本例的周期冲激串信号在第 7 章采样定理的学习中将有很好的应用。

4.3　傅里叶变换的性质

在学习了傅里叶变换的定义以后，有必要来研究一下傅里叶变换的性质，因为这些性质不仅对变换本身，而且对一个信号的时域描述和频域描述之间的关系都将给出更透彻的认识。很多性质对简化傅里叶变换或反变换的求取也是很有用的。另外由于周期信号的傅里叶级数和傅里叶变换之间存在着密切的关系，因此傅里叶变换的性质与第 3 章讨论过的傅里叶级数的性质有很多类似的地方，可以对照着学习。

这里将傅里叶变换表示为：

$$x(t)\ \underline{F}\ X(j\omega)、\ X(\omega)\ \underline{F}\ x(t)$$

或

$$X(j\omega) = F\{x(t)\}、\ x(t) = F^{-1}\{X(j\omega)\}$$

4.3.1　线性性质

如果

$$x_1(t)\ \underline{F}\ X_1(\omega)，\ x_2(t)\ \underline{F}\ X_2(j\omega)$$

则两信号的线性组合 $ax_1(t)+bx_2(t)$ 的傅里叶变换为：

$$ax_1(t)+bx_2(t)\ \underline{F}\ aX_1(j\omega)+bX_2(j\omega) \tag{4-23}$$

也就是说，两个信号线性组合的频谱等于这两个信号频谱的线性组合。该结论可以推广到任意多个信号的线性组合中。

4.3.2　时域平移性质

如果

$$x(t) \quad \underline{F} \quad X(j\omega)$$

将 $x(t-t_0)$ 代入傅里叶正变换式，得：

$$\int_{-\infty}^{\infty} x(t-t_0) e^{-j\omega t} dt \xrightarrow{t'=t-t_0} \int_{-\infty}^{\infty} x(t') e^{-j\omega t_0} e^{-j\omega t'} dt'$$

$$= e^{-j\omega t_0} \cdot X(\omega)$$

因此有：

$$x(t-t_0) \quad \underline{F} \quad e^{-j\omega t_0} X(j\omega) \qquad (4\text{-}24)$$

也就是说，移位后的信号 $x(t-t_0)$ 的频谱等于原信号 $x(t)$ 的频谱 $X(j\omega)$ 乘以 $e^{-j\omega t_0}$。从极坐标形式看有：

$$X(j\omega) = |X(j\omega)| e^{j\angle X(\omega)} \qquad (4\text{-}25)$$

$$x(t-t_0) \quad \underline{F} \quad |X(j\omega)| e^{j(\angle X(j\omega)-\omega t_0)} \qquad (4\text{-}26)$$

由于 $|X(j\omega)|$ 反映了频率分量的大小，因此信号在时间上移位后，并不改变各频率分量的大小，而只是引入了相位的偏移，且偏移量与频率 ω 成线性关系。

4.3.3　共轭及共轭对称性质

将 $x^*(t)$ 代入傅里叶正变换式，可以得到 $\int_{-\infty}^{\infty} x^*(t) e^{j\omega t} dt = \left(\int_{-\infty}^{\infty} x(t) e^{-j\omega t} dt \right)^* = X^*(-j\omega)$，即：

$$x^*(t) \quad \underline{F} \quad X^*(-j\omega) \qquad (4\text{-}27)$$

如果 $x(t)$ 为实信号（工程上都是实信号），即 $x(t) = x^*(t)$，则有：

$$X(-j\omega) = X^*(j\omega) \qquad (4\text{-}28)$$

因此若 $x(t)$ 为实信号，则其频谱具有共轭对称性。可以回忆一下第 3 章实周期信号的傅里叶级数的情况，同样有 $a_{-k} = a_k^*$。

下面针对 $x(t)$ 为实信号的情况分别对 $X(j\omega)$ 进行极坐标和直角坐标形式的讨论，从而归纳出实信号频谱的一些特征。

（1）将 $X(j\omega)$ 用直角坐标表示，即 $X(j\omega) = \text{Re}\{X(j\omega)\} + j\,\text{Im}\{X(j\omega)\}$

那么

$$X(-j\omega) = \text{Re}\{X(-j\omega)\} + j\,\text{Im}\{X(-j\omega)\}$$

$$= X^*(j\omega) = \text{Re}\{X(j\omega)\} - j\,\text{Im}\{X(j\omega)\} \qquad (4\text{-}29)$$

则有

$$\text{Re}\{X(-j\omega)\} = \text{Re}\{X(j\omega)\} \qquad (4\text{-}30)$$

$$\text{Im}\{X(-j\omega)\} = -\text{Im}\{X(j\omega)\} \qquad (4\text{-}31)$$

因此，实信号频谱的实部 $\text{Re}\{X(j\omega)\}$ 为偶函数，虚部 $\text{Im}\{X(j\omega)\}$ 为奇函数。

（2）将 $X(j\omega)$ 用极坐标表示，则：

$$X(-j\omega) = |X(-j\omega)| e^{j\angle X(-\omega)}$$

$$= X^*(j\omega) = |X(j\omega)| e^{-j\angle X(j\omega)} \qquad (4\text{-}32)$$

可见，**实信号频谱的模** $|X(j\omega)|$ **为偶函数**，相位 $\angle X(j\omega)$ **为奇函数**。基于实信号频谱的特点，

若要计算或图示此类信号的频谱时，只需给出正频率部分的值即可，因为对于负频率部分，可以利用上面的关系对称或反对称地得到。

进一步地，可以分析实信号 $x(t)$ 为偶函数或者奇函数时的情况。

（1）如果 $x(t)$ 是实信号，而且是偶信号，即 $x(t) = x(-t)$，则信号 $x(-t)$ 的频谱为：

$$\int_{-\infty}^{\infty} x(-t)e^{-j\omega t}dt = X(-j\omega) \tag{4-33}$$

因此

$$x(-t) \quad \underline{F} \quad X(-j\omega) \tag{4-34}$$

$$X(j\omega) = X(-j\omega) = X^*(j\omega) \tag{4-35}$$

即**实偶信号的频谱** $X(j\omega)$ **也是实偶的。**

（2）如果 $x(t)$ 是实信号，而且是奇信号，即 $x(t) = -x(-t)$，则有：

$$-X(j\omega) = X(-j\omega) = X^*(j\omega) \tag{4-36}$$

因此，**实奇信号的频谱** $X(j\omega)$ **是纯虚的、奇的。**

（3）由第 1 章的讨论可知，任何一个一般的实信号 $x(t)$ 均可以分解为奇部和偶部，即：

$$x(t) = x_e(t) + x_o(t) \tag{4-37}$$

综合上面的分析，可以得出这样的结论：

$$x_e(t) \quad \underline{F} \quad \mathrm{Re}\{X(j\omega)\} \tag{4-38}$$

$$x_o(t) \quad \underline{F} \quad j\mathrm{Im}\{X(j\omega)\} \tag{4-39}$$

也就是说，实信号偶部的频谱对应于该实信号频谱的实部，实信号奇部的频谱对应于该实信号频谱的虚部。

4.3.4　时域微分与积分性质

将傅里叶反变换公式 $x(t) = \int_{-\infty}^{\infty} X(j\omega)e^{j\omega t}d\omega / 2\pi$ 的两边同时对 t 进行微分，可得：

$$\frac{d}{dt}x(t) = \frac{1}{2\pi}\int_{-\infty}^{\infty} X(j\omega)j\omega e^{j\omega t}d\omega \tag{4-40}$$

因此有

$$\frac{d}{dt}x(t) \quad \underline{F} \quad j\omega\, X(j\omega) \tag{4-41}$$

也就是说，信号时域微分后的频谱等于该信号的频谱乘以一个因子 $j\omega$。在第 9 章学习拉普拉斯变换时还会看到相似的性质，这类性质对于分析由微分方程描述的 LTI 系统将会带来极大的方便。

考虑到时域内的微分对应于频域内乘以 $j\omega$，可能会有人猜想，时域内的积分是否应该对应于频域内除以 $j\omega$。的确有类似的结论，但还不完全，真正的结果应该是：

$$\int_{-\infty}^{t} x(\tau)d\tau \quad \underline{F} \quad \frac{1}{j\omega}X(j\omega) + \pi X(0)\delta(\omega) \tag{4-42}$$

其中的冲激函数项反映了由积分产生的直流或平均项。该结论的推导和深入理解将留作本章的研讨题目。

例题 4.8　求单位阶跃函数 $x(t) = u(t)$ 的傅里叶变换。

解：由于

$$u(t) = \int_{-\infty}^{t} \delta(\tau)d\tau$$

且

$$\delta(t) \quad \underline{F} \quad 1$$

根据傅里叶变换的积分性质，可得：

$$u(t) \xrightarrow{F} 1/j\omega + \pi\delta(\omega)$$

反过来，应用傅里叶变换的微分性质，还可以还原出单位冲激函数的傅里叶变换，即：

$$\delta(t) = \frac{\mathrm{d}u(t)}{\mathrm{d}t} \xrightarrow{F} j\omega\left[\frac{1}{j\omega} + \pi\delta(\omega)\right] = 1$$

4.3.5　时域与频域尺度变换性质

如果 $x(t) \xrightarrow{F} X(j\omega)$，来考察信号 $x(t)$ 经尺度变换后 $x(at)$ 的频谱（其中 a 是一个实常数）。将 $x(at)$ 带入傅里叶变换的表达式，有：

$$F\{x(at)\} = \int_{-\infty}^{\infty} x(at)\mathrm{e}^{-j\omega t}\mathrm{d}t$$

$$\overset{t'=at}{=} \begin{cases} \frac{1}{a}\int_{-\infty}^{\infty} x(t)\mathrm{e}^{-j\frac{\omega}{a}t}\mathrm{d}t = \frac{1}{a}X\left(\frac{j\omega}{a}\right) & a>0 \\ \frac{1}{a}\int_{\infty}^{-\infty} x(t)\mathrm{e}^{-j\frac{\omega}{a}t}\mathrm{d}t = -\frac{1}{a}X\left(\frac{j\omega}{a}\right) & a<0 \end{cases}$$

$$= \frac{1}{|a|}X\left(\frac{j\omega}{a}\right)$$

因此

$$x(at) \xrightarrow{F} \frac{1}{|a|}X\left(\frac{j\omega}{a}\right) \tag{4-43}$$

该性质说明：**时域里面的一个尺度变化对应于频域里面一个相反的尺度变化**。简要地说，就是时域里面信号的"窄"对应于频域里面频谱的"宽"。当 $|a|>1$ 时，$x(at)$ 相对于 $x(t)$ 来说，在时域里被"压缩"了 a 倍，而 $x(at)$ 的频谱 $X(j\omega/a)/|a|$ 在频域里面被"拓展"了 $|a|$ 倍，但幅值被压缩了 $1/|a|$，说明 $x(at)$ 的频率成分增多了，但频谱的能量分布更分散了。$|a|<1$ 的讨论类似。特别地，如果令 $a=-1$，则有：

$$x(-t) \xrightarrow{F} X(-j\omega) \tag{4-44}$$

式（4-44）说明，信号反转后的频谱等于该信号频谱的反转。

时域与频域尺度变换之间的关系在现实生活和工程实践中都有广泛的应用。最通俗的例子是一盘磁带当录制速度和播放速度不同时，对其所含频谱分量的影响。假设一盘已经录好的磁带，如果重放时其播放速度比录制速度要高，相当于信号在时间上受到压缩，则其频谱应该扩展，高频成分增加，因而听起来会感到声音变得尖细。反之，如果放音的速度比录制时的速度低，则听起来声音会变得更浑厚。例如，如果原本录制的是一只铃铛的声音，当慢放时，听起来就变成了一口大钟的声音。

对例题 4.3 和例题 4.4 的分析也可以看到时域和频域之间的尺度变换关系。在例题 4.3 中，若方波的宽度 $2T_0$ 增大，则频谱中抽样函数的过零点 π/T_0 就减小，可见频谱将变窄。在例题 4.4 中，若频谱变宽，即 W 增大，则时域中抽样信号将变窄。在周期信号的傅里叶变换中也会看到这种关系，例如例题 4.7 中，时域中周期冲激串的周期是 T，其频谱仍是周期冲激串，而周期变成了 $2\pi/T$，可见尺度变换是呈相反关系的。

例题 4.9　求图 4-18 所示三角波信号 $f(t)$ 的傅里叶变换。

解：设 $g(t) = (1-t/T)[u(t)-u(t-1)]$，则：

$$f(t) = g(t) + g(-t)$$

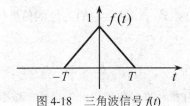

图 4-18　三角波信号 $f(t)$

$g(t)$ 的傅立叶变换为

$$G(j\omega) = \int_0^T (1-t/T)e^{-j\omega t}dt$$

$$= \frac{e^{-j\omega t}}{-j\omega}\Big|_0^T - \frac{1}{-j\omega}\int_0^T \frac{t}{T}de^{-j\omega t}$$

$$= \frac{(1-e^{-j\omega T})}{j\omega} + \frac{1}{j\omega T}te^{-j\omega t}\Big|_0^T - \frac{1}{j\omega T}\int_0^T e^{-j\omega t}dt$$

$$= \frac{(1-e^{-j\omega T})}{j\omega} + \frac{1}{j\omega}e^{-j\omega T} + \frac{1-e^{-j\omega T}}{\omega^2 T}$$

$$= \frac{1}{j\omega} + \frac{1-e^{-j\omega T}}{\omega^2 T}$$

由于 $g(-t)\ \underline{F}\ G(-j\omega)$，因此 $f(t)$ 的傅立叶变换为

$$F(j\omega) = G(j\omega) + G(-j\omega)$$

$$= \frac{2-e^{-j\omega T}-e^{j\omega T}}{\omega^2 T} = \frac{2-2\cos\omega T}{\omega^2 T}$$

$$= \frac{4\sin^2(\omega T/2)}{\omega^2 T} = \frac{1}{T}\left[\frac{\sin(\omega T/2)}{\omega/2}\right]^2$$

4.3.6　对偶性质

例题 4.3 和例题 4.4 显示出傅里叶正反变换之间存在某种对偶性。对比分析傅里叶正变换和反变换的解析式，也可以看到它们的相似性。这种相似性意味着对于任何一对傅里叶变换，如果交换时间和频率变量，变换对之间都会存在某种对偶性。下面就来具体分析这种对偶性。

在本性质的讨论中，为了分析方便起见，暂且将傅里叶变换 $X(j\omega)$ 写成 $X(\omega)$。

考虑一元函数 $g(x)$ 和 $f(x)$，如果 $g(t)\ \underline{F}\ f(\omega)$，也就是说：

$$f(\omega) = \int_{-\infty}^{\infty} g(t)e^{-j\omega t}dt \tag{4-45}$$

对式（4-45）两边乘以 $1/2\pi$，并且反转积分变量 t，可得：

$$\frac{1}{2\pi}f(\omega) = \frac{1}{2\pi}\int_{-\infty}^{\infty} g(t)e^{-j\omega t}dt = \frac{1}{2\pi}\int_{-\infty}^{\infty} g(-t)e^{j\omega t}dt \tag{4-46}$$

交换一下 ω 和 t，可得：

$$f(t) = \frac{1}{2\pi}\int_{-\infty}^{\infty} 2\pi g(-\omega)e^{j\omega t}d\omega \tag{4-47}$$

显然上面的公式是一个典型的傅里叶反变换公式，则有

$$f(t)\ \underline{F}\ 2\pi g(-\omega) \tag{4-48}$$

式（4-45）和式（4-48）显示的就是傅里叶变换的对偶性质。

这种对偶性质还可以通过下面的例题 4.10 进行更好地说明。

例题 4.10　已知 $e^{-|t|}$ $\underset{F}{\longleftrightarrow}$ $2/(1+\omega^2)$，求信号 $4/(1+t^2)$ 的傅里叶变换。

解：利用对偶性可得：

$$\frac{4}{1+t^2} \underset{F}{\longleftrightarrow} 4\pi e^{-|\omega|}$$

还可以利用对偶性质进一步分析和推导出傅里叶变换的频域微分和频域平移性质。

（1）将微分性质与对偶性质结合，可得

$$-jtx(t) \underset{F}{\longleftrightarrow} \frac{d}{d\omega}X(\omega) \tag{4-49}$$

此性质就是傅里叶变换的频域微分性质。

（2）将时移性质与对偶性结合，可得：

$$e^{j\omega_0 t}x(t) \underset{F}{\longleftrightarrow} X(\omega-\omega_0) \tag{4-50}$$

此性质就是傅里叶变换的频域平移性质。

4.3.7　帕斯瓦尔定理

若 $x(t)$ 和 $X(j\omega)$ 是一对傅里叶变换，则可以证明：

$$\int_{-\infty}^{\infty} |x(t)|^2 \, dt = \frac{1}{2\pi}\int_{-\infty}^{\infty} |X(j\omega)|^2 \, d\omega \tag{4-51}$$

该式称为帕斯瓦尔定理。式（4-51）的左边是信号 $x(t)$ 在时域里面的总能量，右边是该信号在频域里面的总能量。帕斯瓦尔定理指出，这个总能量既可以按每单位时间内的能量（$|x(t)|^2$）在整个时间轴上积分出来，也可以按每单位频率内的能量（$|X(j\omega)|^2/2\pi$）在整个频率轴上积分而得到。从这个意义上讲，$|X(j\omega)|^2$ 常被称为**能谱密度**（Energy Spectral Density）。因此，帕斯瓦尔定理从能量的角度揭示了信号时域和频域的内在联系。

特别地，如果 $x(t)$ 为周期信号，那么式（4-51）的左边将为无穷大，因此只能以平均功率的形式来描述时域和频域之间的这种联系。这样，对于以 T_0 为周期的周期信号 $x(t)$，我们有帕斯瓦尔定理的另一种形式：

$$\frac{1}{T_0}\int_{T_0} |x(t)|^2 \, dt = \sum_{k=-\infty}^{\infty} |a_k|^2 \tag{4-52}$$

也就是在第 3 章式（3-32）所给出的关系，该式说明周期信号的平均功率既可以通过时域的一个周期求出，也可以通过各次谐波分量的平均功率之和求出，其中傅里叶级数系数的模平方 $|a_k|^2$ 就等于各次谐波分量的平均功率。

除了以上讨论的性质之外，傅里叶变换还有其他的性质。下面两节将特别讨论两个重要的性质，其中第一个称为时域卷积性质，它是工程中分析系统对于各种输入信号响应的核心，在第 6 章滤波的讨论中要用到该性质。第二个称为时域相乘性质，该性质是第 7 章讨论采样和第 8 章讨论幅度调制的基础。

4.4　卷积性质

分析两个信号的卷积 $y(t) = x(t) * h(t)$ 所对应的频谱，将卷积公式代入傅里叶变换定义式可得：

$$Y(j\omega) = \int_{-\infty}^{\infty} \left[\int_{-\infty}^{\infty} x(\tau) h(t-\tau) \mathrm{d}\tau \right] \mathrm{e}^{-j\omega t} \mathrm{d}t$$

$$= \int_{-\infty}^{\infty} x(\tau) \left[\int_{-\infty}^{\infty} h(t-\tau) \mathrm{e}^{-j\omega t} \mathrm{d}t \right] \mathrm{d}\tau \qquad (4\text{-}53)$$

$$= \int_{-\infty}^{\infty} x(\tau) \mathrm{e}^{-j\omega\tau} H(j\omega) \mathrm{d}\tau$$

$$= H(j\omega) X(j\omega)$$

式（4-53）表明，两个信号卷积的频谱等于这两个信号频谱的乘积，这就是傅里叶变换的卷积性质。

该性质在信号与系统的分析中十分重要。假设已知某系统的单位冲激响应是 $h(t)$，当输入信号为 $x(t)$ 时，系统的输出 $y(t)$ 在时域可以表示为 $y(t) = x(t) * h(t)$。利用卷积性质，可将这种时域的卷积关系映射为频域简单的相乘关系，即 $Y(j\omega) = X(j\omega) H(j\omega)$，其中 $H(j\omega)$ 是 $h(t)$ 的傅里叶变换，也称为系统的**频率响应**。实际上，$H(j\omega)$ 刻画了系统对每一频率 ω 上输入信号频谱幅值和相位的变换关系。例如，在频率选择性滤波器的设计中，可以要求在某一频率范围内滤波器的频率响应为 $H(j\omega) \approx 1$，以便让该通带范围内的各频率分量几乎不受任何由系统带来的衰减或变化；而在另一些频率范围内，可能要求 $H(j\omega) \approx 0$，以便让该范围内的各频率分量消除或显著衰减掉。

在更一般的 LTI 系统分析中，卷积性质同样适用，因此频率响应 $H(j\omega)$ 所起的作用与单位冲激响应 $h(t)$ 所起的作用是相当的。$h(t)$ 在时域中完全刻画了系统对输入信号的变换作用，给定输入，就可以确定相应的输出。而 $H(j\omega)$ 在频域中完全刻画了系统对输入信号频谱的变换关系，给定 $H(j\omega)$，可以确定输出信号的频谱，再通过傅里叶反变换，同样可以求出给定输入信号所对应的时域输出。

值得注意的是，由于傅里叶变换需要满足一定的收敛条件，因此并不是对所有的 LTI 系统都能定义出频率响应。然而如果一个 LTI 系统是稳定的，就意味着其单位冲激响应绝对可积，即

$$\int_{-\infty}^{\infty} |h(t)| \mathrm{d}t < \infty$$

也就是说稳定系统满足狄里赫利的第一个条件。假设 $h(t)$ 也满足狄里赫利条件中的另外两个条件（所有物理上或实际上有意义的系统一般都会满足），那么一个稳定的 LTI 系统就有相应的频率响应函数。对于不稳定的 LTI 系统，将会通过其他变换（如第 9 章中的拉普拉斯变换），在其变换域中进行研究。

例题 4.11　利用卷积性质求三角波信号的傅里叶变换。

解：如图 4-19 所示，三角波可以看成两个方波信号的卷积。

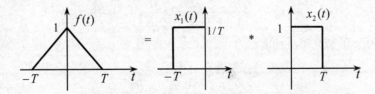

图 4-19　三角波等于两个方波的卷积

其中方波信号的傅里叶变换分别为：

$$X_1(j\omega) = \frac{1}{T} \mathrm{e}^{j\frac{\omega T}{2}} \left[\frac{2\sin(\omega T/2)}{\omega} \right]$$

$$X_2(j\omega) = \mathrm{e}^{-j\frac{\omega T}{2}} \left[\frac{2\sin(\omega T/2)}{\omega} \right]$$

由卷积性质，可得

$$F(j\omega) = \frac{1}{T}\left[\frac{\sin(\omega T/2)}{\omega/2}\right]^2$$

可见，与例题 4.9 的结论是一样的。

例题 4.12　考虑一个 LTI 系统，其单位冲激响应为 $h(t) = e^{-at}u(t)$，$a > 0$，当输入信号为 $x(t) = e^{-bt}u(t)$，$b > 0$ 时，求系统的输出。

解：要求系统的输出，可以直接在时域中计算卷积，即 $y(t) = x(t) * h(t)$，也可以利用卷积性质，在频域中计算乘积，然后求傅里叶反变换得到。下面采用第二种方法求解。

先求 $x(t)$ 和 $h(t)$ 的傅里叶变换，得：

$$X(j\omega) = 1/(b + j\omega)$$
$$H(j\omega) = 1/(a + j\omega)$$

从而

$$Y(j\omega) = \frac{1}{a + j\omega} \cdot \frac{1}{b + j\omega}$$

下面只需求 $Y(j\omega)$ 的傅里叶反变换。常用的做法是将 $Y(j\omega)$ 展开成部分分式，然后利用典型函数的傅里叶变换对给出系统输出的时域表达式，即：

$$Y(j\omega) = \frac{A}{a + j\omega} + \frac{B}{b + j\omega}$$

在 $a \neq b$ 时，可以用待定系数法确定常数 A 和 B，分别为：

$$A = \frac{1}{b - a} = -B$$

因此

$$Y(j\omega) = \frac{1}{b - a}\left[\frac{1}{a + j\omega} - \frac{1}{b + j\omega}\right]$$

上式中的每一项都是简单的指数函数的傅里叶变换，因此可以直接写出输出的时域形式为

$$y(t) = \frac{1}{b - a}\left[e^{-at} - e^{-bt}\right]u(t)$$

若 $a = b$，则：

$$Y(j\omega) = \left(\frac{1}{a + j\omega}\right)^2 = j\frac{\mathrm{d}}{\mathrm{d}\omega}\left[\frac{1}{a + j\omega}\right]$$

利用傅里叶变换的频域微分性质，有：

$$te^{-at}u(t) \xrightarrow{F} j\frac{\mathrm{d}}{\mathrm{d}\omega}\left[\frac{1}{a + j\omega}\right]$$

因此

$$y(t) = te^{-at}u(t)$$

作为卷积性质的应用，我们来讨论时域积分运算在频域中的表示。可以将时域积分看成为信号 $x(t)$ 与阶跃信号 $u(t)$ 的卷积，即

$$\int_{-\infty}^{t} x(\tau)\mathrm{d}\tau = x(t) * u(t) \tag{4-54}$$

利用卷积性质

$$x(t)*u(t) \quad \underline{F} \quad X(\omega)U(\omega) \tag{4-55}$$

在例题 4.8 中已经求出单位阶跃信号 $u(t)$ 的频谱为：

$$U(j\omega) = \pi\delta(\omega) + 1/j\omega \tag{4-56}$$

因此，时域的积分运算在频域中可以表示为：

$$\int_{-\infty}^{t} x(\tau)\mathrm{d}\tau \quad \underline{F} \quad X(0)\pi\delta(\omega) + X(\omega)/j\omega \tag{4-57}$$

再结合傅里叶变换的对偶性质，可得频域积分运算在时域中的对应关系为：

$$x(0)\pi\delta(t) - \frac{1}{jt}x(t) \quad \underline{F} \quad \int_{-\infty}^{\omega} X(\tau)\mathrm{d}\tau \tag{4-58}$$

4.5　相乘性质

卷积性质将时域中信号的卷积运算对应于频域中频谱的相乘运算，由于傅里叶变换时域和频域之间存在的对偶性质，可以期望一定有一个相应的对偶性质存在，即时域中信号的乘积运算对应于频域中频谱的卷积运算。具体来说，如果 $s(t) \underline{F} S(\omega)$ 和 $p(t) \underline{F} P(\omega)$，那么

$$p(t)s(t) \underline{F} \frac{1}{2\pi}P(\omega)*S(\omega) \tag{4-59}$$

这就是傅里叶变换的**相乘性质**。

一个信号与另一个信号相乘，可以理解为用一个信号去调制另一个信号的幅值，因此两个信号相乘往往也称为幅度调制。傅里叶变换的相乘性质为信号调制理论提供了有效的手段。在第 8 章的学习中会看到多种不同的调制方式，这里作为相乘性质的应用，只看几个简单的例题。

例题 4.13　求信号 $r(t) = x(t)p(t)$ 的频谱，其中 $p(t) = \cos\omega_0 t$。

解：由于

$$\cos\omega_0 t \quad \underline{F} \quad \pi\delta(\omega-\omega_0) + \pi\delta(\omega+\omega_0)$$

由相乘性质可知

$$R(j\omega) = \frac{1}{2\pi}X(j\omega)*[\pi\delta(\omega-\omega_0) + \pi\delta(\omega+\omega_0)]$$
$$= \frac{1}{2}[X(j(\omega-\omega_0)) + X(j(\omega+\omega_0))]$$

图 4-20 中，（a）表示被调制信号 $x(t)$ 的频谱，（b）表示调制信号 $\cos\omega_0 t$ 的频谱，（c）表示调制后 $r(t)$ 的频谱。在第 8 章中将看到，乘法电路可以作为幅度调制器。

例题 4.14　在例题 4.13 的基础上，求信号 $s(t) = r(t)\cos\omega_0 t$ 的频谱，其中 $r(t) = x(t)\cos\omega_0 t$。

解：该例题描述的是为调制后的信号进行解调的过程。由于

$$\cos\omega_0 t \quad \underline{F} \quad \pi\delta(\omega-\omega_0) + \pi\delta(\omega+\omega_0)$$

根据相乘性质，解调后信号 $s(t)$ 的频谱为

$$S(j\omega) = \frac{1}{2\pi}R(j\omega)*[\pi\delta(\omega-\omega_0) + \pi\delta(\omega+\omega_0)]$$
$$= \frac{1}{2}[R(j(\omega-\omega_0)) + R(j(\omega+\omega_0))]$$
$$= \frac{1}{2}X(j\omega) + \frac{1}{4}[X(j(\omega-2\omega_0)) + X(j(\omega+2\omega_0))]$$

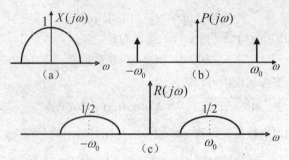

图 4-20 幅度调制中频谱的变化

图 4-21 中，（a）表示调制后信号 $r(t)$ 的频谱，（b）表示调制信号 $\cos\omega_0 t$ 的频谱，（c）表示解调后信号 $s(t)$ 的频谱。可见 $s(t)$ 的频谱中包含了原信号的频谱 $X(j\omega)$，且分布在低频段，幅值是原信号的一半。如果将解调后的信号通过一个通带内幅值为 2 的低通滤波器，则可以还原出原信号 $x(t)$。因此，乘法电路不仅可以作为幅度调制器，也可以作为幅度调制信号的解调器。

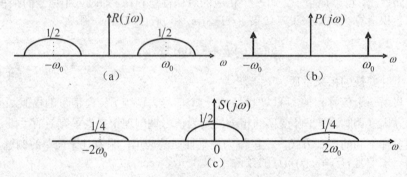

图 4-21 幅度解调中频谱的变化

例题 4.15 已知 $F\{x(t)\} = X(j\omega)$，求信号 $x(t)\cdot\sum_{k=-\infty}^{\infty}\delta(t-kT)$ 的傅里叶变换。

解： 设 $p(t) = \sum_{k=-\infty}^{\infty}\delta(t-kT)$，由例题 4.8 可知其傅里叶变换为：

$$P(j\omega) = \frac{2\pi}{T}\sum_{k=-\infty}^{\infty}\delta\left(\omega - k\frac{2\pi}{T}\right)$$

根据傅里叶变换的相乘性质，有：

$$x(t)\cdot\sum_{k=-\infty}^{\infty}\delta(t-kT) \xrightarrow{\;F\;} \frac{1}{2\pi}\left[X(j\omega)*P(j\omega)\right]$$

而

$$X(j\omega)*\delta\left(\omega - k\frac{2\pi}{T}\right) = X\left(j\left(\omega - k\frac{2\pi}{T}\right)\right)$$

因此

$$x(t)\sum_{k=-\infty}^{\infty}\delta(t-kT) \xrightarrow{\;F\;} \sum_{k=-\infty}^{\infty}\frac{1}{T}X\left(j\left(\omega - k\frac{2\pi}{T}\right)\right)$$

本例题说明的实际上是第 7 章要讨论的冲激串采样的过程，即采用间隔为 T 的冲激串函数 $p(t) = \sum_{k=-\infty}^{\infty}\delta(t-kT)$ 对连续时间信号 $x(t)$ 进行采样，频域上相当于 $x(t)$ 的频谱 $X(j\omega)$ 以 $2\pi/T$ 为周期进行延拓。

4.6　基于傅里叶变换的连续时间 LTI 系统分析

4.4 节中已经指出，LTI 系统的单位冲激响应 $h(t)$ 可以在时域中完全刻画系统对输入信号的变换作用，而 $h(t)$ 的傅里叶变换 $H(j\omega)$ 则可以在频域中完全刻画系统对输入信号频谱的变换作用，而且通常称 $H(j\omega)$ 为该 LTI 系统的频率响应。可见，傅里叶变换可以作为分析 LTI 系统性能的一种工具，通过频率响应 $H(j\omega)$ 可以充分了解系统的性能。当然，这里需要假定系统是稳定的，即满足 $\int_{-\infty}^{\infty}|h(t)|dt<\infty$，从而保证其傅里叶变换存在。对于不稳定的系统，在第 9 章中可以用 Laplace 变换进行分析。

若已知 LTI 系统的频率响应 $H(j\omega)$，则对于每一个满足傅里叶变换收敛条件的输入信号 $x(t)$ 都可以通过傅里叶变换的卷积性质：

$$Y(j\omega)=X(j\omega)H(j\omega)$$

得到其输出信号的频谱，再通过傅里叶反变换可以得到输出信号的时域表示。

反过来，对于一个未知的 LTI 系统，可以通过施加典型的激励信号 $x(t)$，如正弦信号，测得相应的输出 $y(t)$，再根据公式：

$$H(j\omega)=Y(j\omega)/X(j\omega) \tag{4-60}$$

可以求出系统的频率响应 $H(j\omega)$，从而分析系统的性能。

对于简单的 LTI 系统或物理机理非常清楚的 LTI 系统，可以通过分析其运动规律首先得到系统的线性常系数微分方程描述。一般地，有如下形式：

$$\sum_{k=0}^{N}a_k\frac{d^k y(t)}{dt^k}=\sum_{k=0}^{M}b_k\frac{d^k x(t)}{dt^k} \tag{4-61}$$

利用傅里叶变换的线性和微分性质，对上式两边同时进行傅里叶变换，可得：

$$\sum_{k=0}^{N}a_k(j\omega)^k Y(j\omega)=\sum_{k=0}^{M}b_k(j\omega)^k X(j\omega) \tag{4-62}$$

进一步整理可得到

$$H(j\omega)=\frac{Y(j\omega)}{X(j\omega)}=\frac{\sum_{k=0}^{M}b_k(j\omega)^k}{\sum_{k=0}^{N}a_k(j\omega)^k} \tag{4-63}$$

可见 LTI 系统的频率响应一般可以写成有理函数形式，也就是两个关于 $(j\omega)$ 的多项式。其中分子多项式的系数与式（4-61）右边的系数相同，分母多项式的系数与式（4-61）左边的系数相同。下面通过例子说明如何由系统的微分方程描述得到系统的频率响应。

例题 4.16　一稳定 LTI 系统的微分方程描述为：

$$\frac{d^2 y(t)}{dt^2}+6\frac{dy(t)}{dt}+5y(t)=\frac{dx(t)}{dt}+2x(t)$$

求其频率响应和单位冲激响应。若系统的输入信号是：

$$x(t)=e^{-3t}u(t)$$

求系统的输出信号。

解：对微分方程式两边同时进行傅里叶变换，并整理得到系统的频率响应为：

$$H(j\omega) = \frac{(j\omega) + 2}{(j\omega)^2 + 6(j\omega) + 5}$$

为了求得系统的单位冲激响应，需要求 $H(j\omega)$ 的傅里叶反变换，仍然按照例题 4.12 中的部分分式展开法，可得

$$H(j\omega) = \frac{(j\omega + 2)}{(j\omega + 1)(j\omega + 5)}$$

$$= \frac{1/4}{j\omega + 1} + \frac{3/4}{j\omega + 5}$$

对上式中的每一项进行傅里叶反变换，可得：

$$h(t) = \frac{1}{4} e^{-t} u(t) + 3 e^{-5t} u(t)$$

可见，系统的单位冲激响应由两个指数衰减函数构成，因此系统是因果且稳定的。

对于给定的输入信号 $x(t)$，可以通过时域的卷积方法求系统的输出，也可以在频域中求得输出信号的频谱后，通过傅里叶反变换求得系统的时域输出。下面用第二种方法求系统的输出信号。

输入信号的傅里叶变换为

$$X(j\omega) = 1/(j\omega + 3)$$

输出信号的频谱为

$$Y(j\omega) = \frac{(j\omega + 2)}{(j\omega + 1)(j\omega + 5)(j\omega + 3)} = \frac{1/8}{j\omega + 1} + \frac{-3/8}{j\omega + 5} + \frac{1/4}{j\omega + 3}$$

由傅里叶反变换可得系统的输出信号为

$$Y(t) = \frac{1}{8} e^{-t} u(t) - \frac{3}{8} e^{-5t} u(t) + \frac{1}{4} e^{-3t} u(t)$$

其中前两项是与系统的频率特性相对应的，称为系统的自由响应，而第三项是由系统的输入信号引起的，称为系统的受迫响应，但是两种响应的系数大小却是由系统和输入共同决定的。

研讨环节：对信号中幅频和相频特性不同作用的理解

一般地，信号的傅里叶变换是复数形式的，因此必须用实部和虚部或者模和相位才能完整地表示信号的频谱，其中频谱的模又称为信号的幅频特性，而相位称为信号的相频特性，这两部分在信号的频谱中都很重要。

幅频特性的意义较容易理解，它体现的是不同的频率分量在整个信号中的比重大小。而相频特性由于并不影响各个频率分量的比重大小，只影响各频率分量的相对相位信息，因此其意义不太容易得到体现。但是相频特性却对信号的本质属性有着显著的影响，如果保持幅频特性不变，而只改变相频特性，也将得到看上去很不相同的信号。例如考虑如下信号：

$$x(t) = 1 + \frac{1}{2}\cos(2\pi t + \phi_1) + \cos(4\pi t + \phi_2) + \frac{2}{3}\cos(6\pi t + \phi_3)$$

当 ϕ_1、ϕ_2、ϕ_3 取不同的值，有不同的比例关系时，试用 Matlab 绘制信号 $x(t)$ 的波形图，以说明相位对信号的影响。

在现实生活中也可以体会到相位变化对信号的影响，例如人的听觉系统对声音信号的幅值失真较为敏感，但是对相位失真相对不敏感。而人的视觉系统对图像信号的相位失真极为敏感，反而对幅值失真不太敏感。通过查阅资料了解其中的原理，并找出信号无失真传输的条件。

思考题与习题四

4.1　求信号 $x(t) = \mathrm{e}^{-b|t|}$（其中 $b > 0$）的频谱。

4.2　求下列信号的傅里叶变换：

（1）$[\mathrm{e}^{-\alpha t} \cos \omega_0 t] u(t)$，$\alpha > 0$

（2）$\mathrm{e}^{-3|t|} \sin 2t$

（3）$[t\mathrm{e}^{-2t} \sin 4t] u(t)$

（4）$x(t) = \begin{cases} 1 - t^2 & 0 < t < 1 \\ 0 & \text{其他} \end{cases}$

（5）$\dfrac{\sin 2\pi(t-2)}{\pi(t-2)}$

（6）$\dfrac{2a}{a^2 + t^2}$

4.3　已知信号 $x(t)$ 的傅里叶变换为 $X(j\omega)$，利用傅里叶变换的性质求下列信号的傅里叶变换：

（1）$tx(at - b)$

（2）$tx(t)$

（3）$(t-2)x(t)$

（4）$(t-2)x(-2t)$

（5）$t\dfrac{\mathrm{d}x(t)}{\mathrm{d}t}$

（6）$x(1-t)$

（7）$(1-t)x(1-t)$

4.4　若已知矩形脉冲的傅里叶变换，利用时移特性求题 4.4 图所示信号的傅里叶变换，并大致画出幅度谱。

4.5　对于题 4.5 图所示的信号 $f(t)$，已知其傅里叶变换式为 $F(\omega) = |F(\omega)| \mathrm{e}^{j\varphi(\omega)}$，利用傅里叶变换的性质（即不作积分运算），求：

（1）$\varphi(\omega)$

（2）$F(0)$

（3）$\displaystyle\int_{-\infty}^{\infty} F(\omega)\,\mathrm{d}\omega$

（4）$F^{-1}\{\mathrm{Re}[F(\omega)]\}$ 的图形。

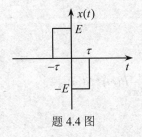

题 4.4 图

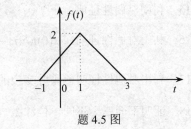

题 4.5 图

4.6　已知阶跃信号和正弦、余弦信号的傅里叶变换为：

$$F\big[u(t)\big] = \frac{1}{j\omega} + \pi\delta(\omega)$$

$$F\big[\cos(\omega_0 t)\big] = \pi\big[\delta(\omega + \omega_0) + \delta(\omega - \omega_0)\big]$$

$$F\big[\sin(\omega_0 t)\big] = j\pi\big[\delta(\omega + \omega_0) - \delta(\omega - \omega_0)\big]$$

求单边正弦函数和单边余弦函数的傅里叶变换。

4.7　已知 $y(t) = x(t) * h(t)$，$g(t) = x(3t) * h(3t)$，利用傅里叶变换的性质证明：

$$g(t) = Ay(Bt)$$

并求出 A 和 B 的值。

4.8　已知信号 $x(t) = \dfrac{\sin t}{t}$，$y(t) = x(t) \displaystyle\sum_{n=-\infty}^{\infty} \delta(t - n)$，求 $y(t)$ 的傅里叶变换 $Y(j\omega)$，并且简要画

出 $Y(j\omega)$ 的波形。

4.9 试计算下列信号的傅里叶变换，其中 $t_0 > 0$，$\alpha > 0$：

（1）$\cos \omega_0 t \left[u(t+t_0) - u(t-t_0) \right]$　　　　（2）$[e^{-\alpha t} \sin \omega_0 t] u(t)$　　　　（3）$f(t) \cos \omega_0 t$

其中 $f(t)$ 为例题 4.8 中的三角波，试比较（1）和（3）的结果。

4.10 已知信号 $x(t) = \dfrac{\sin t}{t}$，求其傅里叶变换 $X(j\omega)$，并且证明 $\displaystyle\int_{-\infty}^{\infty} \dfrac{\sin t}{t} \mathrm{d}t = \pi$。

4.11 求如题 4.11 图所示的傅里叶变换的反变换。

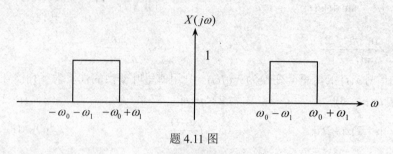

题 4.11 图

4.12 证明连续时间信号的帕斯瓦尔（Parseval）定理：

$$\int_{-\infty}^{\infty} |x(t)|^2 \, \mathrm{d}t = \frac{1}{2\pi} \int_{-\infty}^{\infty} |X(j\omega)|^2 \, \mathrm{d}\omega$$

4.13 试判断下列每一种说法是对还是错，并给出理由。

（1）一个奇的且为纯虚数的信号总是有一个奇的且为纯虚数的傅里叶变换。

（2）一个奇的傅里叶变换与一个偶的傅里叶变换的卷积总是奇的。

4.14 利用对偶性证明：$-jtx(t) \xrightarrow{F} \dfrac{\mathrm{d}}{\mathrm{d}\omega} X(\omega)$。

4.15 利用对偶性证明：$e^{j\omega_0 t} x(t) \xrightarrow{F} X(\omega - \omega_0)$。

4.16 利用对偶性证明：$x(0)\pi\delta(t) - \dfrac{1}{jt} x(t) \xrightarrow{F} \displaystyle\int_{-\infty}^{\omega} X(\tau) \mathrm{d}\tau$。

4.17 利用对偶性证明傅里叶变换的相乘性质：$p(t)s(t) \xrightarrow{F} \dfrac{1}{2\pi} P(\omega) * S(\omega)$。

4.18 证明下面三个不同单位冲激响应的 LTI 系统：

$$h_1(t) = u(t)$$
$$h_2(t) = -2\delta(t) + 5e^{-2t} u(t)$$
$$h_3(t) = 2te^{-t} u(t)$$

对输入 $x(t) = \cos t$ 的响应全都一样。

4.19 考虑一个 LTI 系统，当输入 $x(t)$ 为：

$$x(t) = \left[e^{-t} + e^{-3t} \right] u(t)$$

时，响应 $y(t)$ 为：

$$y(t) = \left[2e^{-t} - 2e^{-4t} \right] u(t)$$

（1）求系统的频率响应。

（2）确定该系统的单位冲激响应。

（3）求关联该系统输入和输出的微分方程。

第5章

离散时间傅里叶变换

　　随着各技术领域对信号处理要求的不断提高,用模拟器件实现信号处理的局限性越来越显现出来。而数字计算机的出现以及性能的飞速提升,使得复杂的信号处理得以方便地实现,数字信号处理的应用范围也越来越广泛。工程中原本需要用大体积的模拟电路实现的信号处理工作,完全可以由一个芯片甚至是芯片的一部分来完成,从而使电子设备持续向小型化和微型化发展,离散时间信号的处理已经成为信号处理的主流。

　　第4章主要讨论了连续时间的傅里叶变换,并研究了该变换的主要性质。这些性质加深了我们对连续时间信号与系统的认识。本章将采用并行的方式展开对离散时间傅里叶变换的研究,同样包含该变换的定义和性质。本章和第4章一起将构成完整的傅里叶分析方法。

　　可以看到,和连续时间非周期信号的傅里叶分析类似,离散时间非周期信号的傅里叶变换同样可以从离散时间周期信号的傅里叶级数演变而来,并且可以进一步拓展到离散时间周期信号的傅里叶变换。值得注意的是,虽然离散时间傅里叶分析和连续时间傅里叶分析无论是分析的途径还是分析的结论都有很多的相似之处,然而它们之间还是存在一些重大的差别。例如,连续时间非周期信号的傅里叶变换是连续的、非周期的,而离散时间非周期信号的傅里叶变换却是连续的、以 2π 为周期的;连续时间周期信号的傅里叶变换由一串冲激强度与傅里叶级数系数成正比的冲激函数组成,而离散时间周期信号的傅里叶变换虽然也是一串冲激强度与傅里叶级数系数成正比的冲激函数,但是这些系数具有周期性,最终导致傅里叶变换也表现出周期性。因此,在学习的过程中,要充分理解并认真体会两种傅里叶分析之间的相似性和不同点。

5.1   离散时间非周期信号的傅里叶变换

4.1 节的分析告诉我们，当周期趋向于无穷大的时候，周期信号蜕变为非周期信号，据此可以由连续时间周期信号的傅里叶级数演变成连续时间非周期信号的傅里叶变换。按照同样的思路，我们先从离散时间周期信号的傅里叶级数入手，进而导出离散时间非周期信号的傅里叶变换。

考虑一个具有有限持续期的非周期序列 $x[n]$，存在某两个整数 N_1 和 N_2（$N_1 < N_2$），使得在 $N_1 \leqslant n \leqslant N_2$ 以外，$x[n] = 0$，如图 5-1（a）所示。

以 $N \geqslant N_2 - N_1$ 为周期，对 $x[n]$ 进行周期延拓，从而形成函数 $z[n]$，即

$$z[n] = \sum_{k=-\infty}^{\infty} x[n+kN] \tag{5-1}$$

所谓**周期延拓**就是将原信号向正无穷大方向和负无穷大方向，以选定的步长 N，进行无穷多次的复制。式（5-1）解析地表达了周期延拓，而图 5-1（b）更形象地表示了一个有限长离散时间信号周期延拓的过程。

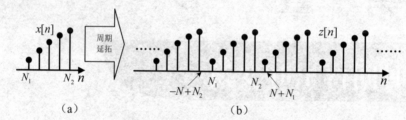

图 5-1   离散时间信号的周期延拓

周期信号 $z[n]$ 进行傅里叶级数展开，即 $z[n] = \sum_{k=\langle N \rangle} a_k \mathrm{e}^{jk\frac{2\pi}{N}n}$，其中：

$$a_k = \frac{1}{N} \sum_{n=\langle N \rangle} z[n] \mathrm{e}^{-jk\frac{2\pi}{N}n} = \frac{1}{N} \sum_{n=N_1}^{N_2} z[n] \mathrm{e}^{-jk\frac{2\pi}{N}n} = \frac{1}{N} \sum_{n=-\infty}^{\infty} x[n] \mathrm{e}^{-jk\frac{2\pi}{N}n} \tag{5-2}$$

对于离散时间序列 $x[n]$，定义一个连续函数 $X(\mathrm{e}^{j\omega})$：

$$X(\mathrm{e}^{j\omega}) = \sum_{n=-\infty}^{\infty} x[n] \mathrm{e}^{-j\omega n} \tag{5-3}$$

分析式（5-3）可以发现，连续函数 $X(\mathrm{e}^{j\omega})$ 是以 2π 为周期的，即：

$$X(\mathrm{e}^{j(\omega+2\pi)}) = X(\mathrm{e}^{j\omega}) \tag{5-4}$$

结合式（5-2）可知，周期信号 $z[n]$ 的傅里叶系数为 $a_k X(\mathrm{e}^{jk\omega_0})/N$（其中 $\omega_0 = 2\pi/N$）。可见，周期信号 $z[n]$ 的傅里叶级数系数 b_k 是对连续函数 $X(\mathrm{e}^{j\omega})$ 的取样，ω_0 就是取样间隔。将周期信号 $z[n]$ 的傅里叶系数 b_k 代入傅里叶级数的综合公式可以得到：

$$z[n] = \frac{1}{N} \sum_{k=\langle N \rangle} X(\mathrm{e}^{jk\omega_0}) \mathrm{e}^{jk\omega_0 n}$$

考虑到 $1/N = \omega_0/2\pi$，上式可以改写成：

$$z[n] = \frac{1}{2\pi} \sum_{k=\langle N \rangle} X(\mathrm{e}^{jk\omega_0}) \mathrm{e}^{jk\omega_0 n} \omega_0 = \frac{1}{2\pi} \sum_{k=0}^{N-1} X(\mathrm{e}^{jk\omega_0}) \mathrm{e}^{jk\omega_0 n} \omega_0 \tag{5-5}$$

图 5-2 所示为连续函数 $X(\mathrm{e}^{j\omega}) \mathrm{e}^{j\omega n}$ 的波形，并且以 ω_0 为间隔将 ω 轴分成小段。图中以每一小段

ω_0 为底边，以小段上面所对应的函数值 $X(\mathrm{e}^{j\omega})\mathrm{e}^{j\omega n}$ 为高，形成一个一个的矩形，用阴影来表示这些矩形。

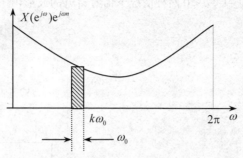

图 5-2　0～2π 区间的连续函数 $X(\mathrm{e}^{j\omega})\mathrm{e}^{j\omega n}$

当 $N \to \infty$ 时，$\omega_0 \to 0$ 成为无穷小量，这时 $z[n] = x[n]$。当 k 在 $0 \sim N-1$ 取值时，无论 N 取值如何，$k\omega_0$（$\omega_0 = 2\pi/N$）取值的区间均为 $0 \sim 2\pi$。图 5-2 中，每一个阴影矩形的面积为 $X(\mathrm{e}^{jk\omega_0})\mathrm{e}^{jk\omega_0 n}\omega_0$，所有阴影矩形面积之和为 $\sum_{k=0}^{N-1} X(\mathrm{e}^{jk\omega_0})\mathrm{e}^{jk\omega_0 n}\omega_0$，当 $\omega_0 \to 0$ 时，这个阴影矩形面积的总和等于 $X(\mathrm{e}^{j\omega})\mathrm{e}^{j\omega n}$ 的波形在 $0 \sim 2\pi$ 区间内的面积。而 $X(\mathrm{e}^{j\omega})\ \mathrm{e}^{j\omega n}$ 为周期函数，周期为 2π，可以不限定积分起始值。这样就得到一对公式

$$x[n] = \frac{1}{2\pi} \int_{2\pi} X(\mathrm{e}^{j\omega})\mathrm{e}^{j\omega n}\mathrm{d}\omega \tag{5-6}$$

$$X(\mathrm{e}^{j\omega}) = \sum_{n=-\infty}^{\infty} x[n]\mathrm{e}^{-j\omega n} \tag{5-7}$$

称为**离散时间傅里叶变换对**，可以与公式（4-8）和公式（4-9）相对照。$X(\mathrm{e}^{j\omega})$ 称为离散时间信号 $x[n]$ 的**离散时间傅里叶变换**（**DTFT**，Discrete-Time Fourier Transform），或者称为 $x[n]$ 的**频谱**。有些文献，将 $X(\mathrm{e}^{j\omega})$ 写成 $X(\Omega)$，这仅仅是一个习惯问题。我们可以将式（5-7）看成为一个离散时间序列到频域上一个连续函数的变换，而且这个连续函数是以 2π 为周期的，这一点完全不同于连续时间非周期信号频谱的非周期性。式（5-6）表示的是**离散时间傅里叶反变换**（**IDTFT**，Inverse Discrete-Time Fourier Transform），它的意义在于说明了序列 $x[n]$ 可以由一种复指数序列的线性组合来表示，而且这些复指数序列在频率上是无限靠近的，它们的幅度是 $X(\mathrm{e}^{j\omega})(\mathrm{d}\omega/2\pi)$。

可以看出，离散时间傅里叶变换和连续时间情况相比有许多类似之处，但也有显著的差别。主要差别在于离散时间傅里叶变换的周期性和综合公式中的有限积分区间，这些差别均源自于这样一个事实：在相位上相差 2π 的离散时间复指数信号是完全一样的。基于此，在第 3 章对离散时间周期信号的分析中，傅里叶级数的系数 a_k 是周期的，傅里叶级数表示式是一个有限项的和式；对本章离散时间非周期信号的分析中，其频谱 $X(\mathrm{e}^{j\omega})$ 也是周期的（周期为 2π），综合公式也限制在一个有限的频率区间内积分，这个频率区间就是产生不同复指数信号的那个间隔，即任何长度为 2π 的间隔。

从离散时间傅里叶变换的推导过程也可以看出，离散时间傅里叶级数和离散时间傅里叶变换之间有着密切的联系：周期信号 $z[n]$ 的傅里叶系数 a_k 可以用一个有限长序列 $x[n]$ 的傅里叶变换的等间隔样本来表示，其中 $x[n]$ 就等于在一个周期上的 $z[n]$，而在其余地方为 0。

为了进一步理解离散时间傅里叶变换，下面给出几个例子。

例题 5.1　求信号 $x[n] = a^n u[n]$（其中 $|a| < 1$）的离散时间傅里叶变换 $X(\mathrm{e}^{j\omega})$。

解：将 $x[n] = a^n u[n]$ 代入 DTFT 正变换式，可得：

$$X(\mathrm{e}^{j\omega}) = \sum_{n=-\infty}^{\infty} x[n]\mathrm{e}^{-j\omega n} = \sum_{n=0}^{\infty} (a\mathrm{e}^{-j\omega})^n = \frac{1}{1 - a\mathrm{e}^{-j\omega}}$$

图 5-3 给出了 $0 < a < 1$ 和 $-1 < a < 0$ 两种情况下信号 $x[n]$ 的波形，图 5-4 是两种情况分别对应的频谱的模。

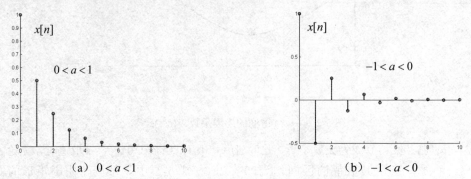

（a）$0 < a < 1$ （b）$-1 < a < 0$

图 5-3   两种情况下信号 $x[n]$ 的波形

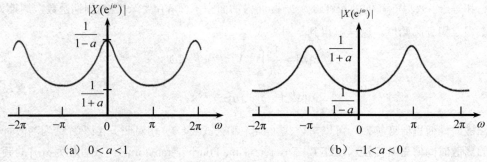

（a）$0 < a < 1$ （b）$-1 < a < 0$

图 5-4   不同情况下信号 $x[n]$ 的频谱的模

可以看出，$0 < a < 1$ 时信号 $x[n]$ 的时域变化较缓慢，其频谱主要分布在 $\omega = 0$ 和 2π 的整数倍附近，相当于低频成分较多；$-1 < a < 0$ 时 $x[n]$ 的时域变化较快，其频谱主要分布在 $\omega = \pi$ 的奇数倍附近，相当于高频成分较多。

例题 5.2   求信号 $x[n] = (1/2)^{|n|}$ 的离散时间傅里叶变换 $X(\mathrm{e}^{j\omega})$。

解：将 $x[n] = (1/2)^{|n|}$ 代入 DTFT 正变换式，可得：

$$X(\mathrm{e}^{j\omega}) = \sum_{n=-\infty}^{\infty} \left(\frac{1}{2}\right)^{|n|} \mathrm{e}^{-j\omega n} = \sum_{n=0}^{\infty} \left(\frac{1}{2}\right)^n \mathrm{e}^{-j\omega n} + \sum_{n=-\infty}^{-1} \left(\frac{1}{2}\right)^{-n} \mathrm{e}^{-j\omega n}$$

$$= \frac{1}{1 - 1/2\mathrm{e}^{-j\omega}} + \sum_{n=1}^{\infty} \left(\frac{1}{2}\right)^n \mathrm{e}^{j\omega n} = \frac{1}{1 - 1/2\mathrm{e}^{-j\omega}} + \frac{1/2\mathrm{e}^{j\omega}}{1 - 1/2\mathrm{e}^{j\omega}} = \frac{3}{5 - 4\cos\omega}$$

例题 5.3   求离散时间方波信号 $x[n] = \begin{cases} 1 & |n| \leqslant N_1 \\ 0 & |n| > N_1 \end{cases}$ 的傅里叶变换 $X(\mathrm{e}^{j\omega})$。

解：

$$X(\mathrm{e}^{j\omega}) = \sum_{n=-N_1}^{N_1} \mathrm{e}^{-j\omega n} = \mathrm{e}^{j\omega N_1} \sum_{n=0}^{2N_1} \mathrm{e}^{-j\omega n}$$

$$= \mathrm{e}^{j\omega N_1} \frac{1 - \mathrm{e}^{-j\omega(2N_1+1)}}{1 - \mathrm{e}^{-j\omega}} = \mathrm{e}^{j\omega N_1} \frac{\mathrm{e}^{-j\omega(2N_1+1)/2}(\mathrm{e}^{j\omega(2N_1+1)/2} - \mathrm{e}^{-j\omega(2N_1+1)/2})}{\mathrm{e}^{-j\omega/2}(\mathrm{e}^{j\omega/2} - \mathrm{e}^{-j\omega/2})}$$

$$= \frac{e^{j\omega(2N_1+1)/2} - e^{-j\omega(2N_1+1)/2}}{e^{j\omega/2} - e^{-j\omega/2}} = \frac{\sin \omega(2N_1+1)/2}{\sin \omega/2}$$

注意，与连续时间情况形如抽样函数 $\sin x/x$ 的频谱不同，这是 2π 的周期函数。图 5-5 给出了 $N_1 = 4$ 时的离散时间方波信号及其对应的频谱。对照例题 3.7 可以发现，若令 $X(j\omega)$ 中的 $\omega = 2\pi k/N$，则离散方波信号的傅里叶变换与离散周期方波信号的傅里叶系数是一致的，只是前者是以 2π 为周期的连续函数，后者是对前者以 $\omega = 2\pi/N$ 为间隔的抽样。当周期方波信号的周期 $N \to \infty$ 时，时域上演变为非周期的单个方波信号，而频域上抽样的间隔越来越密，最终演变为连续频谱。

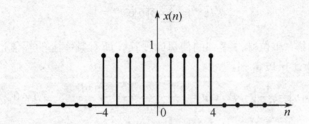

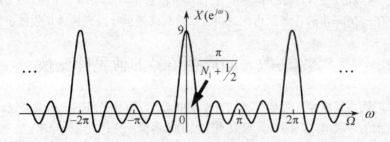

图 5-5　$N_1 = 4$ 时离散时间方波信号及其对应的频谱

下面讨论离散时间傅里叶变换的收敛问题。考虑到分析公式（5-7）是无穷级数求和，因此 $X(e^{j\omega})$ 必然是存在收敛问题的。所幸的是，保证这个和式收敛而对 $x[n]$ 所加的条件是与连续时间傅里叶变换的收敛条件直接相对应的。

如果 $x[n]$ 绝对可和或者平方可和，即：

$$\sum_{n=-\infty}^{\infty} |x[n]| < \infty \quad \text{或} \quad \sum_{n=-\infty}^{\infty} |x[n]|^2 < \infty \tag{5-8}$$

都可以保证式（5-7）收敛。

同时可以看到，绝对可和是平方可和的充分条件，下面的推导可以说明。

$$\sum_{n=-\infty}^{\infty} |x[n]| \leqslant M < \infty$$

$$\Rightarrow \sum_{n=-\infty}^{\infty} |x[n]| \sum_{n=-\infty}^{\infty} |x[n]| \leqslant M^2 < \infty$$

$$\Rightarrow \sum_{m=-\infty}^{\infty} |x[m]|^2 \leqslant \sum_{n=-\infty}^{\infty} \sum_{m=-\infty}^{\infty} |x[n]\|x[m]| \leqslant M^2 < \infty$$

再来讨论离散时间傅里叶反变换的收敛问题，由于综合公式（5-6）的积分是在一个有限积分区间上进行的，因此一般不存在收敛问题，这一点与离散时间傅里叶级数综合公式（3-36）类似，

在那里只涉及一个有限项和式，所以也没有任何收敛问题存在。特别是，若用在频率范围为 $|\omega| \leqslant W$ 内的复指数信号的积分来近似一个非周期信号 $x[n]$ 时，即：

$$x_W[n] = \frac{1}{2\pi} \int_{-W}^{W} X(\mathrm{e}^{j\omega}) \mathrm{e}^{j\omega n} \mathrm{d}\omega \tag{5-9}$$

那么，当 $W = \pi$ 时，一定有 $x_W[n] = x[n]$，所以离散时间傅里叶反变换不存在收敛问题。下面结合例题来说明这个问题。

例题 5.4 求单位冲激信号 $x[n] = \delta[n]$ 的离散时间傅里叶变换 $X(\mathrm{e}^{j\omega})$。

解： 由离散时间傅里叶变换的定义很容易得到：

$$X(\mathrm{e}^{j\omega}) = \sum_{n=-\infty}^{\infty} \delta[n]\mathrm{e}^{-j\omega n} = 1$$

和连续时间情况一样，单位脉冲序列的傅里叶变换在所有频率上的幅值也都是相等的。将这个结果代入到式（5-8）中，可以得到：

$$x_W[n] = \frac{1}{2\pi} \int_{-W}^{W} \mathrm{e}^{j\omega n} \mathrm{d}\omega = \frac{\mathrm{e}^{jnW} - \mathrm{e}^{-jnW}}{2\pi j n} = \frac{\sin nW}{\pi n} \quad (\text{当} \ n \neq 0)$$

$$x_W[n] = W/\pi \quad (\text{当} \ n = 0)$$

若 $n \neq 0$，则当 $W = \pi$ 时，$\sin nW = 0$，$x_W[n] = 0$；若 $n = 0$，则 $W = \pi$ 时，$x_W[n] = 1$。因此，只要 $W = \pi$，必有 $x_W[n] = \delta[n]$，该例再次说明了离散时间傅里叶反变换总是收敛于原信号的。

5.2 离散时间周期信号的傅里叶变换

由于离散时间周期信号一般是不满足绝对可和或平方可和条件的，因此和连续时间情况类似，也需要用频域上的冲激串之类的奇异函数才能表示其傅里叶变换。这样一来，仍然可以在统一框架内讨论所有离散时间信号的傅里叶变换。

为了不至于引起混乱，可以认为离散时间周期信号的傅里叶级数与 DTFT 是两回事。先考虑简单的复指数序列 $x[n] = \mathrm{e}^{j\omega_0 n}$ 的 DTFT。根据第 4 章的经验以及对离散时间傅里叶变换周期性的认识，可能有：

$$X(\mathrm{e}^{j\omega}) = \sum_{l=-\infty}^{\infty} 2\pi\delta(\omega - \omega_0 - 2\pi l) \tag{5-10}$$

注意到 $X(\mathrm{e}^{j\omega})$ 是以 2π 为周期的周期函数，因此将 $\delta(\omega - \omega_0)$ 延拓成了周期函数。为了验证式（5-10）的正确性，将该式代入离散时间傅里叶反变换的表达式（5-6）中，得：

$$x[n] = \frac{1}{2\pi} \int_{2\pi} \sum_{l=-\infty}^{\infty} 2\pi\delta(\omega - \omega_0 - 2\pi l)\mathrm{e}^{j\omega n}\mathrm{d}\omega$$

$$= \int_{2\pi} \sum_{l=-\infty}^{\infty} \delta(\omega - \omega_0 - 2\pi l)\mathrm{e}^{j(\omega_0 + 2\pi l)n}\mathrm{d}\omega = \mathrm{e}^{j\omega_0 n} \int_{2\pi} \sum_{l=-\infty}^{\infty} \delta(\omega - \omega_0 - 2\pi l)\mathrm{d}\omega$$

如图 5-6 所示，$\sum_{l=-\infty}^{\infty} \delta(\omega - \omega_0 - 2\pi l)$ 是一个周期为 2π 的冲激串函数，$\int_{2\pi}$ 是在任意一段长度为 2π 的区间上进行积分，在这个积分区间里面，只有一个冲激函数，因此

$$\int_{2\pi} \sum_{l=-\infty}^{\infty} \delta(\omega - \omega_0 - 2\pi l)\mathrm{d}\omega = 1 \tag{5-11}$$

从而有 $x[n] = \mathrm{e}^{j\omega_0 n}$。也就证明了复指数序列 $\mathrm{e}^{j\omega_0 n}$ 的 DTFT 为 $\sum_{l=-\infty}^{\infty} 2\pi\delta(\omega - \omega_0 - 2\pi l)$，即：

$$\mathrm{e}^{j\omega_0 n} \xrightarrow{\text{DTFT}} \sum_{l=-\infty}^{\infty} 2\pi\delta(\omega-\omega_0-2\pi l) \qquad (5\text{-}12)$$

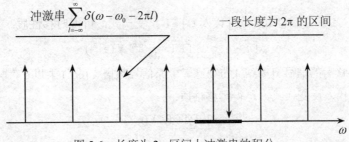

图 5-6　长度为 2π 区间上冲激串的积分

对于一个任意的周期序列 $x[n]$，假设其周期为 N，先将它展开为傅里叶级数 $x[n]=\sum_{k=\langle N\rangle} a_k \mathrm{e}^{jk\frac{2\pi}{N}n}$，那么 $x[n]$ 的离散时间傅里叶变换为：

$$X(\mathrm{e}^{j\omega})=\sum_{k=0}^{N-1} a_k \sum_{l=-\infty}^{\infty} 2\pi\delta\left(\omega-\frac{2\pi k}{N}-2\pi l\right)=\sum_{l=-\infty}^{\infty}\sum_{k=0}^{N-1} a_k 2\pi\delta\left(\omega-\frac{2\pi k}{N}-2\pi l\right) \qquad (5\text{-}13)$$

也可以写作：

$$X(\mathrm{e}^{j\omega})=\sum_{k=-\infty}^{\infty} 2\pi a_k \delta\left(\omega-\frac{2\pi k}{N}\right) \qquad (5\text{-}14)$$

注意，这里 a_k 是关于 k 呈现周期性的，且周期仍为 N，即不同谐波频率上冲激的强度是以 N 为周期变化的。考虑到相邻两个 a_k 之间的频率间隔是 $2\pi/N$，因此 a_k 的周期为 N 就表现为 $X(\mathrm{e}^{j\omega})$ 的周期是 2π。

5.3　离散时间傅里叶变换的性质

与连续时间傅里叶变换一样，学习离散时间傅里叶变换的性质可以加深对变换本质的理解，也更方便信号正变换和反变换的求取。就性质本身而言，连续时间情况和离散时间情况有很多相似之处，但也有差别。同时，由于离散时间周期信号的傅里叶级数和傅里叶变换之间的密切联系，二者的性质也很类似，学习过程中要注意认真体会和比较。

为方便起见，若 $x[n]$ 的傅里叶变换为 $X(\mathrm{e}^{j\omega})$，则记为： $x[n]\underline{\quad\text{DTFT}\quad} X(\mathrm{e}^{j\omega})$、 $X(\mathrm{e}^{j\omega})=\text{DTFT}\{x[n]\}$、 $X(\mathrm{e}^{j\omega})\underline{\quad\text{DTFT}^{-1}\quad} x[n]$ 或 $x[n]=\text{DTFT}^{-1}\{X(\mathrm{e}^{j\omega})\}$。

5.3.1　周期性

$$X(\mathrm{e}^{j(\omega+2\pi)})=X(\mathrm{e}^{j\omega}) \qquad (5\text{-}15)$$

也就是说，离散时间傅里叶变换 $X(\mathrm{e}^{j\omega})$ 对 ω 来说总是连续的和周期的，其周期为 2π。这一点与连续时间的情况不同，一般来说，连续时间傅里叶变换不具有周期性。

5.3.2　线性性

如果 $x_1[n]\underline{\quad\text{DTFT}\quad} X_1(\mathrm{e}^{j\omega})$， $x_2[n]\underline{\quad\text{DTFT}\quad} X_2(\mathrm{e}^{j\omega})$，那么：

$$ax_1[n]+bx_2[n]\underline{\quad\text{DTFT}\quad} aX_1(\mathrm{e}^{j\omega})+bX_2(\mathrm{e}^{j\omega}) \qquad (5\text{-}16)$$

也就是说，两个信号线性组合的频谱等于这两个信号频谱的线性组合。

5.3.3 时移和频移性质

若 $x[n]\ \underline{\text{DTFT}}\ X(\text{e}^{j\omega})$，将 $x[n-n_0]$ 代入 DTFT 正变换式，可得 **时移性质**：

$$x[n-n_0]\ \underline{\text{DTFT}}\ \text{e}^{-j\omega n_0}X(\text{e}^{j\omega}) \tag{5-17}$$

也就是说，时移后的信号 $x[n-n_0]$ 的频谱等于原信号频谱 $X(\text{e}^{j\omega})$ 乘以 $\text{e}^{-j\omega n_0}$。

将 $X(\text{e}^{j(\omega-\omega_0)})$ 代入反变换式，可得 **频移性质**：

$$\text{e}^{i\omega_0 n}x[n]\ \underline{\text{DTFT}}\ X(\text{e}^{j(\omega-\omega_0)}) \tag{5-18}$$

5.3.4 共轭与共轭对称性质

将 $x^*[n]$ 代入正变换式，可得：

$$x^*[n]\ \underline{\text{DTFT}}\ X^*(\text{e}^{-j\omega}) \tag{5-19}$$

如果 $x[n]$ 为实函数，则有

$$X(\text{e}^{-j\omega})=X^*(\text{e}^{j\omega}) \tag{5-20}$$

与 4.3.3 节类似，可以讨论当 $x[n]$ 为实函数的情况下 $X(\text{e}^{j\omega})$ 的一些特性。将 $X(\text{e}^{j\omega})$ 分别按照直角坐标和极坐标展开：

$$X(\text{e}^{j\omega})=\text{Re}\{X(\text{e}^{j\omega})\}+j\,\text{Im}\{X(\text{e}^{j\omega})\}=|X(\text{e}^{j\omega})|\,\text{e}^{j\angle X(\text{e}^{j\omega})} \tag{5-21}$$

再将式（5-21）代入式（5-20），可以得到

$$\text{Re}\{X(\text{e}^{-j\omega})\}+j\,\text{Im}\{X(\text{e}^{-j\omega})\}\quad=\text{Re}\{X(\text{e}^{j\omega})\}-j\,\text{Im}\{X(\text{e}^{j\omega})\} \tag{5-22}$$

$$|X(\text{e}^{-j\omega})|\,\text{e}^{j\angle X(\text{e}^{-j\omega})}=|X(\text{e}^{j\omega})|\,\text{e}^{-j\angle X(\text{e}^{j\omega})} \tag{5-23}$$

从而得到如下结论：

（1） $\text{Re}\{X(\text{e}^{-j\omega})\}=\text{Re}\{X^*(\text{e}^{j\omega})\}=\text{Re}\{X(\text{e}^{j\omega})\}$，即 $X(\text{e}^{j\omega})$ 的实部为偶函数。

（2） $\text{Im}\{X(\text{e}^{-j\omega})\}=\text{Im}\{X^*(\text{e}^{j\omega})\}=-\text{Im}\{X(\text{e}^{j\omega})\}$，即 $X(\text{e}^{j\omega})$ 的虚部为奇函数。

（3） $|X(\text{e}^{-j\omega})|=|X^*(\text{e}^{j\omega})|=|X(\text{e}^{j\omega})|$，即 $X(\text{e}^{j\omega})$ 的模为偶函数。

（4） $\angle X(\text{e}^{-j\omega})=\angle X^*(\text{e}^{j\omega})=-\angle X(\text{e}^{j\omega})$，即 $X(\text{e}^{j\omega})$ 的相位为奇函数。

5.3.5 差分性质

根据线性和时移性质，可得 **差分性质**：

$$x[n]-x[n-1]\ \underline{\text{DTFT}}\ (1-\text{e}^{-j\omega})X(\text{e}^{j\omega}) \tag{5-24}$$

该性质和时移性质在求解线性常系数差分方程时经常用到，具体可见习题 5.5。

5.3.6 时间反转性质

将 $x[-n]$ 代入 DTFT 正变换式，可得：

$$\text{DTFT}\{x[-n]\}=\sum_{n=-\infty}^{\infty}x[-n]\text{e}^{-j\omega n}=\sum_{n=-\infty}^{\infty}x[n]\text{e}^{j\omega n}=X(\text{e}^{-j\omega}) \tag{5-25}$$

即

$$x[-n]\ \underline{\text{DTFT}}\ X(\text{e}^{-j\omega}) \tag{5-26}$$

结合时间反转性质和共轭对称性质，可以有以下结论：

（1）如果 $x[n]$ 为实函数，而且为偶函数，即 $x[n] = x[-n]$，则有：

$$X(\mathrm{e}^{j\omega}) = X(\mathrm{e}^{-j\omega}) = X^*(\mathrm{e}^{j\omega})$$

因此，$X(\mathrm{e}^{j\omega})$ 为实函数和偶函数。

（2）如果 $x[n]$ 为实函数，而且为奇函数，即 $x[n] = -x[-n]$，则有：

$$X(\mathrm{e}^{j\omega}) = -X(\mathrm{e}^{-j\omega}) = X^*(\mathrm{e}^{j\omega})$$

因此，$X(\mathrm{e}^{j\omega})$ 为纯虚函数和奇函数。

（3）若将实信号 $x[n]$ 分解成为奇信号部分与偶信号部分之和，即：

$$x[n] = Ev\{x[n]\} + Od\{x[n]\} \tag{5-27}$$

则有：

$$Ev\{x[n]\} \underline{\quad\text{DTFT}\quad} \mathrm{Re}\{X(\mathrm{e}^{j\omega})\} \qquad Od\{x[n]\} \underline{\quad\text{DTFT}\quad} j\,\mathrm{Im}\{X(\mathrm{e}^{j\omega})\} \tag{5-28}$$

5.3.7　时域扩展性质

对于连续时间傅里叶变换，有如下尺度性质

$$x(at) \xrightarrow{\;F\;} \frac{1}{|a|} X\left(j\frac{\omega}{a}\right) \tag{5-29}$$

但在离散时间情况下，时域的尺度变换，例如 $x[2n]$、$x[Nn]$ 等，将不只是使原信号的变化加速，而且会丢失原信号的一些信息，比如 $x[2n]$ 就只保留了 $x[n]$ 中的偶次样本。因此，离散情况下不讨论信号的时域压缩情况，而只讨论信号的时域扩展，而且时域扩展也与连续时间有所不同。

若令 k 是一个正整数，定义

$$x_{(k)}[n] = \begin{cases} x\left[\dfrac{n}{k}\right] & n = lk \\[2mm] 0 & n \neq lk \end{cases} \tag{5-30}$$

$x_{(k)}[n]$ 称为信号 $x[n]$ 的**时域扩展**，如图 5-7 所示，$x_{(k)}[n]$ 在波形上体现为，将 $x[n]$ 先拉开，再将空点的数值置为 0。显然，$x_{(k)}[n]$ 可以看作是减慢了的 $x[n]$，因此能够反映 $x[n]$ 的全部信息。

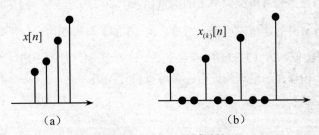

图 5-7　离散时间信号的时域扩展

再来讨论 $x_{(k)}[n]$ 的傅里叶变换 $X_{(k)}(\mathrm{e}^{j\omega})$：

$$X_{(k)}(\mathrm{e}^{j\omega}) = \sum_{n=-\infty}^{\infty} x_{(k)}[n]\mathrm{e}^{-j\omega n} \quad \text{（进行 } n = lk \text{ 的变换）}$$

$$= \sum_{l=-\infty}^{\infty} x_{(k)}[lk]\mathrm{e}^{-j\omega lk} \quad \text{（因为 } n \text{ 不等于 } lk \text{ 的项都为 0）}$$

$$= \sum_{l=-\infty}^{\infty} x[l]\mathrm{e}^{-j\omega lk} = X(\mathrm{e}^{jk\omega}) \tag{5-31}$$

通过时域扩展性质可以看出，时域上的扩展对应于频域上的压缩。从物理意义上来看，时域上的扩展意味着信号随着时间推进，其变化变缓，相当于高频成分的减少，因此频域中信号原有的高频成分会向低频段移动，总体看频谱受到了压缩。这一点和连续时间情况是相同的。

如果在时域中压缩原信号，因为离散时间信号的取值只能在整数位置，所以压缩一定会造成信息的丢失，因此压缩后信号和原信号的频谱将不存在对应关系。

5.3.8 频域微分性质

对离散时间傅里叶变换的正变换式两边求导，可得

$$\frac{dX(e^{j\omega})}{d\omega} = \sum_{n=-\infty}^{\infty} x[n](-jn)e^{-j\omega n}$$

因此，频域微分性质为

$$nx[n] \underline{\quad DTFT \quad} j\frac{dX(e^{j\omega})}{d\omega} \tag{5-32}$$

这一性质可以帮助我们求出更多的离散时间傅里叶变换对，例如从基本变换对：

$$a^n u[n] \underline{\quad DTFT \quad} \frac{1}{1-ae^{-j\omega}}$$

出发，利用频域微分性质，可以得到下面一对傅里叶变换：

$$(n+1)a^n u[n] \underline{\quad DTFT \quad} \frac{1}{(1-ae^{-j\omega})^2} \tag{5-33}$$

5.3.9 帕斯瓦尔定理

若 $x[n] \underline{\quad DTFT \quad} X(e^{j\omega})$，可以证明：

$$\sum_{n=-\infty}^{\infty} |x[n]|^2 = \frac{1}{2\pi}\int_{2\pi} \left|X(e^{j\omega})\right|^2 d\omega \tag{5-34}$$

式（5-34）很类似于连续时间情况下的式（4-50）。左边的表达式依然表示信号在时域中的总能量，而右边表示的是信号每单位频率上的能量 $\left|X(e^{j\omega})\right|^2/2\pi$ 在 2π 区间上的积分。在这个意义上，$\left|X(e^{j\omega})\right|^2$ 仍称为信号 $x[n]$ 的**能量密度谱**。同时，式（5-34）与周期信号傅里叶级数展开的帕斯瓦尔定理式（3-32）也很类似，式（3-32）的意义在于：一个周期信号的平均功率等于它的各次谐波分量的平均功率之和。帕斯瓦尔定理的证明读者可以自行完成。

5.3.10 卷积性质

4.4 节曾专门讨论连续时间情况下的卷积性质，离散时间情况下也有完全相同的性质。将 $x[n]*h[n]$ 代入 DTFT 正变换式，容易证明：

$$DTFT\{x[n]*h[n]\} = X(e^{j\omega})H(e^{j\omega}) \tag{5-35}$$

也就是说，两个信号时域卷积的频谱等于这两个信号频谱的乘积，或者说时域里的卷积对应于频域里的乘积。卷积性质可以使得离散时间 LTI 系统的分析变得更加简单。若 LTI 系统的单位脉冲响应是 $h[n]$，对应的傅里叶变换是 $H(e^{j\omega})$，则系统对输入信号中每一频率分量的振幅和相位改变的程度完全由 $H(e^{j\omega})$ 来确定，因此 $H(e^{j\omega})$ 也称为系统的**频率响应**。$H(e^{j\omega})$ 可以在频率域上完全刻画 LTI 系统对输入信号的作用。

另外，频率响应函数还奠定了频率选择性滤波器分析的基础。例如，滤波器往往在通带频率范围内要求 $H(e^{j\omega}) \approx 1$，而在阻带频率范围内要求 $H(e^{j\omega}) \approx 0$。图 5-8（a）给出了离散时间理想低通滤波器的频率响应。由滤波器的频率要求出发，可以利用傅里叶反变换公式来确定该滤波器对应的单位脉冲响应。这里以 $-\pi < \omega \leqslant \pi$ 作为积分区间，可得：

$$h[n] = \frac{1}{2\pi} \int_{-\pi}^{\pi} H(e^{j\omega}) e^{j\omega n} \, \mathrm{d}\omega = \frac{1}{2\pi} \int_{-\omega_c}^{\omega_c} e^{j\omega n} \, \mathrm{d}\omega = \frac{\sin \omega_c n}{\pi n} \tag{5-36}$$

可见理想低通滤波器的单位脉冲响应为离散化的抽样函数，如图 5-8（b）所示。

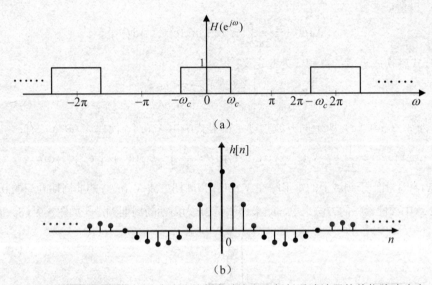

（a）

（b）

图 5-8　离散时间理想低通滤波器的频率响应和理想低通滤波器的单位脉冲响应

注意到级数 $H(e^{j\omega}) = \sum_{n=-\infty}^{\infty} h[n] e^{-j\omega n}$ 的收敛是有条件的，因此并不是每一个 LTI 系统都有频率响应。然而，若系统是稳定的，即单位脉冲响应绝对可和的

$$\sum_{n=-\infty}^{\infty} |h[n]| < \infty \tag{5-37}$$

则可以保证无穷级数收敛，频率响应存在。因此，应用傅里叶变换方法分析系统总是局限在稳定系统的范围内，对于不稳定的离散系统的分析，需要傅里叶变换的推广——Z 变换（第 10 章）。

5.3.11　相乘性质

本节考虑两个离散时间信号乘积 $y[n] = x_1[n]x_2[n]$ 的频谱 $Y(e^{j\omega})$。

连续时间情况下，我们用对偶性质证明了相乘性质，这里换一种证明方式，将 $x_1[n]x_2[n]$ 直接代入 DTFT 的正变换式：

$$\begin{aligned}
Y(e^{j\omega}) &= \sum_{n=-\infty}^{\infty} x_1[n]x_2[n]e^{-j\omega n} = \sum_{n=-\infty}^{\infty} x_1[n]e^{-j\omega n} \frac{1}{2\pi} \int_{2\pi} X_2(e^{j\theta}) e^{j\theta n} \, \mathrm{d}\theta \\
&= \frac{1}{2\pi} \int_{2\pi} X_2(e^{j\theta}) \sum_{n=-\infty}^{\infty} x_1[n]e^{-j(\omega-\theta)n} \, \mathrm{d}\theta = \frac{1}{2\pi} \int_{2\pi} X_2(e^{j\theta}) X_1(e^{j(\omega-\theta)}) \, \mathrm{d}\theta \\
&= \frac{1}{2\pi} \int_{2\pi} X_1(e^{j\theta}) X_2(e^{j(\omega-\theta)}) \, \mathrm{d}\theta
\end{aligned} \tag{5-38}$$

　　乘法性质说明两个信号乘积的频谱等于这两个信号频谱的**周期卷积**，或者说时域的乘积对应频域的周期卷积。而周期卷积不同于一般的卷积计算，下面通过例子来说明。

　　例题 5.5　求信号 $x[n] = x_1[n]x_2[n]$ 的傅里叶变换 $X(e^{j\omega})$ ，其中：

$$x_1[n] = \frac{\sin(\pi n/2)}{\pi n} \qquad x_2[n] = \frac{\sin(3\pi n/4)}{\pi n}$$

　　解：由相乘性质可知， $X(e^{j\omega})$ 是 $X_1(e^{j\omega})$ 和 $X_2(e^{j\omega})$ 的周期卷积。由式（5-36）的结果可知，$X_1(e^{j\omega})$ 和 $X_2(e^{j\omega})$ 的形状分别如图 5-9（a）和（b）所示。为了做周期卷积，选取积分区间为 $-\pi < \omega \leqslant \pi$ ，可得：

$$X(e^{j\omega}) = \frac{1}{2\pi}\int_{-\pi}^{\pi} X_1(e^{j\theta})X_2(e^{j(\omega-\theta)})\,\mathrm{d}\theta$$

　　将该积分式转换成一般的卷积，为此定义：

$$\hat{X}_1(e^{j\omega}) = \begin{cases} X_1(e^{j\omega}) & -\pi < \omega \leqslant \pi \\ 0 & \text{其余}\,\omega \end{cases}$$

　　$\hat{X}_1(e^{j\omega})$ 为如图 5-9（c）所示的方波频谱，在上式中用 $\hat{X}_1(e^{j\omega})$ 代替 $X_1(e^{j\omega})$ ，有：

$$X(e^{j\omega}) = \frac{1}{2\pi}\int_{-\pi}^{\pi} \hat{X}_1(e^{j\theta})X_2(e^{j(\omega-\theta)})\,\mathrm{d}\theta = \frac{1}{2\pi}\int_{-\infty}^{\infty} \hat{X}_1(e^{j\theta})X_2(e^{j(\omega-\theta)})\,\mathrm{d}\theta$$

　　此时， $X(e^{j\omega})$ 相当于频域上的矩形脉冲 $\hat{X}_1(e^{j\omega})$ 和周期方波 $X_2(e^{j\omega})$ 的非周期卷积的 $1/2\pi$ ，因此可以按照第 2 章中线性卷积的方法来求，结果仍然是 2π 为周期的周期频谱，如图 5-9（d）所示。

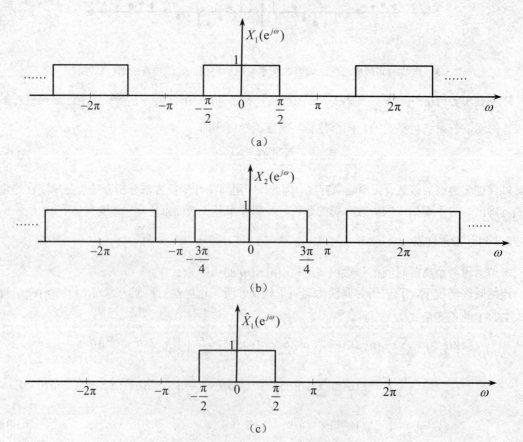

图 5-9　频率域上的周期卷积

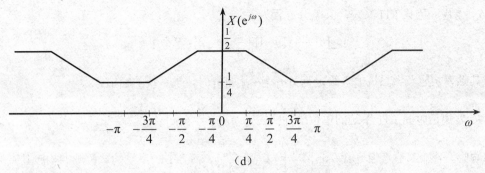

（d）

图 5-9　频率域上的周期卷积（续图）

研讨环节：DFT 与 DTFT 的区别和联系

本书第 3 章曾经介绍了离散傅里叶变换（Discrete Fourier Transform，DFT）及其快速算法 FFT（Fast Fourier Transform），本章又学习了离散时间周期与非周期信号的傅里叶变换（Discrete Time Fourier Transform，DTFT）。我们知道 DFT 是将时域上有限长的离散时间序列变换为频域上有限长的离散频谱，而 DTFT 是将时域上无限长的离散时间非周期序列变换为频域上以 2π 为周期的连续频谱，或者将时域上的离散时间周期信号变换为频域上以 2π 为周期的冲激串。请思考 DFT 与 DTFT 之间有哪些联系与区别。

在数字信号处理中，往往采用 Matlab 工具箱中的 fft() 指令来分析一个时域信号的频谱，这就可能涉及到要将一个原本无限长的连续时间信号进行截断，并且将其采样离散化，再用 fft() 指令来分析其频谱。这样得到的频谱能否代表原连续时间信号的真实频率成分？有哪些因素（如信号截取的长度、采样频率的大小等）会影响频谱求取的真实度，如何抑制这些影响？

思考题与习题五

5.1　求下列离散时间信号的傅里叶变换：

（1）$\left(\dfrac{1}{2}\right)^{n-1} u[n-1]$　　　　　　　　　　（2）$\left(\dfrac{1}{2}\right)^{|n-1|}$

（3）$u[n-2]-u[n-6]$　　　　　　　　　　（4）$\left(\dfrac{1}{2}\right)^{-n} u[-n-1]$

（5）$\left(\dfrac{1}{3}\right)^{|n|} u[-n-2]$　　　　　　　　　（6）$2^n \sin\left(\dfrac{\pi}{4}n\right)u[-n]$

5.2　已知离散时间信号 $x[n]$ 的傅里叶变换为 $X(e^{j\omega})$，求下列信号的傅里叶变换：

（1）$x[1-n]+x[-1-n]$　　　　　　　　　（2）$(n-1)^2 x[n]$

（3）$\dfrac{x^*[-n]+x[n]}{2}$

5.3　试证明离散时间傅里叶变换的卷积性质，即：$x[n]*h[n] \underline{\quad DTFT \quad} X(e^{j\omega})H(e^{j\omega})$。

5.4　试证明离散时间傅里叶变换的帕斯瓦尔定理，即：

$$\sum_{n=-\infty}^{\infty}\left|x[n]\right|^2 = \frac{1}{2\pi}\int_{2\pi}\left|X(e^{j\omega})\right|^2 d\omega$$

5.5 考虑一因果 LTI 系统，其差分方程为：

$$y[n] - \frac{3}{4}y[n-1] + \frac{1}{8}y[n-2] = 2x[n]$$

求其频率响应。当系统输入给定为 $x[n] = \left(\frac{1}{4}\right)^n u[n]$ 时，求系统的输出。

5.6 若离散时间 LTI 系统的单位脉冲响应为 $h[n] = \frac{W}{\pi}\mathrm{sinc}\left(\frac{Wn}{\pi}\right) = \frac{\sin Wn}{\pi n}$，求解并画出该系统的频率响应。若输入信号为 $x[n] = \sin\left(\frac{\pi n}{8}\right) - 2\cos\left(\frac{\pi n}{4}\right)$，而各 LTI 系统的单位脉冲响应具有如下不同形式，求每种情况下系统的输出：

  （1）$h[n] = \dfrac{\sin(\pi n/6)}{\pi n}$ （2）$h[n] = \dfrac{\sin(\pi n/6)}{\pi n} + \dfrac{\sin(\pi n/2)}{\pi n}$

  （3）$h[n] = \dfrac{\sin(\pi n/6)\sin(\pi n/3)}{\pi^2 n^2}$ （4）$h[n] = \dfrac{\sin(\pi n/6)\sin(\pi n/3)}{\pi n}$

5.7 若 $x[n]$ 与 $X(\mathrm{e}^{j\omega})$ 为一对傅里叶变换，试判断下列说法是否正确，并说明理由。

  （1）若 $X(\mathrm{e}^{j\omega}) = X(\mathrm{e}^{j(\omega-1)})$，则 $x[n] = 0$，$|n| > 0$。

  （2）若 $X(\mathrm{e}^{j\omega}) = X(\mathrm{e}^{j(\omega-\pi)})$，则 $x[n] = 0$，$|n| > 0$。

  （3）若 $X(\mathrm{e}^{j\omega}) = X(\mathrm{e}^{j\omega/2})$，则 $x[n] = 0$，$|n| > 0$。

  （4）若 $X(\mathrm{e}^{j\omega}) = X(\mathrm{e}^{j2\omega})$，则 $x[n] = 0$，$|n| > 0$。

5.8 设 $X(\mathrm{e}^{j\omega})$ 是如题 5.8 图所示信号 $x[n]$ 的傅里叶变换，不经求出 $X(\mathrm{e}^{j\omega})$ 完成下列计算：

  （1）求 $X(\mathrm{e}^{j0})$。   （2）求 $\angle X(\mathrm{e}^{j\omega})$。

  （3）求 $\displaystyle\int_{-\pi}^{\pi} X(\mathrm{e}^{j\omega})\,\mathrm{d}\omega$。   （4）求 $X(\mathrm{e}^{j\pi})$。

  （5）求并画出傅里叶变换为 $\mathrm{Re}\{X(\mathrm{e}^{j\omega})\}$ 的信号。

  （6）求 $\displaystyle\int_{-\pi}^{\pi}\left|X(\mathrm{e}^{j\omega})\right|^2\mathrm{d}\omega$ 和 $\displaystyle\int_{-\pi}^{\pi}\left|\frac{\mathrm{d}X(\mathrm{e}^{j\omega})}{\mathrm{d}\omega}\right|^2\mathrm{d}\omega$。

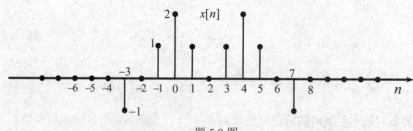

题 5.8 图

5.9 有一离散时间系统，其输入为 $x[n]$，输出为 $y[n]$，它们的傅里叶变换由下式所关联：

$$Y(\mathrm{e}^{j\omega}) = 2X(\mathrm{e}^{j\omega}) + \mathrm{e}^{-j\omega}X(\mathrm{e}^{j\omega}) - \frac{\mathrm{d}X(\mathrm{e}^{j\omega})}{\mathrm{d}\omega}$$

  （1）该系统是线性的吗？说明理由。

  （2）该系统是时不变的吗？说明理由。

  （3）若 $x[n] = \delta[n]$，则 $y[n]$ 是什么？

第6章

频率滤波

　　前面引入了频域分析，频域分析的一个基本运用就是频率滤波，它是信号处理中应用非常广泛的一类技术。所谓频域滤波是指去掉、抑制或者放大信号中特定频率范围内的频率成分。换句话说，频域滤波就是对信号各种频率成分的一种修改。频域滤波器是实现这一频率成分修改的数学或者物理系统。选定修改的频率成分所在的频段决定了频域滤波的种类。主要的频域滤波器可以分为：低通滤波器、高通滤波器、带通滤波器和带阻滤波器。本章以 LTI 频域滤波器为对象，对频域滤波的一些基本概念和基本性质进行讨论。

6.1 周期信号与 LTI 系统

本节讨论周期信号通过 LTI 滤波器系统的情况。周期信号中谐波分量的概念比较清晰，因此周期信号的分析有利于理解频率滤波的概念。

回顾一下前面讨论过的复指数信号通过 LTI 系统的情况，如图 6-1 所示，将 e^{st} 代入卷积计算公式，可以得到 LTI 系统的输出为：

$$y(t) = H(s)\, e^{st} \qquad\qquad (6\text{-}1)$$

其中

$$H(s) = \int_{-\infty}^{\infty} h(\tau) e^{-s\tau} \mathrm{d}\tau \qquad\qquad (6\text{-}2)$$

称为该 LTI 滤波器系统的**传递函数**。

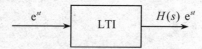

图 6-1　复指数信号输入下 LTI 系统的输出

从公式（6-1）可以看出，LTI 滤波器系统对于复指数信号的响应仍然是复指数信号，但是会对信号的幅值和相位进行修改，修改后的幅值是原幅值和$|H(s)|$的乘积，修改后的相位是原相位和 $H(s)$ 相位的和。

以 $s = jk\omega_0$ 代入式（6-1）可得 LTI 系统对信号 $e^{jk\omega_0 t}$ 的响应为 $H(jk\omega_0)e^{jk\omega_0 t}$。正弦信号/指数信号通过 LTI 系统仍然为同频的正弦信号/指数信号，只是幅值和相位有所变化。那么如果系统的输入 $x(t)$ 是一个周期信号，可以展开为傅里叶级数，即：$x(t) = \sum_{k=-\infty}^{\infty} a_k e^{jk\omega_0 t}$。LTI 系统对此信号的输出为：

$$y(t) = \sum_{k=-\infty}^{\infty} a_k H(jk\omega_0) e^{jk\omega_0 t} \qquad\qquad (6\text{-}3)$$

其中

$$H(jk\omega_0) = \int_{-\infty}^{\infty} h(t) e^{-jk\omega_0 t} \mathrm{d}t \qquad\qquad (6\text{-}4)$$

可以认为 $H(jk\omega_0)$ 是该 LTI 滤波器对 $x(t)$ 的 k 次谐波的幅值和相位进行"修改"。对不同的谐波进行不同的修改，从而起到调节各频率分量的作用。通过下面的例题可以更好地理解这种修改。

例题 6.1　考虑一个 LTI 滤波器系统，其单位冲激响应为 $h(t) = e^{-t}u(t)$，输入信号为 $x(t) = \sum_{k=-3}^{3} a_k e^{jk2\pi t}$，求该系统的输出。

解：$H(jk\omega_0) = \int_{-\infty}^{\infty} h(t)e^{-jk\omega_0 t}\mathrm{d}t = \int_0^{\infty} e^{-j(k\omega_0 t + t)}\mathrm{d}t = \dfrac{-e^{-jk\omega_0 t - t}}{1 + jk\omega_0}\Bigg|_0^{\infty} = \dfrac{1}{1 + j2\pi k}$

那么：$y(t) = \sum_{k=-3}^{3} b_k e^{jk2\pi t}$

其中：$b_k = H(jk\omega_0)a_k = a_k \dfrac{1}{1 + j2\pi_0}$

b_k 就是输出信号的傅里叶级数的系数。系统对输入信号 $x(t)$ 的第 k 次谐波分量 $a_k e^{jk2\pi t}$ 的幅值修改为 $\left|1/(1 + j2\pi k)\right|$，相位修改为 $\angle 1/(1 + j2\pi k)$。可见对不同的谐波分量修改都是不同的。

离散情况的讨论是类似的，如图 6-2 所示。下面考虑离散时间复指数信号 $e^{jk(2\pi/N)n}$ 通过单位冲激响应为 $h[n]$ 的离散时间 LTI 滤波器的情况，输出信号 $y[n]$ 等于 $h[n]$ 和 $e^{jk(2\pi/N)n}$ 的卷积，即：

$$y[n] = \sum_{l=-\infty}^{\infty} h[l]e^{jk\frac{2\pi}{N}(n-l)} = e^{jk\frac{2\pi}{N}n} \sum_{l=-\infty}^{\infty} h[l]e^{-jk\frac{2\pi}{N}l} = H\left(\frac{2\pi k}{N}\right)e^{jk\frac{2\pi}{N}n} \qquad (6\text{-}5)$$

其中：

$$H\left(\frac{2\pi k}{N}\right) = \sum_{l=-\infty}^{\infty} h[l]e^{-jk\frac{2\pi}{N}l} \qquad (6\text{-}6)$$

可见，和连续时间 LTI 下的情况相同，输出信号也是复指数信号，仅是对输入信号的幅值和相位进行了"修改"。

当输入信号为周期序列时，即 $x[n] = \sum_{k=<N>} a_k e^{jk(2\pi/N)n}$。根据系统的线性性质有：

$$y[n] = \sum_{k=<N>} a_k H\left(\frac{2\pi k}{N}\right)e^{jk\frac{2\pi}{N}n} \qquad (6\text{-}7)$$

如果 b_k 为输出信号的傅里叶级数的系数，则有：

$$b_k = H\left(k\frac{2\pi}{N}\right)a_k \qquad (6\text{-}8)$$

系统对每个谐波分量的幅值和相位都进行了修改，不同谐波修改是不同的，这是因为在每个谐波频率处，$H(k2\pi/N)$ 的幅值和相位是不同的。

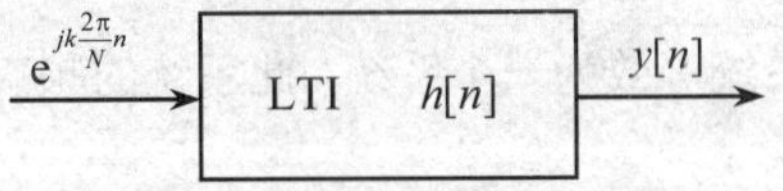

图 6-2　离散时间复指数信号通过 LTI 系统的情况

例题 6.2　考虑一个离散时间 LTI 滤波器系统，其单位冲激响应为 $h[n] = \alpha^n u[n]$（$|\alpha| < 1$），输入信号为 $x[n] = 2\cos(2\pi n/N)$，求该系统的输出 $y[n]$。

解：因为 $x[n] = e^{j\frac{2\pi}{N}n} + e^{-j\frac{2\pi}{N}n}$，那么有 $a_1 = a_{-1} = 1$。

$$H\left(\frac{2\pi k}{N}\right) = \sum_{l=-\infty}^{\infty} h[n]e^{-jk\frac{2\pi}{N}n} = \sum_{l=0}^{\infty} \alpha^n e^{-jk\frac{2\pi}{N}n} = \left(1 - \alpha e^{-jk\frac{2\pi}{N}}\right)^{-1}$$

$$y[n] = \left(1 - \alpha e^{-j\frac{2\pi}{N}}\right)^{-1} e^{jn\frac{2\pi}{N}} + \left(1 - \alpha e^{j\frac{2\pi}{N}}\right)^{-1} e^{-jn\frac{2\pi}{N}}$$

6.2　频率响应

如图 6-3 所示，信号通过 LTI 系统时，系统的输出为输入信号与单位冲激响应的卷积。傅里叶变换的卷积性质是频率滤波器的理论基础。根据傅里叶变换的卷积性质有 $Y(j\omega) = H(j\omega) X(j\omega)$，其中

$$H(j\omega) = F\{h(t)\} = \int_{-\infty}^{\infty} h(t)e^{-j\omega t}\mathrm{d}t \qquad (6\text{-}9)$$

$H(j\omega)$ 是 LTI 系统的单位冲激响应 $h(t)$ 的傅里叶变换，也被称为 LTI 系统的**频率响应**（Frequency Response）。从字面上，可以将频率响应理解为由频率来决定系统的响应，或者说对不同的频率分量产生不同的响应。在频域里面，LTI 系统输出信号的频谱等于其输入信号频谱乘以该系统的频率响应。显然，乘法比卷积更加容易实现，因此 LTI 系统的频域分析将更加简单。

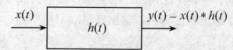

图 6-3 LTI 系统的输出为单位冲激信号与输入信号的卷积

频率响应 $H(j\omega)$ 的模 $|H(j\omega)|$ 被称为系统的**幅频特性**（Magnitude Response），频率响应 $H(j\omega)$ 的相位 $\angle H(j\omega)$ 被称为系统的**相频特性**（Phase Response）。之所以称为幅频特性和相频特性，是因为 $|H(j\omega)|$ 改变的是输出信号的幅值，幅频两个字体现的是不同的频率对应不同的幅值改变；$\angle H(j\omega)$ 改变的是输出信号的相位，相频两个字体现的是不同的频率对应不同的相位改变。

对于图 6-4 中由两个子系统级联而成的系统，在时域中系统的输入输出关系为 $y(t)=x(t)*h_1(t)*h_2(t)$，根据卷积的交换率，上式中的卷积顺序是可以任意改变的。在频域中，卷积关系会变成乘积关系，输出可以表达为

$$Y(j\omega)=H_1(j\omega)\,H_2(j\omega)\,X(j\omega)=H_2(j\omega)\,H_1(j\omega)\,X(j\omega) \tag{6-10}$$

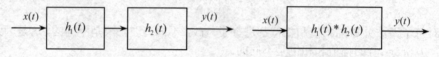

图 6-4 从时域看 LTI 系统的级联

如图 6-5 所示，两个级联系统等效为一个系统，此系统的频率响应函数是两个串联系统频率响应函数的乘积。

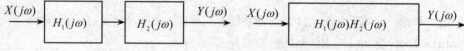

图 6-5 从频域看 LTI 系统的级联

从频域的观点来看，$H(j\omega)$ 也可以看成是对 LTI 系统的刻画和描述。根据傅里叶变换的收敛性讨论，$H(j\omega)$ 收敛的充分条件为：

（1）系统稳定，$\int_{-\infty}^{\infty}|h(t)|\,\mathrm{d}t<\infty$。

（2）单位冲激响应在有限的区间内只有有限个极值点。

（3）单位冲激响应在有限的区间内只有有限个不连续点。

离散时间系统的讨论也是类似的，离散时间序列通过 LTI 系统，其输出为输入序列 $x[n]$ 和 LTI 系统单位冲激响应 $h[n]$ 的卷积：$y[n]=x[n]*h[n]$，那么在频域中有：

$$Y(\mathrm{e}^{j\omega})=X(\mathrm{e}^{j\omega})H(\mathrm{e}^{j\omega}) \tag{6-11}$$

其中，$H(\mathrm{e}^{j\omega})$ 是 LTI 系统的单位冲激响应的频谱，即：

$$H(\mathrm{e}^{j\omega})=\mathrm{DTFT}\{h[n]\}=\sum_{n=-\infty}^{\infty}h[n]\mathrm{e}^{-j\omega n} \tag{6-12}$$

在这里，$H(\mathrm{e}^{j\omega})$ 称为系统的**频率响应**。

例题 6.3 分析单位冲激响应为 $h[n]=\delta[n-n_0]$ 的 LTI 系统。

解：先求出系统的频率响应：

$$H(\mathrm{e}^{j\omega})=\sum_{n=-\infty}^{\infty}h[n]\mathrm{e}^{-j\omega n}=\sum_{n=-\infty}^{\infty}\delta[n-n_0]\mathrm{e}^{-j\omega n}=\mathrm{e}^{-j\omega n_0}$$

再利用卷积性质进行频域分析有：

$$Y(e^{j\omega}) = X(e^{j\omega})H(e^{j\omega}) = e^{-j\omega n_0} X(e^{j\omega})$$

根据时移性质有：

$$y[n] = x[n - n_0]$$

说明该 LTI 系统是一个延时器。

根据傅里叶变换的讨论，稳定的 LTI 系统，其频率响应一定收敛。

6.3 频域滤波的基本概念

本节考虑基于频率的滤波的一般情况。许多情况下，我们需要调整信号的频率分量的幅值和相位，也就是说，抑制一些频率分量，保持或者放大另一部分频率分量，这个过程称为**基于频率的滤波**，简称**频域滤波**。这里还要强调一点，频域滤波仅是滤波器中的一种类型，一般来说滤波不一定以频率分量为调整对象，例如时间信号处理中的相关滤波和卡尔曼滤波就是一种时域内的滤波，修改的是时间序列在不同时间点上的取值；又如图像处理中采用的中值滤波器是在空间域内的一种滤波，修改的是不同空间位置上图像像素的取值等。

实现滤波过程的数学或物理系统称为**滤波器**。最直观的滤波系统就是对声音的处理系统，例如收音机的选频电路、Hi-Fi 的均衡器、音箱的分频器、音效生成器等。本节仅介绍一些滤波的基本概念，讨论也只限于 LTI 滤波器系统，但是这些概念适合于任何系统的讨论。

在连续时间 LTI 系统里面，输出信号的傅里叶变换等于输入信号的傅里叶变换乘以系统的频率响应，即 $Y(j\omega) = X(j\omega)H(j\omega)$。频率响应 $H(j\omega)$ 反映了系统对于不同的频率分量幅值和相位的修改。

这里举一个理想滤波器的例子，如果系统的频率响应 $H(j\omega)$ 如图 6-6 所示，即：

$$H(j\omega) = \begin{cases} 1 & |\omega| \leqslant \omega_c \\ 0 & |\omega| > \omega_c \end{cases} \tag{6-13}$$

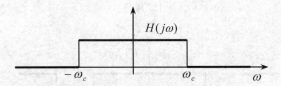

图 6-6 理想低通滤波器的频率响应

此滤波器仅对输入信号频率分量的幅值进行修改，不改变信号各频率分量的相位。我们将该系统称为**理想低通滤波器**（Ideal Lowpass Filter）。滤波对输入信号中频率低于 ω_c 的部分保持一个恒定的加权系数，而完全抑制掉输入信号中频率高于 ω_c 的部分。有时也将 $H(j\omega)$ 表示为 $H_{LP}(j\omega)$。滤波器抑制信号的频率范围称为**阻带**（Stopband），准许通过的频率范围称为**通带**（Passband），阻带和通带的结合部的频率 ω_c 称为**截止频率**（Cut-off Frequency）。实际使用的滤波器，其通带和阻带的过渡是一个渐变的过程，不会存在这个例子中锐止的情况。

如果系统的频率响应如图 6-7 所示，即：

$$H(j\omega) = \begin{cases} 1 & |\omega| \geqslant \omega_c \\ 0 & |\omega| < \omega_c \end{cases} \tag{6-14}$$

该系统对于输入信号中频率高于 ω_c 的部分保持一个恒定的加权系数，而完全抑制掉输入信号中频率低于 ω_c 的部分，我们将该系统称为**理想高通滤波器**（Ideal Highpass Filter）。有时也将 $H(j\omega)$ 表示为 $H_{HP}(j\omega)$。

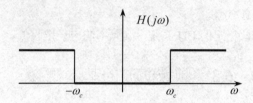

图 6-7 理想高通滤波器的频率响应

如果系统的频率响应如图 6-8 所示，即：

$$H(j\omega)=\begin{cases} 1 & \omega_{c2} \geqslant |\omega| \geqslant \omega_{c1} \\ 0 & \text{其他} \end{cases} \qquad (6\text{-}15)$$

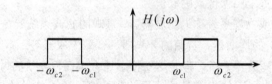

图 6-8 理想带通滤波器的频率响应

该系统对于输入信号中频率处于 ω_{c1} 和 ω_{c2} 之间的部分保持一个恒定的加权系数，而完全抑制掉输入信号中的其他部分，我们将该系统称为**理想带通滤波器**（Ideal Bandpass Filter），有时也将 $H(j\omega)$ 表示为 $H_{BP}(j\omega)$。

如果系统的频率响应如图 6-9 所示，即：

$$H(j\omega)=\begin{cases} 0 & \omega_{c2} \geqslant |\omega| \geqslant \omega_{c1} \\ 1 & \text{其他} \end{cases} \qquad (6\text{-}16)$$

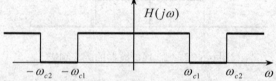

图 6-9 理想带阻滤波器的频率响应

该系统完全抑制掉输入信号中频率处于 ω_{c1} 和 ω_{c2} 之间的部分，而对于输入信号中的其他部分保持一个恒定的加权系数，我们将该系统称为**理想带阻滤波器**（Ideal Bandstop Filter），有时也将 $H(j\omega)$ 表示为 $H_{BS}(j\omega)$。

因为理想滤波器是非因果的，在需要对信号进行实时处理的应用场合，理想滤波器往往是不可用的。此外理想滤波器在截止频率处是锐止的，这会造成其在时域内有持续期很长的振荡现象，这种振荡模式很可能会出现在滤波后的信号中，造成信号的一种污染，这也是理想滤波器在实际中并没有广泛使用的原因之一。

图 6-10 所示是信号分别通过低通、带通、高通和带阻滤波器的情况，其中（a）是输入信号的频谱幅值 $|X(j\omega)|$，（b）是低通滤波器的频率响应 $H_{LP}(j\omega)$，（c）是带通滤波器的频率响应 $H_{BP}(j\omega)$，（d）是高通滤波器的频率响应 $H_{HP}(j\omega)$，（e）是带阻滤波器的频率响应 $H_{BS}(j\omega)$，（f）是低通滤波器的输出信号的频谱 $Y_{LP}(j\omega)$，（g）是带通滤波器的输出信号的频谱 $Y_{BP}(j\omega)$，（h）是高通滤波器的输出信号的频谱 $Y_{HP}(j\omega)$，（i）是带阻滤波器的输出信号的频谱 $Y_{BS}(j\omega)$。

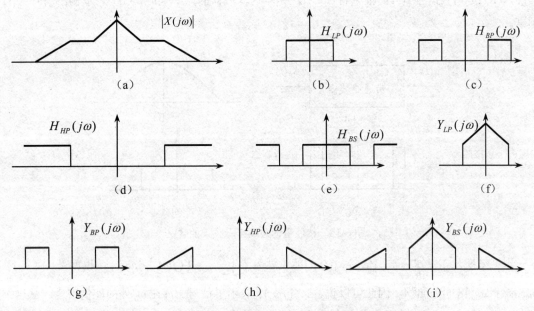

图 6-10　信号通过低通、带通、高通和带阻滤波器的情况

实际中使用的滤波器总是理想滤波器的近似。频率响应接近理想低通滤波器的频率滤波器，被称为**低通滤波器**；频率响应接近理想高通滤波器的频率滤波器，被称为**高通滤波器**；频率响应接近理想带通滤波器的频率滤波器，被称为**带通滤波器**；频率响应接近理想带阻滤波器的频率滤波器，被称为**带阻滤波器**。

微分器 $y(t) = \mathrm{d}x(t)/\mathrm{d}t$ 是一种典型的高通滤波器。通过傅里叶变换的微分性质，很容易得到其频率响应如下：

$$H(j\omega) = j\omega \tag{6-17}$$

图 6-11 所示是微分器的频率响应的模 $|H(j\omega)|$ 和相位 $\angle H(j\omega)$。

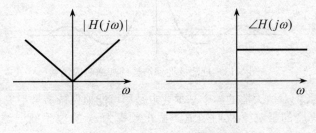

图 6-11　微分器的幅频特性和相频特性

信号高频率部分对应于时域里面变化快的部分，其幅值的放大倍数 $|\omega|$ 也大，因此这部分被相

对放大；信号低频率部分对应于时域里面变化慢的部分，其幅值的放大倍数 $|\omega|$ 也小，因此这部分被相对抑制。

对于连续时间周期信号来说，频谱系数 a_k 的含义是十分明确的。对于一般的连续时间信号，我们可借助于带通滤波器和帕斯瓦尔定律来进一步理解其频谱 $X(j\omega)$ 的含义。如图 6-12 所示，我们用通带为 $[\omega_0,\omega_0+\Delta\omega]$ 的带通滤波器对连续时间信号 $x(t)$ 进行滤波，其中（a）是带通滤波器的框图，（b）是输入信号 $x(t)$ 的幅频特性，（c）是带通滤波器的频率响应，（d）表示输出信号 $x_0(t)$ 的频谱。

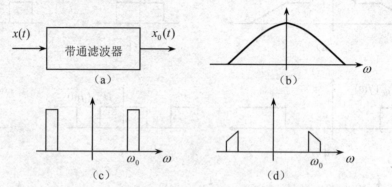

图 6-12　从能量的角度来看频谱的含义

根据帕斯瓦尔定律，输出信号 $x_0(t)$ 的能量就等于 $\int_{\omega_0}^{\omega_0+\Delta\omega}|X(j\omega)|^2\,\mathrm{d}\omega/2\pi$，也就是 $|X(j\omega)|^2$ 在 $[\omega_0,\omega_0+\Delta\omega]$ 区间的面积。因此可以说，$|X(j\omega_0)|^2$ 表示了信号 $x(t)$ 在 ω_0 处的能量密度。从这个意义上来说，$|X(j\omega)|^2$ 与功率的含义类似，所以也称其为功率谱。

在电子系统中，放大器是一个常用的部件。一个理想的通带放大器能够对信号的全频域分量进行放大，同时能够保证信号不失真。也就是说，放大器幅频特性应该为常数，相频特性为 0。但是实际放大器是很难做到的。因为分布参数和动态元件的存在，系统在高频段的放大倍数会衰减，输出信号的相位相对于输入信号会有延时。那么，退而求其次，我们往往将理想低通滤波器和线性的相频特性作为通常放大器的模型。图 6-3 中的截止频率 π/ω_c 又称为放大器的**带宽**。我们在前面的分析中知道，线性的相频特性不会产生相位失真。

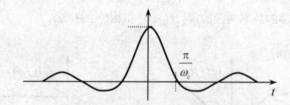

图 6-13　理想低通滤波器的冲激响应函数

在电子电路中，我们对放大器的一个基本要求是尽可能地保持信号不失真，下面分析一下放大器的带宽对信号保真度的影响。我们知道，截止频率为 ω_c 的理想低通滤波器单位冲激响应为 $\omega_c Sa(\omega_c t)/\pi$，即：

$$\frac{\omega_c}{\pi}Sa(\omega_c t)\quad \underline{F}\quad H_{LP}(\omega) \tag{6-18}$$

单位冲激响应函数 $\omega_c Sa(\omega_c t)/\pi$ 的第一个过零点在 $t = \pi/\omega_c$ 处，也就是说响应的主瓣的宽度为 $2\pi/\omega_c$，冲激信号的主要能量分布在此主瓣内。可以看出，放大器的频带越宽，其单位冲激响应的主瓣越窄；反之则越宽。主瓣越宽，和输入信号进行卷积时信号的变形也就越大；主瓣越窄，和输入信号进行卷积时信号的变形也就越小。换句话说，放大器系统的带宽越大，其冲激响应函数在时域中的能量分布就越集中，对输入信号进行滤波时，信号的变形失真也就越小；放大器系统的带宽越窄，其冲激响应函数在时域中能量的分布也就越分散，对输入信号进行滤波时，信号的变形失真也就越大。

研讨环节：利用频率滤波实现信号增强

引言

所谓滤波，其实就是对信号中无用的或者起干扰作用的成分进行消除或者减弱，对那些有用的或者感兴趣的成分进行保留或者增强的处理。当然，消除或者减弱干扰成分，相对的就会起到增强有用成分的作用。如果我们采用傅里叶级数/傅里叶变换的思路对信号进行分析，那么得到的这些所谓的"成分"就是不同频率的正弦波信号及其加权值。这样一来，消除或者减弱干扰成分就变成了对这些成分的加权系数进行置零或者变小的操作。这些加权值所在的数域我们习惯上称之为"频域"，频域中的每个数值称为"频率成分"。如果使用的是连续时间傅里叶分解，那么这些频率成分是连续分布的，如果是离散时间傅里叶变换，那么这些频率成分是离散分布的。现在"频率滤波"就变成了对这些加权系数（频率成分）再次进行加权的操作。"加权系数"的整体组成"频率滤波器"。只不过这里的加权系数是复数，也就是频率滤波时不但会修改加权系数的幅值还会修改其相位。对于两个滤波过程，即使对幅值的修改完全相同，如果对相位的修改不同也会产生完全不同的滤波结果。所以在进行滤波时幅值和相位需要同时考虑。但是如果仅是考察一个频率成分是相对得到增强还是减弱，那么就只需要考虑幅值了。幅值高于 1，相应频率成分在最终信号中的"影响力"就会提升；幅值小于 1，相应频率成分在最终信号中的"影响力"就会受到抑制。其实在判断频率成分是增强还是抑制时，也不见得要用"1"作为参考，只要一个加权值的幅值高于所有加权值幅值的平均值，那么对应的频率成分就是被加强的，反之如果小于平均值，其相对的频率成分就是被抑制的。

研讨提纲

1. 理想的频率滤波器在实际应用中会遇到哪些问题？如何解决这些问题？
2. 在设计滤波器时如何对滤波器的相位进行设计？
3. 实际工程中有哪些频率滤波的例子？

思考题与习题六

一个连续时间 LTI 系统的频率响应是：

$$H(j\omega) = \frac{\sin(4\omega)}{\omega}$$

如果输入为一个周期 T=8 的周期信号：

$$x(t) = \begin{cases} 1 & 0 \leqslant t < 4 \\ -1 & 4 \leqslant t < 8 \end{cases}$$

求系统的输出 $y(t)$ 。

第 7 章

采样

目前大部分的信号处理系统是数字化的，并且其计算规模、速度和智能水平已经达到相当高的水平，这些都是模拟系统不能比拟的。另一方面，随着科技领域的不断进步，我们需要分析、建模、控制的物理系统也变得越来越复杂，反过来对信息处理系统提出了越来越高的要求，而模拟信息处理系统已经不能满足工程要求，数字信息处理系统在大部分工程应用中都成为了不能缺少的组成部分。

要利用现代科技发展起来的数字化计算和软硬件分析系统，我们就需要实现模拟系统和模拟信号的数字化分析和处理，这时我们经常面临的问题是：模拟系统通过什么样的方式才可以利用数字化系统对其进行分析、建模和控制？如何将一个现有的模拟系统转换成具有相同功能的数字化系统？这些问题都可以通过本章所要讨论的采样及其相关技术解决。

本章的目的是：在连续时间信号和离散时间信号之间建立联系；在连续时间系统和离散时间系统之间建立联系；研究连续时间信号在数字化系统里的表达方式。

7.1 奈奎斯特定理

要对模拟信号进行数字化分析和处理，就要对模拟信号进行采样和数字化。对于时间信号来说，**采样**（Sampling）就是按照恒定的时间间隔 T（非恒定时间间隔的采样不在我们的讨论范围之内）对一个连续时间信号 $x_c(t)$，离散地取样本值 $x_c(nT)$，得到离散时间信号 $x_d[n] = x_c(nT)$。

本节讨论的就是连续时间信号的样本值在多大程度上可以代表原信号，在样本值上得到的结果是否可以应用于原连续时间信号。我们知道，连续时间信号的定义域是实数域，$t \in R$，任何两个时间点之间都有无穷多个时间点。工程上，我们一般是对连续信号进行等间隔的采样，从而形成离散时间信号，用这些有限的样本值来表示稠密的连续时间信号。在实际的物理世界中，物理对象的变化很多都是比较慢的，或者遵循某种分布规律，例如电容两端的电压，t 时刻的电压为 x，$t+\Delta t$ 时刻的电压也在 x 附近，虽然电压值是随机的，但是其分布有规律可循。因为分布参数和动态元件的存在，稠密的连续信号并不包含无限多的信息。用有限样本值来表示连续信号的方式是可能满足工程实际需要的。比如数字照相机就是就连续的光流场在空间上的均匀采样，当采样的间隔比较小或者说相机的空间分辨率比较高时，离散图像还是可以很好地表示我们看到的场景的。

连续时间信号 $x(t)$ 的**带宽**（Bandwidth）为 ω_M，那么意味着其频谱 $X(j\omega)$ 满足：$\forall |\omega| > \omega_M$，$X(j\omega) = 0$。如果信号 $x(t)$ 的带宽有限，则被称为**带限信号**（Band-Limited Signal）。由于物理系统的慢变特性、参数变化限制、结构限制等，系统中的电压、电流、位置、能量等物理量不会在无限短的时间内发生突变，所以相应信号的频谱也不会包含无限高的频率分量。又如在级联系统中，如果前一级系统是有限带宽的，那么整个系统也会是有限带宽的。例如，虽然自然的声音信号具有很高的频率，但是麦克风的带宽有限，这就使得信号处理系统的输入信号是有限带宽的信号；虽然自然的图像信号具有很高的频率，但是作为图像采集设备的摄像机，其硅靶的分辨率是有限的，也就是说摄像机的带宽有限，这就使得图像处理系统的输入信号是有限带宽的图像信号。因此，实际的物理信号、物理系统基本上可以被认为是有限带宽的。

频域里面带宽有限的信号，其时域里面的信息量是有限的，所以也就有可能用一个离散采样完备地表示一个带宽有限的连续时间信号。

下面考察一下利用采样将连续时间信号变成离散时间信号的过程。在实际的物理过程中，采样一般是由一个电子开关实现的。图 7-1 所示是连续时间信号的采样过程示意图，可以用一个周期方波与连续时间信号的乘积来描述这个采样过程，其中（a）是采样过程的数学模型，（b）是原信号 $x(t)$ 的波形，（c）是周期方波信号 $p(t)$ 的波形，（d）是输出 $y(t)$ 的波形。

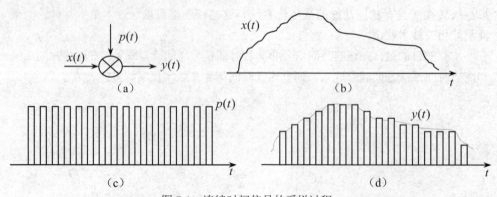

图 7-1　连续时间信号的采样过程

图 7-1（c）的周期方波每个方波的宽度在工程上是很小的，接近于冲激信号。我们知道，冲激信号的一些特性能够帮助我们简化分析，所以在图 7-2 中，用冲激信号替代周期方波信号。从能量观点来看，用冲激串来模拟物理的采样过程是合适的，这是因为冲激串仅是在个别时间点上有非零定义，并且在每个非零的时间点上能量是有限的。

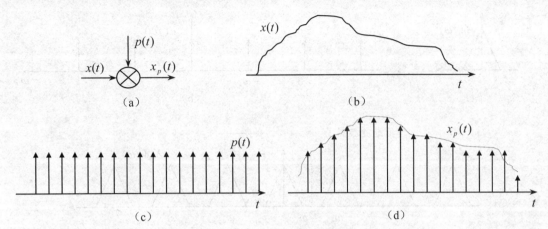

图 7-2 连续时间信号采样的数学模型

后面将可以看到图 7-2 所示的这个模型可以表示各种采样过程。下面以图 7-2 所示的数学模型为基础，分析采样过程中各种信号在频域上的关系。图 7-2 中，$p(t)$ 为采样函数，它是一个周期冲激串，可以解析地表达为：

$$p(t) = \sum_{n=-\infty}^{\infty} \delta(t-nT) \tag{7-1}$$

其中，T 为**采样间隔**（Sampling Interval），也称为**采样周期**。$x_p(t)$ 是 $p(t)$ 和 $x(t)$ 的乘积。

$$x_p(t) = x(t)p(t) = \sum_{n=-\infty}^{\infty} x(t)\delta(t-nT) = \sum_{n=-\infty}^{\infty} x(nT)\delta(t-nT) \tag{7-2}$$

上式中，$x(t)$ 是原信号，$p(t)$ 为采样函数，$x_p(t)$ 为原信号 $x(t)$ 被采样后得到的信号，也是一个冲激串。在这里，$x_p(t)$ 只是一个中间过程，并不是数字系统可以直接使用的，其作用是帮助我们进行分析，相当于平面几何里面的一条辅助线。我们先不去考虑工程上如何得到一个实际的冲激串，而是仅在数学上做一个讨论。由连续时间信号 $x(t)$ 的样本值 $x(nT)$ 来构造一个冲激串 $x_p(t)$ 却是完全合理的。

根据连续时间傅里叶变换的相乘性质，可以得到 $x_p(t)$ 的频谱为：

$$X_p(j\omega) = \frac{1}{2\pi}[X(j\omega) * P(j\omega)] \tag{7-3}$$

采样函数 $p(t)$ 是一个以 T 为周期的周期信号，由例题 4.7 可得其傅里叶变换为：

$$P(j\omega) = \frac{2\pi}{T} \sum_{k=-\infty}^{\infty} \delta(\omega - k\omega_s) \tag{7-4}$$

其中 $\omega_s = 2\pi/T$ 为采样频率，将式（7-4）代入式（7-3），那么：

$$X_p(j\omega) = \frac{1}{T} \sum_{k=-\infty}^{\infty} X(j(\omega - k\omega_s)) \tag{7-5}$$

结合图 7-3，考虑一个带宽为 ω_M 的带限信号 $x(t)$。图 7-3 中，（a）是信号 $x(t)$ 的频谱 $X(j\omega)$， （b）是采样函数 $p(t)$ 的频谱 $P(j\omega)$，（c）是 $x_p(t)$ 的频谱 $x_p(t)$。

从图 7-3 中可以看出，当采样频率 ω_s 满足 $\omega_s - \omega_M > \omega_M$，即 $\omega_s > 2\omega_M$ 时，式（7-5）中相加的各频谱之间不会产生**混叠**（Aliasing）。如图 7-3（c）所示，使用一个截止频率在 ω_M 和 ω_s 之间的低通滤波器就可以从信号 $x_p(t)$ 中恢复原信号 $x(t)$。

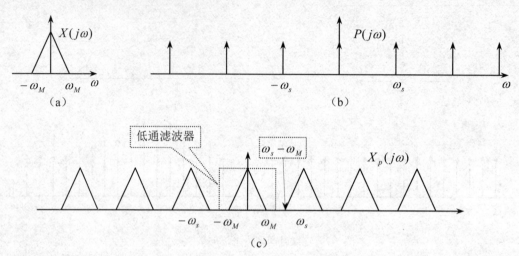

图 7-3　带宽有限的连续时间信号的采样过程

采样定理（Sampling Theorem）：对于一个带宽为 ω_M 的带限信号 $x(t)$ 采样，如果 $\omega_s > 2\omega_M$（其中 $\omega_s = 2\pi/T$，T 为采样周期），则 $x(t)$ 可以完全地由其样本 $x(nT)$ 所确定。$2\omega_M$ 称为采样的**奈奎斯特率**（Nyquist Rate）。

当采样过程满足采样定理时，由离散时间样本信号 $x(nT)$ 完全恢复原信号 $x(t)$ 的完整过程如下：

$$x(nT) \rightarrow x_p(t) \rightarrow X_p(j\omega) \rightarrow X(j\omega) \rightarrow x(t) \qquad (7\text{-}6)$$

由离散时间样本信号 $x(nT)$ 构造冲激串信号 $x_p(t)$，对 $x_p(t)$ 进行傅里叶变换得到 $X_p(j\omega)$，对其进行低通滤波得到原信号的完整频谱信号 $X(j\omega)$，对 $X(j\omega)$ 进行傅里叶反变换得到原信号 $x(t)$。

采样定理又被称为**奈奎斯特定理**（Nyquist Theorem），该定理清晰地表达了采样频率和信号带宽的关系。在保持原信号所有信息的前提下，原信号的高频成分越多（细节越多），数字化的时候所要求的采样就越密集。例如，对于一个最高频率为 50Hz 的信号进行采样，如果要求保持原信号的所有信息，就需要 100Hz 以上的采样频率。

7.2　零阶保持采样

所谓**零阶保持采样**（Sample and Hold），对于一维信号而言，就是以定义域上某一个点的值来代替一定范围内周围点的值，以实现对原信号的一种近似。图 7-4 给出了一个零阶保持信号对一个光滑信号近似的例子，其中虚线部分表示原信号 $x(t)$，实线部分表示零阶保持采样信号 $x_0(t)$。目前电子系统中的 A/D 环节大部分采用的就是这种零阶保持 A/D 转换器。对于二维图像而言，零阶保持采样就是所谓的马赛克信号，也就是以空间上一个点的值来代替其周围方块区域内所有点的值。电视里面经常可以看到马赛克处理后的画面，例如为了不暴露某人的面目，会对其面部进行马赛克处理。这种马赛克处理可以理解成一种采样频率过低的空间零阶保持采样，因为采样频率过低，所以丢失了原信号的重要甚至关键的信息。当然在大部分应用中，因为采样频率是比较高的，所以零阶保持采样可以很好地近似原信号，加之零阶保持采样在电路上容易实现，成本也较低，所以在工程中有广泛的应用。

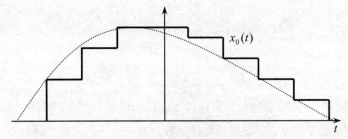

图 7-4　连续时间信号的零阶保持采样

可以将零阶保持信号 $x_o(t)$ 看成冲激串信号 $x_p(t)$ 与一个方波信号 $h_o(t)$ 的卷积。方波信号 $h_o(t)$ 如图 7-5 所示，其宽度为 T，幅值为 1。图 7-6 所示是冲激串信号 $x_p(t)$ 与方波信号 $h_o(t)$ 的卷积。

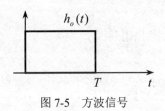

图 7-5　方波信号

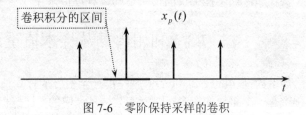

图 7-6　零阶保持采样的卷积

显然有：

$$x_o(t) = x_p(t) * h_o(t) \tag{7-7}$$

之所以将 $x_o(t)$ 称为 $x(t)$ 的零阶保持是因为 $x_o(t)$ 是不连续的，$x_o(t) \in C^0$。

为了从零阶保持信号 $x_o(t)$ 恢复冲激串信号 $x_p(t)$ 进而恢复原信号 $x(t)$，我们使用一个 LTI 系统 $H_r(j\omega)$ 对零阶保持信号 $x_o(t)$ 进行滤波就能达到目的，只要使得 $H_r(j\omega)$ 与 $H_o(j\omega)$ 的级联等价于一个理想低通滤波器 $H_{LP}(j\omega)$，即 $H_{LP}(j\omega) = H_o(j\omega)H_r(j\omega)$，其中 $H_o(j\omega)$ 是 $h_o(t)$ 的频率响应。但是需要强调的是，能够完全恢复原信号的前提是：原信号是有限带宽的，并且信号的带宽小于低通滤波器 $H_{LP}(j\omega)$ 的带宽。只有当信号是有限带宽的，才可能使用其采样信号来完备表示。

现在，先设法求出 $h_o(t)$ 的傅里叶变换 $H_o(j\omega)$，先考虑一个如图 7-7 所示的宽度为 T 的偶方波信号。例题 4.3 已经求出了图 7-7 所示方波信号的傅里叶变换为 $2\sin(\omega T/2)/\omega$。图 7-8 所示为该方波信号的时移，根据傅里叶变换的时移性质，我们有：

$$H_o(j\omega) = \mathrm{e}^{-j\frac{\omega T}{2}}\frac{2\sin(\omega T/2)}{\omega} \tag{7-8}$$

图 7-7　偶方波信号

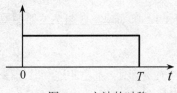

图 7-8　方波的时移

容易发现，只要 $H_r(j\omega)$ 取为：

$$H_r(j\omega) = e^{j\frac{\omega T}{2}} \frac{\omega}{2\sin(\omega T/2)} H_{LP}(j\omega) \tag{7-9}$$

其中

$$H_{LP}(j\omega) = \begin{cases} 1 & |\omega| < \omega_s \\ 0 & |\omega| > \omega_s \end{cases}$$

即可保证 $H_o(j\omega)H_r(j\omega)=H_{LP}(j\omega)$。

在 7.1 和 7.2 节中，我们讨论了两种采样方法，它们都实现了利用离散时间样本值对原信号进行完备表示，也都实现了由样本值完备恢复原信号。在物理世界中，冲激串信号 $x_p(t)$ 是不可实现的，它仅是一个理想的数学模型，所以使用采样函数对原信号进行采样是物理不可实现的。而零阶保持采样却是可以物理实现的。所以当仅需对采样过程和采样信号进行理论分析时，使用采样函数进行采样是比较方便的，其推导过程会显得简洁和直观。但如果涉及到采样的工程实现，那么零阶保持采样就是有限的选择了。不过需要强调的是，在利用样本值重建原信号时，两种采样都一样是物理不可实现的，因为两者在恢复原信号时都需要使用理想低通滤波器，而理想低通滤波器是物理不可实现的，在工程上仅能使用它的某种近似来完成信号的重建。

7.3　利用内插从样本值重建连续时间信号

所谓**内插**（Interpolation），就是用连续信号的样本值来**重建**（Reconstruction）该信号。内插在工程上是一个重要的概念，因为实数域是稠密的，计算机无法存储和处理一个连续信号 $x(t)$，但是可以存储这个信号的一组样本值 $x[n]$。如果这组样本值能够完全重建或者近似重建信号，那么这种重建就是有意义的。

7.3.1　带限内插

所谓**带限内插**，就是对于带限信号 $x(t)$，在采样间隔足够小、频率足够高，达到奈奎斯特率时，即 $\omega_s > 2\omega_M$，$x(t)$ 可由 $x[n]$ 按式（7-6）的方式重建。

考虑冲激串 $x_p(t)$ 通过理想低通滤波器的情况，$x_r(t)$ 为该理想低通滤波器的输出，$h_{LP}(t)$ 是理想低通滤波器的单位冲激响应，则有：

$$x_r(t) = x_p(t) * h_{LP}(t) \tag{7-10}$$

其中

$$x_p(t) = \sum_{n=-\infty}^{\infty} x(nT)\delta(t-nT) \tag{7-11}$$

将式（7-11）代入式（7-10），则有：

$$x_r(t) = \sum_{n=-\infty}^{\infty} x(nT)\delta(t-nT) * h_{LP}(t) = \sum_{n=-\infty}^{\infty} x(nT)h_{LP}(t-nT) \tag{7-12}$$

由例题 4.4，可知理想低通滤波器的单位冲激响应如图 7-9 所示，其解析式为：

$$h_{LP}(t) = T\frac{\omega_c}{\pi} Sa(\omega_c t) \tag{7-13}$$

由式（7-12）可见，重建的连续时间信号 $x_r(t)$ 可以看成无穷多个采样函数的线性叠加，图 7-10 反映了这个过程。也就是说，我们通过一组样本值 $x(nT) = x[n]$ 完全重建了连续信号 $x(t)$，或者说 $x[n]$ 反映了连续信号 $x(t)$ 的全部信息。

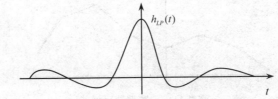

图 7-9 理想低通滤波器的单位冲激响应

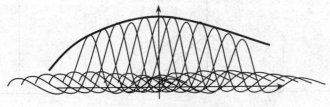

图 7-10 带限信号的内插

7.3.2 零阶保持内插

7.3.1 节给出的内插方法，其优点是：它是一种精确重建方法，其缺点是：重建过程相对复杂，计算量较大。而在大部分工程应用中，并不需要精确重建，近似重建就足够了。近似重建可以有效降低计算量，节省重建的计算成本和时间。

近似重建方法之一是用零阶保持信号 $x_o(t)$ 重建 $x(t)$，也就是利用零阶保持信号来近似原信号。这种重建方法相对于 7.3.1 节介绍的精确重建方法要简单得多。

例如，人类视觉系统对 CCD 图像的感知过程就可以理解成一个零阶保持内插过程。对于周围视场，其中的边缘和轮廓等信息是视场中的高频成分，而灰度值/颜色值相对均衡的区域信息则是视场中的低频成分。因为人类视觉的空间分辨率是有限的，对于视场中过于微小的细节是不能感知的，也就是说高频率分量对人眼是不可见的。CCD 对周围视场进行成像是一个二维采样过程，当采样频率高于一定值时，人类视觉系统对 CCD 图像和真实视场进行感知时是感觉不到差别的，或者说对人类视觉系统而言，此时的零阶保持信号和原信号是没有差别的。目前市场上出售的视网膜平板电脑，人眼就感觉不到它所呈现的图片的像素颗粒，这样对于人眼，视网膜屏上的图片（零阶保持内插信号）和连续空间的视场是没有区别的（如果不考虑深度信息和颜色失真等因素），这样的显示效果当然是令人满意的。

7.3.3 线性内插

下面讨论一种近似精度介于 7.3.1 节和 7.3.2 节方法之间的内插方法：**线性内插**，即用一个分段线性信号来近似一个连续信号。

将相邻的两个样本点用直线连接起来，从而形成折线，以折线来近似原信号。折线是连续的，但是其一阶导数不连续，属于 C^1 类信号，所以线性内插也称为**一阶保持内插**。

图 7-11 给出了一个一阶保持采样信号波形的例子，其中虚线表示原信号 $x(t)$，实折线表示一阶保持信号 $x_1(t)$。由原信号 $x(t)$ 形成一阶保持信号 $x_1(t)$ 的过程可以建模为原信号冲激串采样再级联一个三角波卷积的过程。折线 $x_1(t)$ 可以由一个三角波 $h_\Delta(t)$ 与冲激串 $x_p(t)$ 卷积得到，即 $x_1(t) = x_p(t) * h_\Delta(t)$。图 7-12 给出了这一过程。

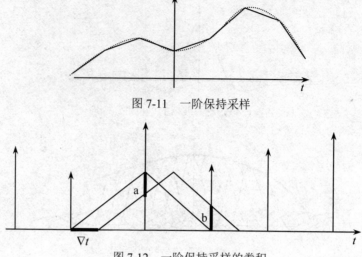

图 7-11　一阶保持采样

图 7-12　一阶保持采样的卷积

向前移动 ∇t 以后，减少的量 a 和增加的量 b 都是 ∇t 的线性函数，两个线性函数相加还是线性函数，所以卷积出来的结果是折线。

三角波可以看成两个方波的卷积：由卷积性质可得三角波信号 $h_\Delta(t)$ 的傅里叶变换 $H_\Delta(j\omega)$ 为：

$$H_\Delta(j\omega) = \frac{1}{T}\left[\frac{\sin(\omega T/2)}{\omega/2}\right]^2 \tag{7-14}$$

7.4　欠采样

根据采样定理，当采样频率 ω_s 大于 2 倍的信号带宽 ω_M 时（$\omega_s > 2\omega_M$），不会产生混叠，否则将会产生频谱的混叠。我们将采样频率小于 2 倍信号带宽的采样称为**欠采样**。

举一个正弦信号的例子，例如：

$$x(t) = \cos\omega_0 t = \frac{1}{2}e^{-j\omega_0 t} + \frac{1}{2}e^{j\omega_0 t}$$

其频谱如图 7-13 所示。图 7-14 反映了不产生混叠时频谱 $X_p(j\omega)$ 的情况，这时低通滤波器的输出为：$x_r(t) = \cos\omega_0 t$ 。

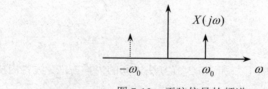

图 7-13　正弦信号的频谱

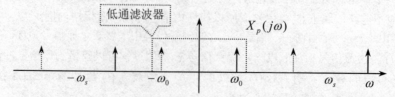

图 7-14　采样正弦信号不产生混叠的情况，虚线框为低通滤波器

图 7-15 所示是产生频谱混叠的情况，此时低通滤波器的输出为 $x_r(t) = \cos(\omega_s - \omega_0)t$。混叠时，$\omega_s < 2\omega_o$，故 $\omega_s - \omega_o < 2\omega_o - \omega_o = \omega_o$，也就是说，混叠会导致信号频率的下降。例如，50Hz 的交流电用 75Hz 频率去采样时，会得到 25Hz 的交流电。极端情况下，50Hz 的交流电用 50Hz 频率去采样时，会得到一个直流电。

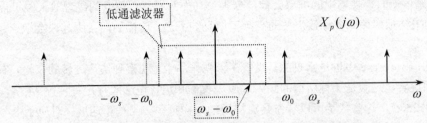

图 7-15　采样正弦信号产生混叠的情况，虚线框为低通滤波器

混叠会使信号的某些频段的信息永远丢失，如果混叠并不严重，那么丢失的是高频段的信息，如果混叠十分严重时，混叠也会发生在低频段。图 7-16 给出了一个轻度混叠的例子，（a）和（b）是两个不同信号频谱的混叠，其混叠频谱是相同的，在（c）中给出。这样，因为欠采样的原因，我们无从判断频谱（c）的原频谱是（a）还是（b）。我们利用采样信号还原原信号时将得到一个不同于两个信号的新的信号，这个信号在低频段保留了两个信号的信息，但是在高频段信息和两个信号则是不同的。如果混叠进一步严重（采样频率进一步的降低），新信号在低频段也将和两个原信号有所区别。

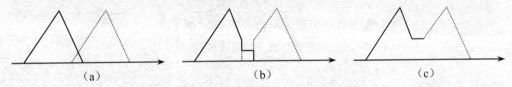

图 7-16　频谱轻度混叠导致高频部分信息的丢失

图 7-17 所示是另一个欠采样的例子。从图（a）可以直观地看出，由于采样频率 ω_s 过小，采样值无法保留原信号的所有信息，原信号的很多细节在采样中都丢失了。图（b）是欠采样的结果。和我们预想的一样，原信号的整体趋势（低频信息）得到了比较好的保留，但是原信号局部细节在重建信号中几乎都丢失了。

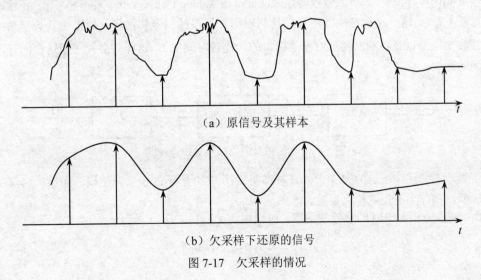

（a）原信号及其样本

（b）欠采样下还原的信号

图 7-17　欠采样的情况

　　严格地讲离散电子系统对于物理信号的采集几乎都是欠采样的过程,因为物理信号的频谱宽度一般来说是比较广的,只不过因为很多情况下高频段的信息很少,能量很低,我们可以近似地将原信号视作有限带宽信号,这时采用适当频率采样时,认为采样值可以很好地表示原信号。当然有时高频段信息如果忽略会造成重要信息的丢失,这时采样值就不能很好地表示原信号了。例如,摄像机 CCD 分辨率偏低时,视场中的细节会被部分丢失,如头发丝、树叶的纹理等人眼可能都无法分辨;麦克风的采样频率偏低会导致声波的高频率信息的丢失,这样的声音听起来会缺乏层次感,没有质感。

　　欠采样的情况在生活中也是常见的。我们在影视作品中,观察到快速旋转的车轮,有时会感觉到车轮在反向旋转,这就是一种所谓的**频闪效应**。我们知道,电影胶片是每秒钟 24 格,PAL 制式电视是每秒钟 25 帧,这些数字可以看作是对视场的采样频率。当车轮速度（对应于信号的最高频率）很快时,视频采集就是一个欠采样过程。图 7-18 反映了这种情况,采样频率偏低,无法捕捉轮子旋转方向的真实信息,在某些旋转速度范围内,我们就会产生轮子向后转的错觉。将自行车后轮的一根辐条标上颜色,摇动自行车踏板,我们就可以观察到频闪效应。

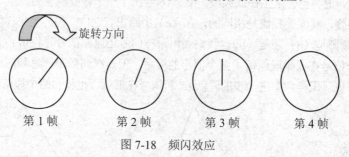

图 7-18　频闪效应

7.5　离散时间系统处理连续时间信号

　　本节讨论连续时间信号在进行离散化处理时,信号的时域和频域的变化。如图 7-19 所示,连续时间信号的离散化处理过程大致是:先利用 A/D（**模数转换**,Analog to Digital Conversion）环节将连续时间信号 $x_c(t)$ 转变成离散时间信号 $x_d[n]$,然后采用一定的离散时间算法对信号 $x_d[n]$ 进行处理,输出 $y_d[n]$,再利用 D/A（**数模转换**,Digital to Analog Conversion）环节将 $y_d[n]$ 还原成为连续时间信号 $y_c(t)$。这一结构在控制中有广泛的应用。很多控制器和信息处理机构是数字系统,但是它们接收的信号以及控制的物理对象是模拟的（连续时间的）,这样就必须采用这样的环节来完成它们间的连接。

图 7-19　连续信号的离散化处理流程图

　　在这里,先细化一下 A/D 环节。A/D 环节可用图 7-20 所示的模型来建模。当然,这仅仅是一个数学模型,物理上不是这样实现的。

　　下面研究 $x_c(t)$ 和 $x_d[n]$ 的时频域关系。时域中, $x_d[n]=x_c(nT)$ 。而

$$x_p(t) = \sum_{n=-\infty}^{\infty} x_c(nT)\delta(t-nT) \tag{7-15}$$

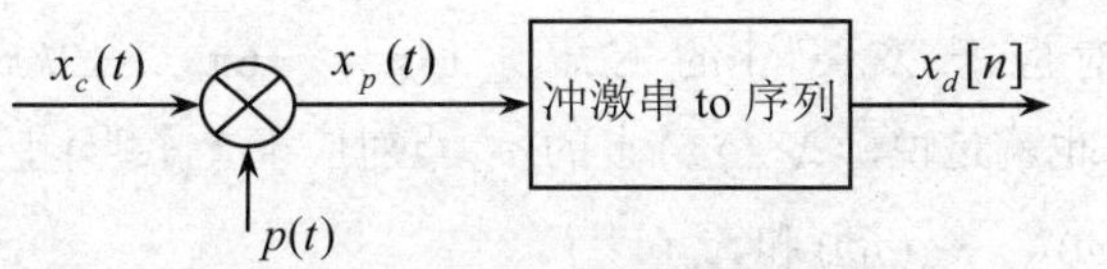

图 7-20　A/D 环节的数学模型

这里要注意的是冲激串 $x_p(t)$ 的时间轴是有量纲的，其量纲是"秒"，而 $x_d[n]$ 的时间轴是无量纲的。频域中，将式（7-15）代入傅里叶正变换式有：

$$X_p(j\omega) = \int_{-\infty}^{\infty} x_p(t)\mathrm{e}^{-j\omega t}\mathrm{d}t = \int_{-\infty}^{\infty} \mathrm{e}^{-j\omega t} \sum_{n=-\infty}^{\infty} x_c(nT)\delta(t-nT)\mathrm{d}t$$

$$= \sum_{n=-\infty}^{\infty} x_c(nT)\int_{-\infty}^{\infty} \mathrm{e}^{-j\omega t}\delta(t-nT)\mathrm{d}t = \sum_{n=-\infty}^{\infty} x_d[n]\mathrm{e}^{-j\omega nT} \tag{7-16}$$

而 $x_d[n]$ 的离散时间傅里叶变换是：

$$X_d(\mathrm{e}^{j\Omega}) = \sum_{n=-\infty}^{\infty} x_d[n]\mathrm{e}^{-j\Omega n} \quad （其中 x_d[n]=x_c(nT)） \tag{7-17}$$

比较式（7-16）和式（7-17）可以得出：

$$X_p(j\omega) = X_d(\mathrm{e}^{j\Omega})\big|_{\Omega=\omega T} = X_d(\mathrm{e}^{j\omega T}) \tag{7-18}$$

这样就在 $x_p(t)$ 的连续时间傅里叶变换 $X_p(j\omega)$ 和 $x_d[n]$ 的离散时间傅里叶变换 $X_d(\mathrm{e}^{j\Omega})$ 之间建立了一种变换关系。式（7-18）还可以表示为：

$$X_d(\mathrm{e}^{j\Omega}) = X_p\left(j\frac{\Omega}{T}\right) \tag{7-19}$$

式（7-18）和式（7-19）说明 $X_p(j\omega)$ 和 $X_d(\mathrm{e}^{j\Omega})$ 在形状上是一致的，只是尺度和量纲不一样。从 $X_p(j\omega)$ 变换到 $X_d(\mathrm{e}^{j\Omega})$，或者从 $X_d(\mathrm{e}^{j\Omega})$ 变换到 $X_p(j\omega)$，仅需要进行自变量的尺度变换和量纲调整即可。

下面来讨论量纲的问题。离散时间傅里叶变换 $X_d(\mathrm{e}^{j\Omega})$ 中，Ω 的量纲是弧度（rad），这一点可以从离散时间傅里叶变换的定义式看出：

$$X_d(\mathrm{e}^{j\Omega}) = \sum_{n=-\infty}^{\infty} x_d[n]\mathrm{e}^{-j\Omega n} \tag{7-20}$$

从关系式 $\Omega = \omega T$ 也可以看出此点。

连续时间傅里叶变换 $X_p(j\omega)$ 中 ω 的量纲是弧度/秒（rad/s），这一点可从连续时间傅里叶变换的定义式看出：

$$X_p(j\omega) = \int_{-\infty}^{\infty} x_p(t)\mathrm{e}^{-j\omega t}\mathrm{d}t \tag{7-21}$$

在研究 $X_d(\mathrm{e}^{j\Omega})$ 和 $X_p(j\omega)$ 之间关系的时候，量纲能够起到一定的辅助作用。

又因为：

$$X_p(j\omega) = \frac{1}{T}\sum_{k=-\infty}^{\infty} X_c(j(\omega-k\omega_s)) \quad （其中 \omega_s = \frac{2\pi}{T}） \tag{7-22}$$

$X_p(j\omega)$ 和 $X_d(\mathrm{e}^{j\Omega})$ 都是周期函数，$X_p(j\omega)$ 以 ω_s 为周期，而离散傅里叶时间变换 $X_d(\mathrm{e}^{j\Omega})$ 是以 2π 为周期的。

下面讨论 $X_p(j\omega)$ 和 $X_d(\mathrm{e}^{j\Omega})$ 在函数波形上的对应关系。当 $\omega = \omega_s$ 时，由 $\omega_s T = 2\pi$ 和 $X_p(j\omega) = X_d(\mathrm{e}^{j\omega T})$，可以得到 $X_p(j\omega_s) = X_d(\mathrm{e}^{j\omega_s T}) = X_d(\mathrm{e}^{j2\pi})$。也就是说，$X_p(j\omega)$ 的 $\pm\omega_s$、$\pm 2\omega_s$、

$\pm3\omega_s \dots \pm k\omega_s \dots$ 分别对应于 $X_d(e^{j\Omega})$ 的 $\pm2\pi$、$\pm4\pi$、$\pm6\pi \dots \pm2k\pi \dots$。当 $\omega=\omega_M$ 时，有 $X_p(j\omega_M) - X_d(e^{j\omega_M T})$，也就是说，$X_p(j\omega)$ 上的 ω_M 点对应于 $X_d(e^{j\Omega})$ 上的 $\omega_M T$ 点。图 7-21（a）、(b)、(c) 分别为 $X_c(j\omega)$、$X_p(j\omega)$ 和 $X_d(e^{j\Omega})$。

从 $X_d(e^{j\Omega})$ 和 $X_c(j\omega)$ 的波形关系可以看出，连续信号的低频部分反映在离散信号的频谱里面，分布在 0、$\pm2\pi$、$\pm4\pi$、$\pm6\pi\dots$附近；高频部分在离散信号的频谱里面，分布在 $\pm\pi$、$\pm3\pi$、$\pm5\pi\dots$ 附近。

下面讨论 D/A 转换过程。D/A 环节可用图 7-22 所示的数学模型来建模。

和上面的分析相同，可以得到 $y_d[n]$ 和 $y_c(t)$ 在频域中的关系为：

$$Y_p(j\omega) = Y_d(e^{j\Omega})\big|_{\Omega=\omega T} = Y_d(e^{j\omega T}) \tag{7-23}$$

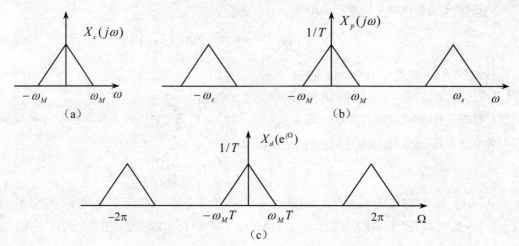

图 7-21　采样冲激串信号和离散信号的频谱

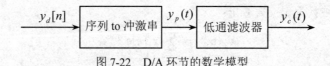

图 7-22　D/A 环节的数学模型

下面考虑连续时间信号离散化处理的全过程。整个系统如图 7-23 所示，其中低通滤波器的截止频率为 $\omega_c=\omega_s/2$，通带内的增益为 T。

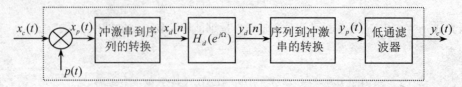

图 7-23　利用离散系统处理连续时间信号的过程示意图

可以将图中虚线框里面的部分看成一个模拟 LTI 系统，这个模拟系统的输入为 $x_c(t)$，输出为 $y_c(t)$，频率响应为 $H_c(j\omega)$，有：

$$Y_c(j\omega) = H_c(j\omega)X_c(j\omega) \tag{7-24}$$

$H_c(j\omega)$ 一般是由设计指标决定的。设计图 7-23 所示的系统，就是要设计一个离散时间系统

$H_d(e^{j\Omega})$，使得虚线框实现的模拟系统具有 $H_c(j\omega)$ 的频率响应。简言之，就是给出 $H_c(j\omega)$ 求 $H_d(e^{j\Omega})$。

不妨假定 $H_d(e^{j\Omega})$ 如图 7-24 所示。图 7-25 给出了连续信号的离散化处理过程中各信号频谱的关系。

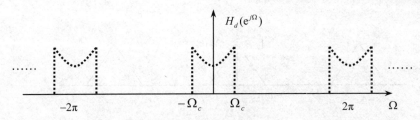

图 7-24　离散时间系统的频率响应 $H_d(e^{j\Omega})$

图 7-25（a）是整个系统输入信号的频谱，设频谱的最大值为 1。这是一个带限信号，注意图 7-23 所示的系统只能处理带限信号，而且采样频率必须高于奈奎斯特率。图 7-25（b）是冲激串 $x_p(t)$ 的频谱，它是输入信号频谱的周期延拓，同时幅度乘以因子 $1/T$。图 7-25（c）是离散时间信号 $x_d[n]$ 的频谱。图 7-25（c）和图 7-25（b）在函数波形上是一致的，只是尺度和量纲不一样。图 7-25（b）中 ω_M 点对应于图 7-25（c）中的 $\omega_M T$ 点。图 7-25（d）是离散时间信号 $y_d[n]$ 的频谱，它是离散时间系统输入信号的频谱 $X_d(e^{j\Omega})$ 和离散时间系统频率响应 $H_d(e^{j\Omega})$ 的乘积。为了说明问题方便，用两个频谱叠加图示的方式来表示相乘。图 7-25（e）是连续时间信号 $y_p(t)$ 的频谱。图 7-25（e）是通过对图 7-25（d）经过 $\Omega = \omega T$ 的尺度变换而得来的，其中 $H_p(j\omega)$ 是将 $H_d(e^{j\Omega})$ 经过 $\Omega = \omega T$ 的尺度变换得出的，即：

$$H_p(j\omega) = H_d(e^{j\Omega})\big|_{\Omega = \omega T} = H_d(e^{j\omega T}) \tag{7-25}$$

可以认为 $H_p(j\omega)$ 是一个虚构的中间过程。又因为 $X_p(j\omega) = X_d(e^{j\Omega})\big|_{\Omega = \omega T} = X_d(e^{j\omega T})$，有：

$$Y_p(j\omega) = H_p(j\omega) X_p(j\omega) \tag{7-26}$$

图 7-25（f）是信号 $y_c(t)$ 的频谱 $Y_c(j\omega)$，它是 $Y_p(j\omega)$ 通过一个带宽为 $\omega_s/2$，增益为 T 的理想低通滤波器的输出。

在无混叠的情况下，可以看出，$H_c(j\omega)$ 是 $H_p(j\omega)$ 的一个周期，而 $H_p(j\omega)$ 是 $H_c(j\omega)$ 的周期延拓。

$$H_p(j\omega) = \frac{1}{T} \sum_{k=-\infty}^{\infty} H_c(j(\omega - k\omega_s)) \tag{7-27}$$

$$H_c(j\omega) = \begin{cases} TH_p(j\omega) \\ 0 \end{cases} = \begin{cases} TH_d(e^{j\omega T}) & |\omega| < \omega_s/2 \\ 0 & 其他 \end{cases} \tag{7-28}$$

而 $H_d(e^{j\Omega})$ 与 $H_p(j\omega)$ 是尺度变换的关系，有：

$$H_d(e^{j\Omega}) = \frac{1}{T} \sum_{k=-\infty}^{\infty} H_c\left(j\left(\frac{\Omega}{T} - k\omega_s \right) \right) \tag{7-29}$$

式（7-29）说明了通过 $H_c(j\omega)$ 来确定 $H_d(e^{j\Omega})$ 的过程：先依据式（7-27）将 $H_c(j\omega)$ 进行以 ω_s 为周期的周期延拓形成 $H_p(j\omega)$，再进行 $\Omega = \omega T$ 的尺度变换得到 $H_d(e^{j\Omega})$。如果按照上述方式进行设计，虚线框内的系统可等效为一个连续时间 LTI 系统，其频率响应为 $H_c(j\omega)$。

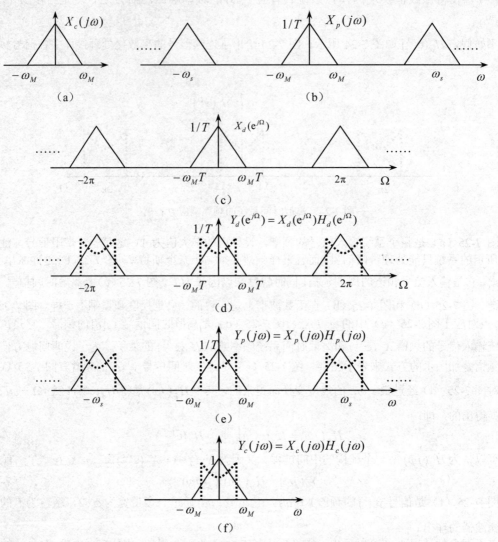

图 7-25   连续时间信号离散化处理过程中各信号的频谱关系

要注意的是以上结论是有条件的，即要满足采样定理的条件： $\omega_s > 2\omega_M$ 。下面的例子可说明这个条件的重要性：如果 $x_c(t)$ 是一个以采样周期 T 为周期的、幅度为 1 的周期方波，方波的宽度小于采样周期 T 。 $H_d(e^{j\Omega})$ 为恒等系统。假定 $x_c(t)$ 正好在取样点上为 1，那么 $y_c(t)=1$，假定 $x_c(t-t_0)$ 正好在取样点上都为 0，那么 $y_c(t)=0 \neq y_c(t-t_0)$，这样虚线框所表示的系统将是连续时变系统，不是连续时不变系统。之所以采样环节改变了系统的性质，是因为周期方波不是有限带宽的，采样过程也不满足奈奎斯特定理的要求。

下面的例子是用数字方式来实现一个模拟的微分器 $H_c(j\omega) = j\omega$ 。理想微分器是无限带宽的，在工程上不可实现，只能用如图 7-26 所示的有限带宽微分器来近似，其解析式如下：

$$H_c(j\omega) = \begin{cases} j\omega & |\omega| < \omega_c \\ 0 & \text{其他} \end{cases} \tag{7-30}$$

取 $\omega_s = 2\omega_c$ 以满足采样定理。根据式（7-29），将 $H_c(j\omega)$ 以 $\omega_s = 2\omega_c$ 为周期进行周期延拓，再进行尺度变换就形成了 $H_d(e^{j\Omega})$ 。如图 7-27 所示，（a）为 $H_d(e^{j\Omega})$ 的模 $|H_d(e^{j\Omega})|$，（b）为 $H_d(e^{j\Omega})$

的相位 $\angle H_d(\mathrm{e}^{j\Omega})$ 。

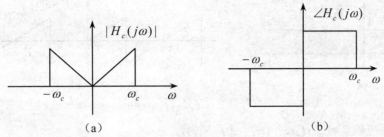

图 7-26 带宽有限的微分器

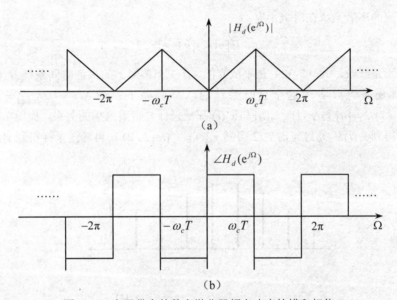

图 7-27 有限带宽的数字微分器频率响应的模和相位

图 7-27 中，$\omega_c T = \pi$，$H_d(\mathrm{e}^{j\Omega}) = H_c(j\Omega/T)$（$|\Omega| < \omega_c T = \dfrac{\omega_s T}{2} = \pi$），所以有：

$$H_d(\mathrm{e}^{j\Omega}) = j\Omega/T \quad (|\Omega| < \pi)$$

下面的例子就是利用数字方式实现一个连续时间延时系统：$y_c(t) = x_c(t - \Delta)$。这个系统的频率响应是：$H_c(j\omega) = \mathrm{e}^{-j\omega\Delta}$。这个系统不是有限带宽的，我们只能做到近似地实现。设定近似实现的系统的带宽为 ω_c，取采样频率为 $\omega_s = 2\omega_c$。图 7-28（a）和（b）分别是频率响应 $H_c(j\omega)$ 的模和相位。

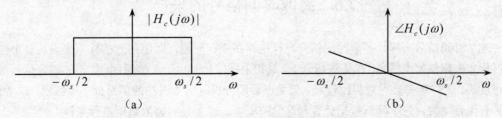

图 7-28 连续时间 LTI 延时系统频率响应的模和相位

根据式（7-29），将 $H_c(j\omega)$ 以 $\omega_s = 2\omega_c$ 为周期进行周期延拓，再进行尺度变换即可得到

$H_d(e^{j\Omega})$，其模和相位分别如图 7-29（a）和（b）所示。

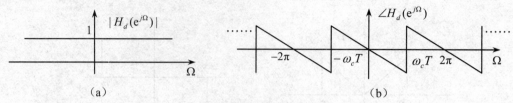

（a）　　　　　　　　　　　　（b）

图 7-29　带宽有限的数字延时器的频谱的模和相位

离散时间系统频率响应 $H_d(e^{j\Omega})$ 的一个周期为：

$$H_d(e^{j\Omega}) = H_c(j\Omega/T) = e^{-j\Omega\Delta/T} \quad (|\Omega| < \pi) \tag{7-31}$$

那么所对应的离散系统在时域中有：

$$y[n] = x[n - \frac{\Delta}{T}] \tag{7-32}$$

如果 Δ/T 不是整数，式（7-32）是不成立的，但式（7-31）的离散时间系统 $H_d(e^{j\Omega})$ 还是可以实现的，这样还是可以实现这个延时系统的。举例如下：设 $\Delta/T = 1/2$，$\Delta = T/2$，那么有 $y_c(t) = x_c(t - T/2)$。$y[n]$ 与 $y_c(t)$、$x[n]$ 与 $x_c(t)$ 都是采样与带限内插的关系，如图 7-30 所示，$x[n]$ 通过带限内插得到 $x_c(t)$，通过延时 $T/2$ 得到 $y_c(t) = x_c(t - T/2)$，再通过采样得到 $y[n]$。

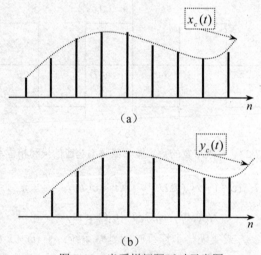

（a）

（b）

图 7-30　半采样间隔延时示意图

7.6　离散时间信号的采样

和连续时间信号一样，离散时间信号同样也存在采样问题，即用信号的样本来表达整个信号，再通过样本来恢复整个信号。在某些场合下，最初采样信号时由于某些原因，如不能确定信号带宽、提供裕度等，采样频率会设置得比较高，但是在后期分析时由于关注的信息处于低频段，或者信号本身是有限带宽的，为了降低数据计算和存储的成本，就需要对离散数据进行采样。

7.6.1　脉冲串采样

对离散时间信号 $x[n]$ 进行采样是指对信号 $x[n]$ 的时间轴上 N 的整数倍处的值予以保留，而其余点处的值置 0，这样就得到了信号 $x_p[n]$，即：

$$x_p[n] = \begin{cases} x[n] & n = kN \\ 0 & \text{其他} \end{cases} \tag{7-33}$$

式（7-33）可以写为：

$$x_p[n] = x[n]p[n] \quad (其中\ p[n] = \sum_{k=-\infty}^{\infty} \delta[n-kN]) \tag{7-34}$$

信号 $x_p[n]$ 称为信号 $x[n]$ 的**采样**。根据冲激函数的选择性质，可得：

$$x_p[n] = \sum_{k=-\infty}^{\infty} x[kN]\delta[n-kN] \tag{7-35}$$

图 7-31 反映了这个采样过程，其中（a）为采样的数学模型，（b）为信号 $x[n]$ 的波形，（c）为采样信号 $p[n]$ 的波形，（d）为信号 $x_p[n]$ 的波形。

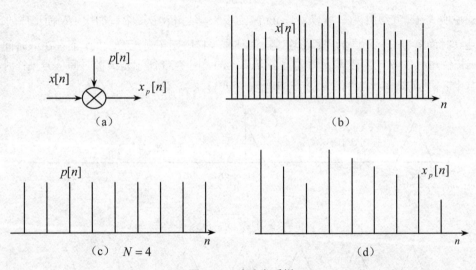

图 7-31 脉冲串采样

下面在频域中分析这一采样过程。DTFT 的相乘性质说明：两个序列在时域中为乘积关系，则在频域中为 DTFT 的周期卷积关系，即 $X_p(e^{j\omega}) = \int_{2\pi} P(e^{j\theta})X(e^{j(\omega-\theta)})d\theta/2\pi$，其中 $X_p(e^{j\omega})$、$P(e^{j\omega})$ 和 $X(e^{j\omega})$ 均为连续周期函数，以 2π 为周期。

不难得出：$P(e^{j\omega}) = \dfrac{2\pi}{N}\sum_{k=-\infty}^{\infty}\delta(\omega-k\omega_s)$，其中 $\omega_s = \dfrac{2\pi}{N}$，则有：

$$X_p(e^{j\omega}) = \frac{1}{N}\int_{-\varepsilon}^{2\pi-\varepsilon}\left[\sum_{k=-\infty}^{\infty}\delta(\theta-k\omega_s)\right]X(e^{j(\omega-\theta)})d\theta$$

其中 ε 小于 ω_s。图 7-32 表示了这个积分，其中的粗线条表示了这个积分区间。θ 在 $-\varepsilon \sim 2\pi-\varepsilon$ 的积分区间内，只遇到 N 个冲激，也就是 $k = 0 \sim N-1$。那么：

$$X_p(e^{j\omega}) = \frac{1}{N}\int_{-\varepsilon}^{2\pi-\varepsilon}\left[\sum_{k=0}^{N-1}\delta(\theta-k\omega_s)\right]X(e^{j(\omega-\theta)})d\theta$$

$$= \frac{1}{N}\sum_{k=0}^{N-1}\int_{-\varepsilon}^{2\pi-\varepsilon}\delta(\theta-k\omega_s)X(e^{j(\omega-\theta)})d\theta = \frac{1}{N}\sum_{k=0}^{N-1}X(e^{j(\omega-k\omega_s)})\int_{-\varepsilon}^{2\pi-\varepsilon}\delta(\theta-k\omega_s)d\theta$$

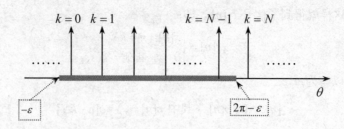

图 7-32　2π 区间内的积分

当 k 在 $0\sim N-1$ 之间变化时 $\delta(\theta-k\omega_s)$ 都在区间 $-\varepsilon\sim 2\pi-\varepsilon$ 里面，因此 $\int_{-\varepsilon}^{2\pi-\varepsilon}\delta(\theta-k\omega_s)\mathrm{d}\theta=1$，故有：

$$X_p(\mathrm{e}^{j\omega})=\frac{1}{N}\sum_{k=0}^{N-1}X(\mathrm{e}^{j(\omega-k\omega_s)})\tag{7-36}$$

上式说明 $X_p(\mathrm{e}^{j\omega})$ 是由 $X(\mathrm{e}^{j\omega})$ 以 $\omega_s=2\pi/N$ 为步长，延拓 N 次、幅值加权 $1/N$ 而形成的。注意，这里与连续时间信号采样不同的是：在连续时间信号采样中延拓是无穷次的，而在离散时间信号采样中，延拓仅进行 N 次，并且 $X(\mathrm{e}^{j\omega})$ 本身就是周期的。图 7-33 所示是离散时间信号采样时的频域情况，其中（a）为频谱 $X(\mathrm{e}^{j\omega})$，（b）为频谱 $X_p(\mathrm{e}^{j\omega})$。

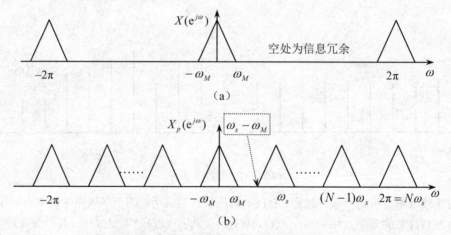

图 7-33　离散时间信号采样时的频域延拓

由图 7-33（b）可见，$\omega_s-\omega_M>\omega_M$ 即 $\omega_s>2\omega_M$ 时，不会产生混叠。与连续时间信号采样类似，可以通过一个低通滤波器来恢复原信号 $x[n]$。图 7-34 所示是用低通滤波器恢复原信号的过程示意图，其中（a）为数学模型，（b）为频谱 $X_p(\mathrm{e}^{j\omega})$，（c）为低通滤波器的频率响应，（d）为恢复的信号频谱。

用理想低通滤波器来恢复信号的过程反映在时域里面就是内插。我们知道，理想低通滤波器的单位冲激响应为：

$$h_{LP}[n]=\frac{N\omega_c}{\pi}Sa\left(\frac{n\omega_c}{\pi}\right)\tag{7-37}$$

那么理想低通滤波器的输出 $x_r[n]$ 是 $x_p[n]$ 和 $h_{LP}[n]$ 的卷积，即：

$$x_r[n]=x_p[n]*h_{LP}[n]=\sum_{k=-\infty}^{\infty}x[kN]\delta[n-kN]*h_{LP}[n]=\sum_{k=-\infty}^{\infty}x[kN]h_{LP}[n-kN]\tag{7-38}$$

上式说明，$x[n]$ 的样本值 $x[kN]$ 可以完全地表达 $x[n]$，也就意味着信号 $x[n]$ 有一定的信息冗余。反映在频域中，就是图 7-33（a）所示的"空处"。

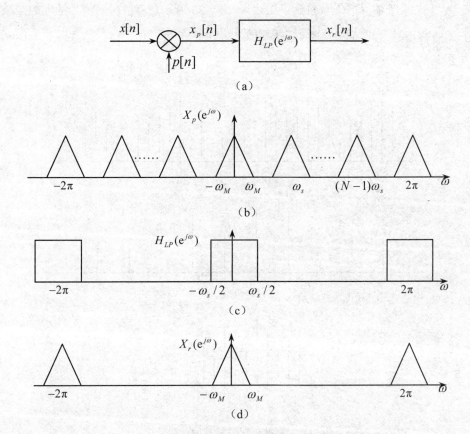

图 7-34 用理想低通滤波器恢复原信号的频域信息

7.6.2 抽取与内插

本节讨论离散时间信号的另外一种样本值的提取方式。如果：

$$x_d[n] = x[nN] = x_p[nN] \tag{7-39}$$

$x_d[n]$ 称为 $x[n]$ 的**抽取**。图 7-35 说明了抽取 $x_d[n]$ 和采样 $x_p[n]$ 的区别，其中（a）为 $x[n]$ 的波形，（b）为 $x_p[n]$ 的波形，（c）为 $x_d[n]$ 的波形。

可以看出，采样 $x_p[n]$ 在时间长度上与原信号 $x[n]$ 是一致的，只是将非采样点置 0；抽取 $x_d[n]$ 在时间长度上是原信号 $x[n]$ 的 $1/N$，非采样点被"挤掉了"。

下面来看看频域的情况。

$$X_d(\mathrm{e}^{j\omega}) = \sum_{n=-\infty}^{\infty} x_d[n]\mathrm{e}^{-j\omega n} = \sum_{n=-\infty}^{\infty} x_p[nN]\mathrm{e}^{-j\omega n}$$

$$= \sum_{n=-\infty}^{\infty} x_p[nN]\mathrm{e}^{-j\frac{\omega}{N}nN} = \sum_{k=-\infty}^{\infty} x_p[k]\mathrm{e}^{-j\frac{\omega}{N}k} = X_p(\mathrm{e}^{j(\omega/N)}) \tag{7-40}$$

也可以写成：

$$X_p(\mathrm{e}^{j\omega}) = X_d(\mathrm{e}^{jN\omega}) \tag{7-41}$$

$X_p(e^{j\omega})$ 拉伸 N 倍就形成了 $X_d(e^{j\omega})$。也就是说，$X_p[e^{j\omega}]$ 上面 ω_0 处的频谱在 $X_d(e^{j\omega})$ 上面被拉到了 $N\omega_0$ 处，$X_p[e^{j\omega}]$ 上面 ω_s 处的频谱在 $X_d(e^{j\omega})$ 上面被拉到了 2π 处。注意，$N\omega_s = 2\pi$，也就是说，$X_p[e^{j\omega}]$ 在 ω_s 处的"峰"被拉到了 2π 处。图 7-36 所示是离散时间信号抽取的频域情况。可以看出，$X_d(e^{j\omega})$ 相对于 $X(e^{j\omega})$ 来说，频带被拉开，高频成分增加，反映在时域里面就是变化加快。

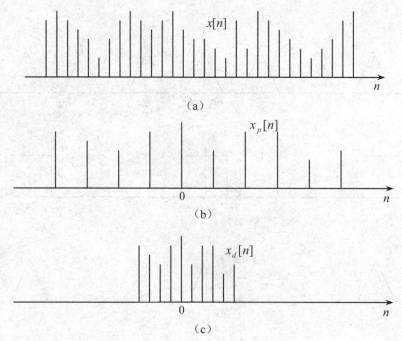

图 7-35　离散时间信号的抽取和采样

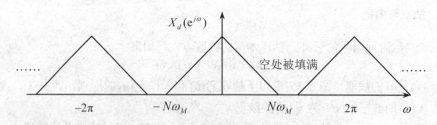

图 7-36　离散时间信号抽取的频域情况

如果 $\omega_M \ll \pi$，例如图 7-33（a）所示的信号频谱，$x_d[n]$ 是一个窄带信号，信息在频带上主要集中于低频段，高频段信息很少，信号在时域内变化比较平缓，仅需要一个较低的采样频率。而图 7-36 中 $X_d(e^{j\omega})$ 的带宽为 $N\omega_M$，反映在时域中，信号 $x_d[n]$ 变化较快，需要较高的采样频率。抽取的过程也称为**减采样**。如果 ω_s 和 π 之间的空隙大，则说明信号有信息冗余，这样就有了减采样的余地。

关于**增采样**的讨论，与减采样相反。图 7-37 所示是增采样的过程，其中（a）为数学模型，（b）为 $x_d[n]$ 的波形，（c）为 $x_p[n]$ 的波形，（d）为 $x[n]$ 的波形。

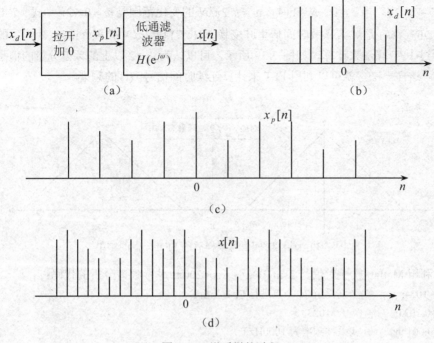

图 7-37 增采样的过程

7.7 连续时间信号的频谱分析

本节讨论连续时间信号频谱和离散时间信号频谱之间的关系，具体地说，就是讨论如何利用 FFT 算法来计算连续时间信号的频谱。在很多工程应用中，往往要计算连续时间信号的频谱，但是可以使用的计算平台却基本是数字的，这样一来就需要通过计算样本的频谱来计算连续时间信号的频谱。

在图 7-38 中，假设（a）是要进行频谱分析的一段连续时间信号 $x(t)$，（b）$x_d[n] = x(nT)$ 是对 $x(t)$ 的采样，设采样点为 N 个，（c）是信号 $x(t)$ 的频谱。

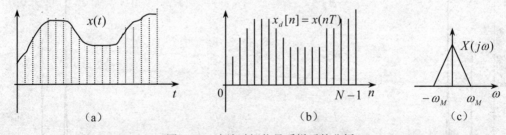

图 7-38 连续时间信号采样后的分析

那么 $x_d[n] = x(nT)$ 的离散时间傅里叶变换为 $X_d(\mathrm{e}^{j\omega}) = \sum_{n=-\infty}^{\infty} x_d[n]\mathrm{e}^{-j\omega n}$，同时考虑到 $x_d[n]$ 是一个 $0 \sim N-1$ 的序列，它的 DFT 为：

$$X(k) = \sum_{n=0}^{N-1} x_d[n]\mathrm{e}^{-jk\frac{2\pi}{N}n} = X_d(\mathrm{e}^{jk\frac{2\pi}{N}}) = X_d(\mathrm{e}^{j\omega})\Big|_{\omega=k\frac{2\pi}{N}} \tag{7-42}$$

其中 $k = 0 \sim N-1$ 。

在式（7-42）中，当 $k = 0 \sim N-1$ 时，$\omega = k\,2\pi/N$ 的变化范围是 $\omega = 0 \sim 2\pi$ 。式（7-42）表明信号 $x_d[n]$ 的 DFT $X(k)$ 是对其离散时间傅里叶变换 $X_d(e^{j\omega})$ 以 $2\pi/N$ 弧度（rad）为间隔的采样。而 DFT 可以通过 FFT 算法来计算，如图 7-39 所示，可以认为 $\omega_s/2$ 以上的频率分量的信息因为欠采样而丢失了。这样一来，就可以利用 FFT 来计算连续时间信号 $x(t)$ 的频谱。

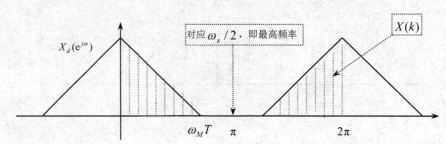

图 7-39 连续时间信号采样后的 FFT 分析的结果

下面是利用 Matlab 软件对信号 $2\sin100\pi t + 5\cos200\pi t$ 进行频谱分析的代码：

```
N=1024;              （采样 1024 个点进行 FFT 分析）
n=0:1023;            （0～1023）
t=0.001*n;           （采样频率为 1000Hz）
x=2*sin(100*pi*t)+5*cos(200*pi*t);
y=fft(x,N);
q=n*1000/N;          （采样频率为 1000Hz，则 FFT 以后每一个间隔对应 1000/ N Hz）
plot(q,abs(y));
```

其频谱图像如图 7-40 所示。

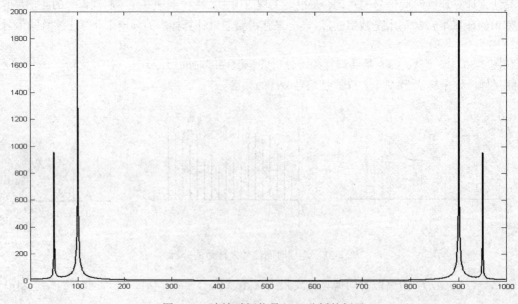

图 7-40 连续时间信号 FFT 分析的例子

从图中可以看出，计算出来的正弦信号的频谱并不是理论上的冲激函数。这是因为，采集到的实际信号是有限长的，有限长信号可以看成是无限长的信号通过了一个时域中的矩形窗滤波的结果。矩形窗的频谱是采样函数,理想正弦信号的频谱是冲激。因此,FFT 计算出的频谱是冲激函数与采样函数的卷积,冲激函数可以看成一个低通滤波器,卷积等同于一个频域内的平滑过程,平滑会造成频谱的失真,这一失真称为**频谱泄漏**(Leakage)。上面的分析中,采样点数是可以变化的,采样点越多频谱泄漏越少,采样点越少则频谱泄漏越多,这是因为:采样点多意味着矩形窗的宽度大,对应的频域内的采样函数带宽也就小,其平滑作用则弱,造成的频谱泄露也就小;采样点少意味着矩形窗窄,对应的频域内的采样函数带宽也就大,其平滑作用强,造成的频谱泄露也就大。实际操作中,在时域窗口宽度一定的情况下,为了减少频谱泄漏,实际谱估计中也经常采用非矩形窗,例如海宁窗等,这是因为这些窗口在频域内的频谱能量较采样函数更加集中,其平滑作用较小,所以造成的泄露比采样函数要小。不过海宁窗在时域内并不是所有的位置都取值为 1,这样在时域内就会造成信号的畸变,在使用中要综合考虑。

研讨环节:如何确定合适的采样频率

引言

对于工程中遇见的大部分实际系统,其中变化的物理量在定义域和幅值上几乎都是连续的。对这些连续变量进行处理,只能使用连续系统。连续系统也就是我们说的模拟系统,其在信号处理方面的缺陷是明显的,如精度漂移、复杂计算能力偏低、移植性差、互联性差等。就是因为这些无法解决的困难,才使得模拟系统的使用范围受到限制,而使数字系统异军突起,直到现在占据了统治地位。虽然目前通行的计算平台是数字的,但是改变不了处理对象大部分是连续信号的现实。所以必须解决如何使用数字系统处理连续信号的问题。解决的方法是直截了当的,就是把连续信号变成数字信号,这个"变成"就是一个"采样"的过程。采集连续信号的一个样本,将这个样本作为原信号的代表进行处理,并认为处理结果也是适用于原信号的,可以反推给原信号使用。当然,在大部分情况下,样本是不能完全代表原信号的,仅当采样满足奈奎斯特定理时,两者才是对等的。不过在大部分工程实例中,奈奎斯特定理不能严格满足,这时候如果依然进行采样,那么采样信号可以看作是对原信号首先进行低通滤波,再对低通滤波后的信号进行采样的结果。采样频率越高,则低通滤波的截止频率越高,滤波信号和原信号的差别也就越小,这时得到的样本对原信号的代表性也就越好。因为我们的工程实例基本处于一个宏观低速的空间内,我们更加关注的是信号的低频部分,所以在不满足奈奎斯特定理时依然采样,只要采样频率足够高,采样值是可以很好地代表原信号的。这就是在实际中可以使用数字系统完成对连续信号处理的原因。当然在实际采样中采样频率并不是越高越好,因为采样频率太高会对后端的数据存储、处理造成负担,特别是系统对实时性要求比较高时,高的采样频率会对系统性能造成比较严重的影响。所以最好的采样频率是要求刚刚好的,是在采样信号的代表性和系统整体计算负荷间的一种平衡。

研讨提纲

1. 确定合适的采样频率的基本过程应该是怎样的?试着设计出一个流程来,可以很好地确定合适的采样频率。

2. 探讨非均匀采样的使用,什么样的系统可以采用非均匀采样的策略?

3. 对于复杂系统,确定不同子系统的采样频率时应该考虑哪些因素才能让整个系统的性能和计算负荷达到很好的平衡?

思考题与习题七

7.1 已知信号 $x(t)$ 的带宽为 20kHz，信号 $x(2t)$ 的带宽为多少？对信号 $x(2t)$ 进行采样，在不产生混叠的前提下，最大的采样间隔 T_m 为多少？

7.2 已知信号 $x(t)$ 的带宽为 10kHz，信号 $x(t/2-10)$ 的带宽为多少？对信号 $x(t/2-10)$ 进行采样，在不产生混叠的前提下，最大的采样间隔 T_m 为多少？

7.3 已知信号 $x(2t-1)$ 的带宽为 10kHz，对信号 $x(t)$ 进行采样，在不产生混叠的前提下，最大的采样间隔 T_m 为多少？

7.4 已知信号 $x(t)=\cos 100\pi t$，对信号 $x(t)$ 进行采样，在不产生混叠的前提下，最大的采样间隔 T_m 为多少？

7.5 已知信号 $x(t)=\cos^2 100\pi t$，对信号 $x(t)$ 进行采样，在不产生混叠的前提下，最大的采样间隔 T_m 为多少？

7.6 已知信号 $x_1(t)$ 的带宽为 20kHz，信号 $x_2(t)$ 的带宽为 10kHz，那么两信号的乘积 $x_1(t)x_2(t)$ 的带宽是多少？对信号 $x_1(t)x_2(t)$ 进行采样，在不产生混叠的前提下，最大的采样周期是多少？

7.7 已知信号 $x(t)$ 的带宽为 20Hz，那么信号 $x(t)\cos(100\pi t)$ 的带宽是多少？对信号 $x(t)\cos(100\pi t)$ 进行采样，在不产生混叠的前提下，最大的采样周期是多少？

7.8 已知信号 $x(t)$ 的奈奎斯特频率为 ω_0，试确定下列信号的奈奎斯特频率：

(a) $x(t)+x(t-1)$ (b) $\dfrac{\mathrm{d}x(t)}{\mathrm{d}t}$

(c) $x^2(t)$ (d) $x(t)\cos\omega_0 t$

7.9 对离散时间信号 $x[n]$ 进行脉冲串采样：$g[n]=\displaystyle\sum_{k=-\infty}^{\infty}x[n]\delta[n-kN]$，如果：

$$X(\mathrm{e}^{j\omega})=0\ (\ \frac{3\pi}{7}\leqslant|\omega|\leqslant\pi\ )$$

试确定不产生混叠的最大采样间隔 N。

第8章

通信基本原理

当今社会是信息化的社会，信息作为一种资源，只有被广泛地传播与交流才能产生价值。通信就是利用信号进行信息的传递，也是大家非常熟悉且在现代社会的日常生活中广泛应用的一种技术。从古代边疆的烽火战报、近代舰船上的旗语和灯语，到现代社会普遍应用的传真、电话、广播、电视、网络等系统都属于通信实例。

经过 100 多年的发展，通信技术已成为一门重要的基础学科，与传感器技术和计算机技术并称为现代信息技术的三大支柱。通信中应用到的相关技术几乎涉及到所有的信号处理技术，通信也是信号处理技术在现实社会中应用最广泛、最直接的领域。本书中用一章的篇幅简要介绍了通信技术的基本概念以及与之相关的最基本的信号处理技术。

本章首先简要介绍了通信的概念、组成和分类；第二节介绍了通信中信号传输的通道——信道的概念以及常用无线信道和有线信道的特点；第三节利用前几章学习的知识分析了现代通信中的最基本的信号处理技术：调制和解调；最后简要回顾了近代通信技术的发展历史。

8.1　通信的基本概念

通信（Communication）就是利用信号（Signal）将包含信息（Information）的消息（Message）进行空间传递的过程，简言之，通信就是进行信息的传递。**"消息"**是关于人或事物的状态的描述，有不同的表现形式，例如语音、文字、音乐、数据、图片、视频等。**"信息"**是消息中包含的有意义的内容。例如教师课堂授课的具体内容即为信息，而所讲授的内容是通过语言或图片来表达的，这里语言或图片就是信息的载体，就是消息。因此，可以说信息是消息的内涵，消息是信息的载体。

通信系统（Communication System）是用于进行通信的硬件、软件和传输媒介的集合。现代通信系统一般由信息源、发射设备、信道、接收设备、受信者五部分组成，如图 8-1 所示。

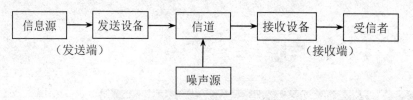

图 8-1　通信系统的一般模型

信息源（简称信源）的作用是把各种消息转换成原始电信号或光信号。因为文字、语音、图像、视频等消息一般不适合直接在信道中传输，需要通过信源将非电形式的消息变换成相应的电信号或光信号。根据消息种类的不同，信源可分为模拟信源和数字信源。模拟信源将消息转换为连续模拟信号，例如话筒将声音转换为音频信号、模拟摄像机将图像转换为模拟视频信号；数字信源则是将消息转换为离散的数字信号，例如数码相机将图像转换为数字图片。

发送设备的作用是将信源输出的信号转换为适合于在信道内传输的信号，使发送信号的特性和信道特性相匹配并具有抗信道干扰的能力，还要保证提供足够的功率以满足传输距离的需要。发送设备一般包含对信号的变换、放大、滤波、编码、调制、多路复用等处理的模块。

信道是一种物理媒介，用来将发送设备生成的信号传送到接收设备端。信道可分为无线信道和有线信道，无线信道一般是自由空间，有线信道可以是各类电缆、光纤等物理媒介。信道在给信号提供传输通道的同时，也会对信号产生各种干扰和噪声。

接收设备的功能是将从叠加了干扰和噪声的接收信号中恢复出原始信号。接收设备一般包含对信号的反变换、放大、滤波、解码、解调等处理模块。

受信者（简称信宿）是消息传送的目的地，功能与信源相反，即把发送设备产生的原始信号还原为其原本物理形式的消息，例如扬声器将电流信号转化为声音、显示器将电信号转化为图像等。

根据不同的标准，通信系统有多种不同的分类。

1.　按信号特征分类

按传输信号特征的不同，通信可分为模拟通信系统、数字通信系统和数据通信系统。

模拟通信（Analog Communication）是指以模拟信号携带模拟消息的通信方式或过程，其特征是信源和信宿处理的都是模拟信号，信道传输的是模拟信号，例如早期的电话系统、电视广播系统等。

数字通信（Digital Communication）是指以数字信号携带模拟消息的通信方式或过程，其特征是信源和信宿处理的都是模拟信号，信道传输的是数字信号，例如目前广泛应用的移动通信系统、高清有线电视系统等。

数据通信（Data Communication）是指以数字信号携带数据的通信方式或过程，其特征是信源和信宿处理的都是以数据形式出现的离散消息，信道传输的是数字信号，例如网络系统、计算机与打印机之间的通信等。通常，数据通信主要指计算机或数字终端之间的通信。

三种通信方式的示意图如图 8-2 所示。

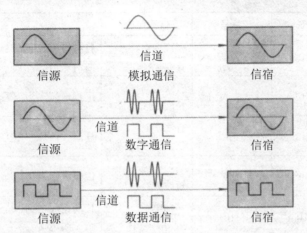

图 8-2　模拟通信、数字通信和数据通信示意图

从信息传输的角度看，模拟通信系统可认为是一种信号波形传输系统，而数字通信系统和数据通信系统则是信号状态传输系统。

与模拟通信相比，数字/数据通信具有以下特点：

- 抗干扰能力强。
- 便于对信号加工和处理。
- 传输中的差错（误码）可以设法控制，提高了传输质量。
- 数字消息易于加密，保密性强。
- 可传输语音、图像、数据等多种消息，增加了通信系统的灵活性和通用性。
- 数字通信系统一般比模拟通信系统复杂，占用的带宽也更宽。

2. 按传输媒介分类

按传输媒介的不同，通信系统可分为无线通信系统和有线通信系统。无线通信是依靠电磁波在空间传播达到传递消息的目的，如无线电报、电台广播系统、移动电话系统、广播电视系统、卫星通信系统等。有线通信是用导线作为传输媒介完成通信，这里导线可以是架空明线、双绞线、同轴电缆、光纤光缆、波导等，典型的有线通信系统如市内有线电话、有线电视、海底光缆通信等。传输媒介的更详细介绍见 8.2 节"信道"部分。

3. 按调制方法分类

根据信道中传输的信号是否经过调制，可将通信系统分为基带传输系统和带通（频带或调制）传输系统。基带传输是将未经调制的信号直接传送，如市内电话、早期的有线广播系统等。带通传输是对各种信号调制后传输的总称。调制方式有很多种，例如幅度调制、频率调制、相位调制、数字调制、脉冲调制等。

4. 按通信业务分类

按通信业务的类型不同，通信系统可分为电报通信系统、电话通信系统、数据通信系统、图像通信系统等。

5. 按工作波长分类

按通信设备的工作频率或波长不同，可分为长波通信、中波通信、短波通信、远红外线通信等。表 8-1 列出了国际电信联盟（ITU）颁布的无线电频谱表，给出了各频段适合传输的媒介及典型应用。

表 8-1　ITU 频段划分及其主要用途

频率范围	波长	符号	传输媒介	用途
0.003～3kHz	10^8～10^5m	极低频 ELF	有线线对 长波无线电	音频电话、数据终端、远程导航、水下通信、对潜通信
3～30 kHz	10^5～10^4m	甚低频 VLF	有线线对 长波无线电	远程导航、水下通信、声呐
30～300 kHz	10^4～10^3m	低频 LF	有线线对 长波无线电	导航、信标、电力线通信
0.3～3MHz	10^3～10^2m	中频 MF	同轴电缆 短波无线电	调幅广播、移动陆地通信、业余无线电
3～30 MHz	100～10m	高频 HF	同轴电缆 短波无线电	移动无线电话、短波广播定点军用通信、业余无线电
30～300 MHz	10～1m	甚高频 VHF	同轴电缆 米波无线电	电视、调频广播、空中管制、车辆、通信、导航、寻呼
0.3～3 GHz	100～10cm	特高频 UHF	波导 分米波无线电	微波接力、卫星和空间通信、雷达、移动通信、卫星导航
3～30 GHz	10～1cm	超高频 SHF	波导 厘米波无线电	微波接力、卫星和空间通信、雷达
30～300 GHz	10～1mm	极高频 EHF	波导 毫米波无线电	雷达、微波接力
10^5～10^7GHz	3×10^{-4}～3×10^{-6}cm	可见光、红外光、紫外光	光纤 空间传播	光纤通信、无线光通信

6. 按通信方式分类

按信号传输方向和时间的不同，任意两点间的通信方式可分为单工、半双工和全双工通信，如图 8-3 所示。

单工通信（Simplex）：消息只能单方向传输的工作方式，例如广播电台和收音机之间的通信。

半双工通信（Half-Duplex）：通信双方都能收发消息，但不能同时收发的工作方式。例如对讲机之间的通信。

全双工通信（Full-Duplex）：通信双方可同时进行收发消息的工作方式。电话是典型的全双工通信方式。

7. 按数据代码排列的方式分类

在数据通信中，根据数据代码排列的方式不同，可分为并行传输和串行传输。

并行传输：将代表信息的数字信号码元序列以成组的方式在两条或两条以上的并行信道上同时传输，如图 8-4 所示。并行传输的优点是节省传输时间、速度快、不需要字符同步措施，缺点是需要多条通信线路、成本高。

串行传输：将数字信号码元序列以串行方式一个码元接一个码元地在一条信道上传输，如图

8-5 所示,串行传输的优点是只需要一条通信信道,节省线路铺设费用;缺点是同样频率下,速度慢,需要外加码组或字符同步措施。

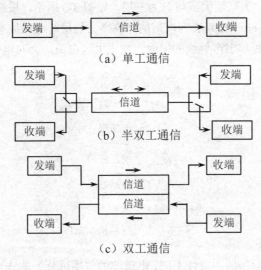

（a）单工通信

（b）半双工通信

（c）双工通信

图 8-3　通信方式示意图

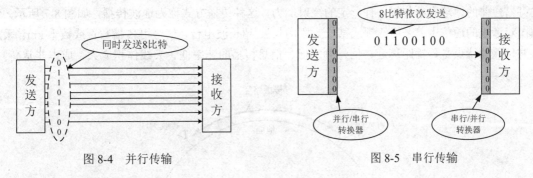

图 8-4　并行传输　　　　　图 8-5　串行传输

8. 按信号复用方式分类

按通信时信号复用的方式可分为频分复用、时分复用、码分复用等方式。频分复用是采用频谱搬移的方法使不同信号占据不同的频率范围;时分复用是用脉冲调制的方法使不同信号占据不同的时间区间;码分复用是用正交的脉冲系列分别携带不同的信号。

8.2　信道

信道（Channel）就是信号传输的媒介或通道,与交通运输中的公路或铁路类似。信道连接着发送端和接收端的通信设备,其功能是将信号从发送端传送到接收端。按传输媒介的不同,信道可分为无线（Wireless）信道和有线（Wired）信道。无线信道利用电磁波在空间中传播来传输信号,有线信道则利用人造的传导电或光的媒介来传输信号。

8.2.1　无线信道

无线通信利用电磁波在空间的传播实现信号的传输。为有效地向空间辐射电磁波,通常要求天线尺寸和电磁信号波长相比拟，一般不小于波长的 1/10。

在地球表面，无线传播特性主要是由地面和大气两个因素造成的。大地是良导体，地球表面是弯曲的，由大气层所包裹。大气层大致可分为三层，如图 8-6 所示，按高度划分，0～10km 为对流层，10～60km 为平流层，60～400km 为电离层。整个大气层对电磁波有散射和吸收作用。另外，电离层因为受到太阳紫外线和宇宙射线的辐射，发生大气电离，会对电磁波产生反射和散射。

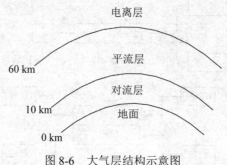

图 8-6　大气层结构示意图

根据电磁波在地球表面传播的特性不同，电磁波的传播可分为地波（Ground Wave）、天波（Sky Wave）和视线（Line of Sight）传播三种。

频率较低的电磁波（＜2 MHz）波长较长，可与电离层距离地面的高度相比拟，该频段的电磁波可沿弯曲的地球表面传播，有一定的绕射能力，这种传播方式称为**地波传播**，如图 8-7 所示。例如在对潜艇的通信中，采用低频或甚低频段的长波/超长波电台，信号可传播数百或数千 km。采用地波传输的特点是传播距离远、信号频率低、信息传播的速率低、天线体积庞大、成本非常高。

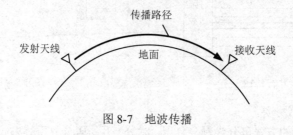

图 8-7　地波传播

在短波频段（3～30MHz），电磁波信号可被电离层反射，从而实现远距离传播，这种传播方式称为**天波传播**，如图 8-8 所示。天波传播一次反射距离最远可达 4000km，经过多次反射，电磁波可传播 10000km 以上。由图 8-8 可见，电离层反射波到达地面的区域可能是不连续的，图中粗线标识的地表面是电磁波可以到达的区域，电磁波不能到达的区域称为**寂静区**（Silent Zone）。

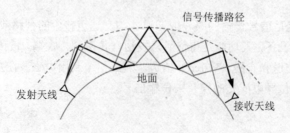

图 8-8　天波传播

　　频率高于 30MHz 的电磁波波长较短，不能被电离层反射，可穿透电离层，因此 30MHz 以上的电磁波的传播方式主要是**视线传播**。在地球表面，视线传播的距离与发射天线的高度直接相关，如图 8-9 所示，天线越高，传播距离越远，覆盖面积越大。这也是很多地方投巨资建设超高型广播电视塔的主要原因。

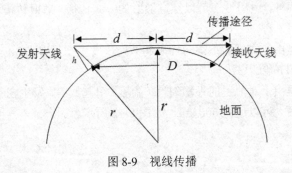

图 8-9　视线传播

　　由于视线传播的距离有限，为了达到远距离通信的目的，可以采用**无线电中继**（Radio Relay）的方式，如图 8-10 所示，每隔一段距离，通过转发站转发一次信号，通过多次"接力"转发，可实现远距离通信。

图 8-10　无线电中继

　　由于中继传输距离与天线高度直接相关，天线越高，视线传输距离越远，因此可以考虑把转发站放到人造卫星上，这种通信方式称为**卫星通信**（Satellite Communication），如图 8-11 所示。在距离地面约 35800km 的赤道平面上人造卫星围绕地球转动的周期和地球自转周期相等，在地面上看卫星好像静止不动，这种卫星通常称为静止轨道卫星。利用三颗这样的卫星作为转发站，就可以基本实现全球通信。

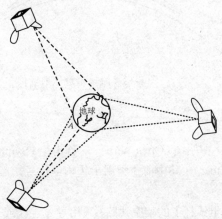

图 8-11　卫星中继

　　卫星通信的缺点是卫星发射成本高，卫星到地面的距离远，信号发射功率要求高，信号传输延时大。针对这些问题，近年来人们又开始了**平流层通信**（Stratosphere Communication）的研究。平流层通信是指用位于大气平流层的高空平台代替卫星作为通信转发台的视线通信方式。平台可采用充氦气球、飞艇或高空无人机，距离地面 17～22km，可视线地面覆盖半径几百 km 的通信区。理论上，250 个充氦飞艇可覆盖全球 90%以上的人口所在区域。平流层通信与卫星通信相比，具有费用低廉、延迟时间小、建设快、容量大等优点。

除上述三种传播方式外，电磁波还可以经过散射的方式传播。散射传播可分为电离层散射、对流层散射、流星余迹散射三种。

电离层散射的机理是由电离层的不均匀性引起散射，发生在频率为 30～60 MHz 的电磁波上，通信距离可以达到 1000 km 以上。

对流层散射的机理是由于对流层的不均匀性（湍流）引起散射，发生在频率为 100～4000 MHz 的电磁波上，通信距离最大可以达到 600 km，如图 8-12 所示。

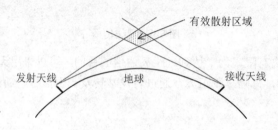

图 8-12　对流层散射通信

流星余迹散射是由于流星经过大气层时产生的很强的电离余迹使电磁波散射的现象。流星余迹高度一般在 80～120km，长度在 15～40km 之间。流星余迹散射通信的频率范围在 30～100MHz 之间，传播距离可达 1000km，如图 8-13 所示。一条流星余迹的存留时间在十分之几秒到几分钟之间，但空中随时都有大量人类肉眼看不见的流星余迹存在，可满足信号断续地传输。

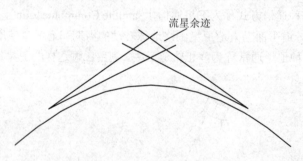

图 8-13　流星余迹散射通信

8.2.2　有线信道

有线信道主要有 4 类，即明线（Open Wire）、对称电缆（Symmetrical Cable）、同轴电缆（Coaxial Cable）和光纤（Optical Fiber），其中前 3 类用于传输电信号，后者用于传输光信号。

1. 明线

明线是指平行架设在电线杆上的架空线路，采用导电裸线或带绝缘层的导线。明线通信易受天气或环境的影响，对外界噪声比较敏感，架设成本高，并行通道数量有限。早期的电话线常用明线的方式，如图 8-14 所示。

图 8-14 明线

2. 对称电缆

对称电缆是由若干对双绞线放在一根保护套内制成的电缆，如图 8-15 所示。采用双绞线可有效抑制外部的共模干扰对线对的电磁干扰。为进一步提高双绞线的抗干扰能力，可以在电缆外层加一个由金属网构成的屏蔽层。

双绞线既可用于模拟信号传输，也可用于数字信号传输，通信距离可达到几到十几公里。我们日常生活中的网线、电话线、USB 数据线等均采用这种电缆。

3. 同轴电缆

同轴电缆由内部导体、内层绝缘体、金属屏蔽层和外层绝缘体组成，如图 8-16 所示。同轴电缆具有高带宽、抗干扰强等特性，同样可用于模拟和数字信号传输。一般有线电视信号常采用同轴电缆传输。

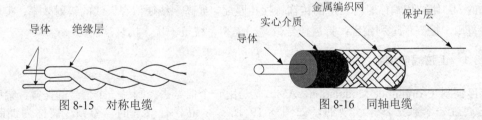

图 8-15 对称电缆　　　　　　　图 8-16 同轴电缆

4. 光纤

传输光信号的有线信道是光导纤维，简称光纤。

光线在光纤内传播是基于全反射原理，光从一种介质射入另一种介质时，一般是同时发生反射和折射现象。如果光从光疏（折射率较小）介质射入光密（折射率较大）介质，则折射角小于入射角；如果光从光密介质射入光疏介质，则折射角大于入射角。这样，当光从光密介质射入光疏介质，就有可能在入射角还没有增大到 90° 时，折射角已经达到了 90°，图 8-17 表示了这种情况。设 $n_1 > n_2$，

则由折射定理 $n_1 \sin\theta_i = n_2 \sin\theta_t$，当 $\theta_t = 90°$ 时，有 $\theta_i = \theta_{ic} = \arcsin {}^{n_2}\!/_{n_1}$，此时发生临界全反射；$\theta_i > \theta_{ic}$ 时发生全反射；$\theta_i < \theta_{ic}$ 时不发生全反射。光线在光纤内的全反射示意图如图 8-18 所示。光纤可以分为多模光纤和单模光纤。多模光纤中光信号有多种传播模式，而单模光纤中只有一种传播模式。

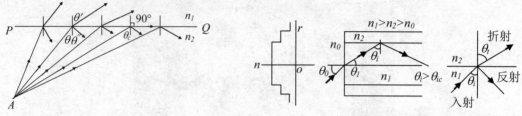

图 8-17 光线的折射和反射　　　　　　　图 8-18 光线在光纤内的全反射示意图

　　光纤是由华裔科学家高锟发明的。高锟于 1966 年发表论文《光频率介质纤维表面波导》，论证了光纤通信的可行性。华文媒体誉之为"光纤之父"，外界誉之为"光纤通讯之父"，2009 年获诺贝尔物理学奖。1970 年美国康宁公司制造出了世界上第一根实用化的光纤。

　　由于光波频率比微波高，故光波具有很大的通信容量，理论上，一根光纤可同时传输近亿路电话和万路电视节目，远非其他传输介质可比。目前世界各国的干线传输网络主要是由光纤构成的。另外，光纤不易受电磁干扰和噪声的影响，可进行远距离高速率的数据传输，而且具有很好的保密性能。其缺点是光纤弯曲半径不宜过小，光纤连接切断工艺较复杂，分路、耦合麻烦，传输电信号需要光电转换。

8.3　调制和解调

　　信息源所发出的信号往往不适合于特定媒介的传递，例如人类的声音的频率范围是 10Hz～20000Hz，这种频率的电磁波在大气层中将很快地衰减，因此必须将信息加载到频率比较高的信号上去以减少信号衰减的速度。

　　调制（Modulation）就是对载有信息的信号进行变换，使之适应于特定媒介的传递。解调（Demodulation）就是将载有信息的信号从已经调制的信号中提取出来的过程。在本章的范围内，狭义地讲，调制就是用一个信号（原信号）去控制另一个信号（载波信号）的某个参数的过程。调制的目的为：使被传输信号与信道的传输特性相匹配，提高无线通信中天线的辐射效率；实现信道的多路复用，提高信道利用率；扩展信号带宽，提高系统抗干扰、抗衰落能力。

8.3.1　正弦幅度调制

　　幅度调制（Amplitude Modulation，AM）就是用一个信号去控制另一个信号的振幅。幅度调制一般是通过一个乘法器来实现的，如图 8-19 所示。记载有信息的信号 $x(t)$ 被称为调制信号（Modulating Signal），与调制信号相乘的信号 $c(t)$ 称为载波信号（Carrier Wave 或 Carrier）。

$$y(t) = x(t)\, c(t) \tag{8-1}$$

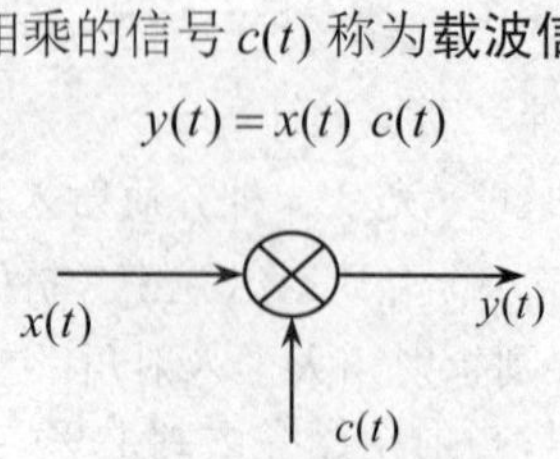

图 8-19 乘法器

$y(t)$ 被称为**已调信号**（Modulated Signal），在幅度调制中，有时也被称为 AM 信号。如果 $c(t)$ 为正弦信号，则这个过程称为**正弦幅度调制**，这是因为正弦载波信号 $c(t)$ 的幅度随着信号 $x(t)$ 变化；如果 $c(t)$ 为脉冲信号，则这个过程称为**脉冲幅度调制**。

用于正弦幅度调制的载波 $c(t)$ 一般是：

$$c(t) = \cos(\omega_c t + \theta_c) \tag{8-2}$$

其中 ω_c 被称为载波频率。

图 8-20 给出了由 Matlab 生成的调制信号为 $x(t) = 1 + 0.5\sin(2\pi t) + 0.4\cos(6\pi t)$、载波信号为 $c(t) = \cos(80\pi t)$ 时 2 秒时间的 AM 信号波形。

```
t=0:0.001:2;
x=(1+0.5*sin(2*pi*t)+0.4*cos(6*pi*t)).*cos(80*pi*t);
plot(t,x);
```

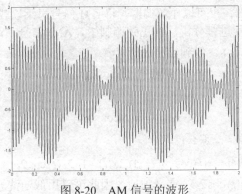

图 8-20　AM 信号的波形

通过图 8-20 可以看出，AM 信号的"轮廓"就是调制信号 $x(t)$，一般将这个"轮廓"称为**包络线**（Envelop）。设定调制信号 $x(t)$ 是一个带宽有限的信号，其频谱 $X(j\omega)$ 如图 8-21 所示。由第 4 章内容可知，正弦载波信号 $\cos\omega_c t$ 的频谱是：

$$C(j\omega) = \pi[\delta(\omega - \omega_c) + \delta(\omega + \omega_c)] \tag{8-3}$$

图 8-22 所示是正弦载波信号 $\cos\omega_c t$ 的频谱 $C(j\omega)$ 的图示。

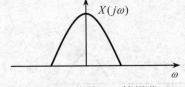

图 8-21　带限信号 $x(t)$ 的频谱 $X(j\omega)$

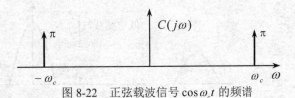

图 8-22　正弦载波信号 $\cos\omega_c t$ 的频谱

依据傅里叶变换的相乘性质，得到已调信号 $y(t)$ 的频谱 $Y(j\omega)$ 为：

$$Y(j\omega) = \frac{1}{2\pi}[X(j\omega) * C(j\omega)]$$

将式（8-3）代入上式，可得：

$$Y(j\omega) = \frac{1}{2}[X(j(\omega - \omega_c)) + X(j(\omega + \omega_c))] \tag{8-4}$$

图 8-23 显示了式（8-4）表示的频谱。可见，幅度调制在频域表现为对原信号频谱的"搬移"，即频移。

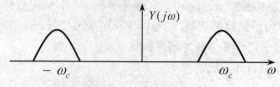

图 8-23　AM 信号的频谱

8.3.2　正弦幅度调制的解调

本节讨论 AM 信号的解调。如前所述，信号的解调就是将载有信息的信号从已经调制的信号中提取出来的过程。AM 信号解调的方法可分为同步解调和非同步解调。需要与载波信号同频同相位的信号参与解调的解调方式称为**同步（Synchronous）解调**，否则称为**非同步（Asynchronous）解调**。

1. 同步解调

乘法器不但可以作调制器，也可以作解调器。将 AM 信号再乘以载波信号就可以解调该信号。

下面在时域中对解调过程进行分析，在正弦调制中，AM 信号 $y(t)$ 为 $y(t) = x(t)\cos\omega_c t$，AM 信号 $y(t)$ 再乘以载波信号 $\cos\omega_c t$，得到信号 $w(t)$：

$$w(t) = y(t)\cos\omega_c t \tag{8-5}$$

也就是：

$$w(t) = x(t)\cos^2\omega_c t \tag{8-6}$$

其中 $\cos^2\omega_c t = 1/2 + 1/2\cos 2\omega_c t$，那么：

$$w(t) = x(t)\cos^2\omega_c t = 1/2 x(t) + 1/2 x(t)\cos 2\omega_c t \tag{8-7}$$

式（8-7）的后一项 $1/2 x(t)\cos 2\omega_c t$ 是高频项，因此可以用低通滤波器滤掉该高频项，从而还原调制信号 $x(t)$。

下面在频域对解调过程进行分析。AM 信号的频谱 $Y(j\omega)$ 可以认为是由调制信号的频谱 $X(j\omega)$ "搬移"到频率 $-\omega_c$ 和 ω_c 处而形成的。式（8-4）和图 8-24 反映了这种情况。如果用载波信号 $\cos\omega_c t$ 再对 AM 信号 $y(t)$ 进行调制，则相当于再将 AM 信号的频谱 $Y(j\omega)$ "搬移"到频率 $-\omega_c$ 和 ω_c 处而形成的解调输出频谱 $W(j\omega)$。图 8-8（a）是 $W(j\omega)$ 的频谱示意图，可见，加一个低通滤波器就可以从 $W(j\omega)$ 中恢复调制信号 $x(t)$。

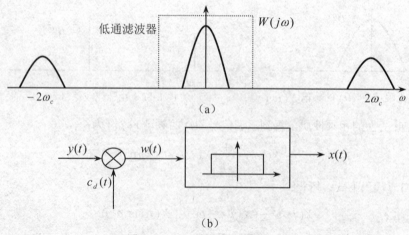

图 8-24　AM 信号的同步解调

同步解调要求参与解调的信号 $c_d(t)$ 与调制信号的载波 $c(t)$ 在频率和相位上都保持一致。下面分析一下，两者相位不一致和频率不一致所造成的解调输出信号的失真。

（1）$c_d(t)$ 和 $c(t)$ 的相位不一致。

$$w(t) = x(t)\cos(\omega_c t + \theta_c)\cos(\omega_c t + \varphi_c) \tag{8-8}$$

$$\cos(\omega_c t + \theta_c)\cos(\omega_c t + \varphi_c) = \frac{1}{2}\cos(\theta_c - \varphi_c) + \frac{1}{2}\cos(2\omega_c t + \theta_c + \varphi_c) \tag{8-9}$$

$$w(t) = \frac{1}{2}\cos(\theta_c - \varphi_c)x(t) + \frac{1}{2}x(t)\cos(2\omega_c t + \theta_c + \varphi_c) \tag{8-10}$$

如此可见，相位不一致会产生信号衰减，衰减因子为 $\cos(\theta_c - \varphi_c)/2$。最严重的情况，当相位差 $\theta_c - \varphi_c$ 为 90°时，信号被衰减到零。

（2）频率不一致。

如果调制载波信号 $c(t)$ 的频率为 ω_c，解调载波信号 $c_d(t)$ 的频率为 $\omega_c + \varepsilon$，则如图 8-25 所示，$c_d(t)$ 和 $c(t)$ 的频率不一致，会导致 AM 解调输出信号频谱上的错位，从而产生**频率失真**（Frequency Distortion）。

图 8-25　同步解调中的频率失真

有一种所谓的**锁相环**（Phase-Locked Loop）电路能够检测出两个正弦信号的相角 $\theta(t) = \omega_c t + \theta_c$ 的差异，并且用这个差异去控制其中一个正弦信号的振荡频率，从而使两个正弦信号的相角保持一致。两个不同相位的信号或者两个不同频率的信号，$x(t)\cos(\omega_c t + \theta_c)$ 和 $x(t)\cos((\omega_c + \varepsilon)t + \theta_c)$ 都必然导致相角的不同，因此锁相环电路既能保证两个信号同频率，又能保证两个信号同相位。同步解调就可以利用锁相环电路来调节本地振荡 $c_d(t)$ 的频率，从而使解调器的本地振荡和 AM 信号的载波 $c(t)$ 在频率和相位上都保持一致。因为锁相环的加入会使同步解调的电路显得复杂一些。

2. 非同步解调

同步解调使得接收机的电路变得复杂而且昂贵，这种解调方式对于一对多的通信方式，例如对公众的无线电广播，尤其显得不经济。一种被称为**包络检波器**（Envelope Detector）的非同步解调电路可以使得 AM 信号的解调变得十分简单，从而得到了广泛的使用。

这种包络检波器是由一个二极管和一个电容组成的。图 8-26 所示是包络检波器的基本构造，其中 VD 为检波二极管，C 为检波电容，R 为负载。包络检波器是一个非线性电路，它的输出随着输入信号的包络变化。

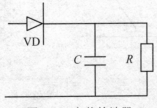

图 8-26　包络检波器

结合图 8-27 简单分析一下它的工作原理。当输入的 AM 信号处于正半周时，二极管导通，负载 R 上充电到输入信号的峰值电压，当输入信号的幅度低于电容器 C 所充到的峰值电压时，二极管截止，由于载波频率很高，电还没有放完，下一个正半周就到了，二极管再次导通，周而复始，

在负载 R 上可以得到一个跟随输入信号包络变化的电压信号。

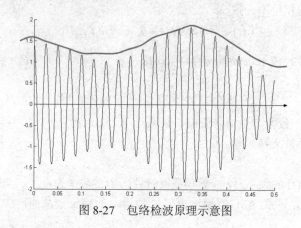

图 8-27 包络检波原理示意图

采用包络检波方式的情况，为了信号不失真，AM 信号必须要满足两个条件：

（1）调制信号 $x(t)$ 要大于零，即：$x(t) > 0$。

（2）$x(t)$ 的变化比载波要慢得多，即 $\omega_M << \omega_c$，其中 ω_M 是调制信号 $x(t)$ 的带宽。

第二个条件比较容易满足，关键是第一个条件。自然的信号 $x(t)$ 总是有正有负的。那么，为了满足第一条件，可以采用加直流分量的方式，使得 $\forall t: x(t) + A > 0$，再用 $x(t) + A$ 作为调制信号：

$$y(t) = (x(t) + A)\cos \omega_c t \tag{8-11}$$

这样式（8-11）表示的 AM 信号的频谱就如图 8-28 所示。如果第一个条件不能满足，就会出现如图 8-13 所示的**交越失真**。在图 8-29 中，（a）是调制信号 $x(t) + A$ 的波形，（b）是 AM 信号的波形，（c）是包络检测器的输出。

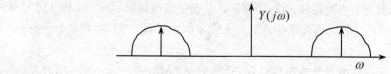

图 8-28 有直流分量的正弦调制信号

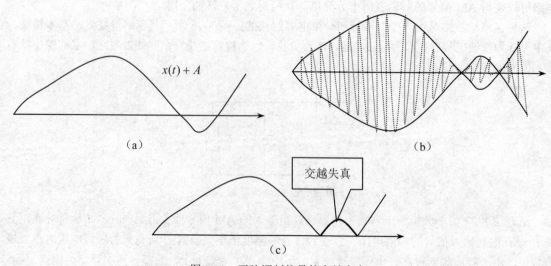

图 8-29 正弦调制信号的交越失真

如果 $\forall t$: $|x(t)| < K$ ，也就是说，K 是信号 $x(t)$ 的峰值，则 K/A 称为**调制百分比**（Modulation Percentage）。

在这种包络检测器的非同步解调方式中，因为在已调信号的频谱上具有一个载波频谱，因此要求发射功率大，这是其缺点。但是因为接收机简单，这种包络检测器的非同步解调方式在无线电广播中被广泛使用。同步解调方式，虽然接收机复杂，但是发射功率小，广泛应用于发射功率比较宝贵的场合，例如军用无线电、卫星通讯、移动通讯等。两种方式各有优缺点，需要针对具体应用进行取舍。

8.3.3　频分复用

通讯系统中，往往要求在一个信道里面传输多路信号，这就是**多路复用**（Multiplexing）。多路复用技术是通讯领域应用最为广泛的技术之一，例如有线电视（CATV）可以在一条物理通道上传输多路电视信号；ADSL 可以与普通电话共用一条电话线，打电话和上网可以同时进行；无线电通讯；海底光缆可以同时传递海量的不同信号。正弦幅度调制能够将不同的信号调制到不同的频率附近，如果让这些信号在频谱上不重叠，就能够实现多路复用，图 8-30 反映了这种情况，这种方式称为**频分复用**（Frequency-division Multiplexing，FDM）。

在图 8-30 中，（a）、（b）、（c）分别图示了三路信号的频谱，（d）是这些信号经 AM 调制后叠加在一起的结果。图中的 $Z(j\omega)$ 就是在信道中被传递的信号。为了从 FDM 信号里面提取所需要的信号，我们一般使用选频电路。所谓的**选频电路**（Frequency Selection Circuit）实际上就是一个带通滤波器，收音机的调谐电路和电视机的高频头都属于选频电路。

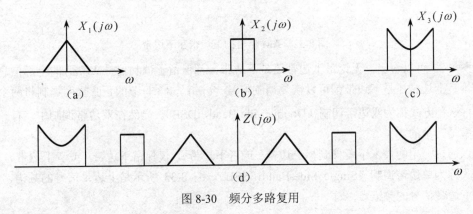

图 8-30　频分多路复用

图 8-31 说明了利用带通滤波器从 FDM 信号中还原信号的原理，其中（a）是选频电路的频率响应，（b）是 FDM 信号，（c）是选频电路的输出信号的频谱。

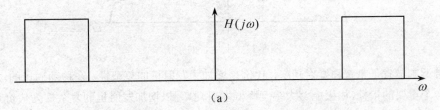

图 8-31　带通滤波器（选频电路）还原频分复用信号

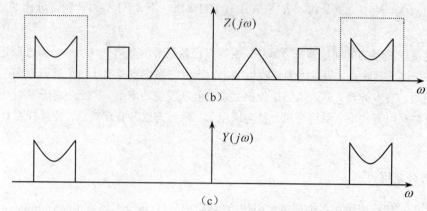

（b）

（c）

图 8-31　带通滤波器（选频电路）还原频分复用信号（续图）

8.3.4　单边带幅度调制

通过图 8-32 来回顾一下正弦幅度调制信号的频谱。

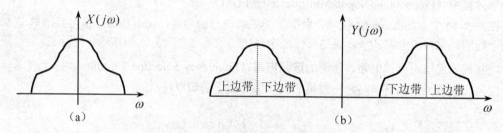

（a）　　　　　　　　　　　　　　（b）

图 8-32　AM 信号的上边带和下边带

从图 8-32 可以看出，无论是上边带还是下边带，都保留了调制信号 $X(j\omega)$ 的全部信息。或者说，无论是上边带还是下边带都可以恢复调制信号 $X(j\omega)$。8.3.1 节的正弦幅度调制将两个边带一起传递，这种方式称为**双边带调制**（Double Side-Band，DSB）。显然在双边带调制中，有一半的带宽和功率是冗余的。

可以通过一定的技术手段抑制掉上边带（或者下边带），仅保留下边带（或者上边带），这样的调制方式称为**单边带调制**（Single Side-Band，SSB）。图 8-33 所示是上边带信号的频谱，图 8-34 所示是下边带信号的频谱。

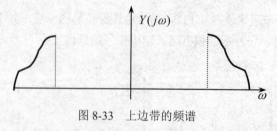

图 8-33　上边带的频谱

单边带调制节省了带宽和发射功率，代价是增加了发射机的复杂性。在移动通讯的场合，电池的容量是一个重要的指标，如果能够大幅度降低发射功率，以增加发射机的复杂性为代价是值得的。20 世纪 60 年代的军用步话机采用的就是单边带通讯技术。

滤波器和移相技术都是获得单边带信号的方法。

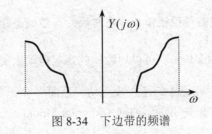

图 8-34　下边带的频谱

8.3.5　频率调制

AM 信号的抗干扰能力是有限的。一些尖峰干扰会直接加在 AM 信号的幅度上,检波后这些信号仍然留在输出信号上,再加上 AM 调制不能充分利用发射器件的动态范围,这些都造成 AM 信号的信噪比不高。我们可能有体会,日常的 AM 广播音质不佳。于是人们开始尝试在无线电广播中使用不同于 AM 的调制方式。频率调制就是其中一种。所谓频率调制(Frequency Modulation,FM)简称调频,就是用调制信号来控制正弦载波的频率。FM 信号的幅度是恒定的,信息被蕴含在频率里面,这样抗干扰能力比较强;同时,恒定幅度的 FM 信号可以工作在放大器动态范围的线性区域,从而避免非线性失真,因此 FM 信号比 AM 信号有更高的信噪比。

图 8-35 所示是 Matlab 生成的一个典型的频率调制信号。下面是生成代码:

```
t=0:0.001:2;
x=cos(100*pi*t+15*cos(4*pi*t));
plot(t,x);
axis([0,2,-2,2]);
```

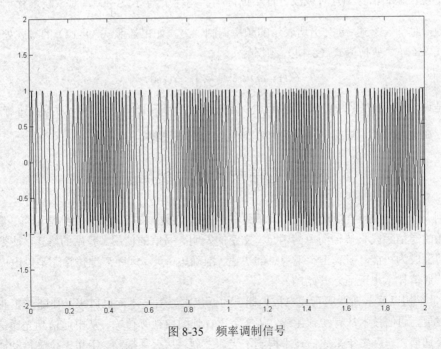

图 8-35　频率调制信号

通过正弦信号来进一步分析什么是频率:

$$A\cos(\omega_c t + \theta_c) = A\cos\theta(t) \tag{8-12}$$

其中 $\theta(t)$ 被称为**相角**,注意不同于电路分析课程里面的相位角 θ_c,这里的相角 $\theta(t)$ 是时间函数。显然 $\dfrac{\mathrm{d}}{\mathrm{d}t}\theta(t)=\omega_c$ 是频率，也就是说**相角 $\theta(t)$ 对时间的导数就是频率**。$\theta(t)$ 的量纲是"弧度"，ω_c 的量纲就是"弧度/秒"。为了加深理解，可以用物体的直线运动来类比，$\theta(t)$ 相当于距离，$\dfrac{\mathrm{d}}{\mathrm{d}t}\theta(t)$ 相当于速度，式（8-12）的情况相当于匀速直线运动。下面将看到 FM 就相当于变速直线运动。

为了更好地理解 FM，在这里先引进角调制（Angular Modulation）的概念，我们将相角看成时间的函数：

$$\theta(t)=\omega_c t+\theta_c \qquad (8\text{-}13)$$

所谓角调制就是用调制信号 $x(t)$ 去控制相角 $\theta(t)$。有两种方式可以线性地控制相角，一种是控制相位角：

$$\theta(t)=\omega_c t+\theta_0+k_p x(t) \qquad (8\text{-}14)$$

这种方式称为相位调制。

另一种方式是控制相角 $\theta(t)$ 的导数：

$$\frac{\mathrm{d}}{\mathrm{d}t}\theta(t)=\omega_c+k_f x(t) \qquad (8\text{-}15)$$

这种调制方式称为频率调制。

频率调制和相位调制有着密切的关系。对于一个式（8-14）所表达的相位调制的信号，如果按照式（8-15）的方式处理其相角，也就是将式（8-14）代入式（8-15），则有：

$$\frac{\mathrm{d}}{\mathrm{d}t}\theta(t)=\omega_c+k_p\frac{\mathrm{d}}{\mathrm{d}t}x(t) \qquad (8\text{-}16)$$

也就是说，调制信号 $x(t)$ 对载波进行相位调制，相当于其导数 $\dfrac{\mathrm{d}}{\mathrm{d}t}x(t)$ 对载波进行频率调制。

类似地，对于一个式（8-15）所表达的频率调制信号，如果按照式（8-14）的方式处理其相角，也就是将式（8-15）变换为式（8-14），则有：

$$\theta(t)=\omega_c t+\theta_0+k_f\int_{-\infty}^{t}x(\tau)\mathrm{d}\tau \qquad (8\text{-}17)$$

也就是说，调制信号 $x(t)$ 对载波进行频率调制，相当于其积分 $\int_{-\infty}^{t}x(\tau)\mathrm{d}\tau$ 对载波进行相位调制。我们知道，在电路里面，电信号的微分和积分是很容易得到的。

8.4 通信技术的发展简史

从古到今，人类的社会活动总离不开消息的传递和交换。古代人类采用结绳记事、消息树、烽火台等原始的通信手段来传输简单的消息。文字的发明、书信的使用、驿站的修建，使得详细信息的远距离传输成为可能。但真正实现消息的快速、准确、高效、远距离地传输还是以电信号为消息载体的近代通信技术出现后才开始的。

自 19 世纪初以摩尔斯发明有线电报为标志的近代电通信技术问世以来，伴随着工业革命和信息技术的发展，通信技术从有线到无线，从文字语音到图像视频传输，从电通信到光通信，从模拟通信到数字通信，一百多年来通信技术得到了飞速发展。从火星探测、卫星定位到移动通信、广播电视、数据网络服务等，通信技术已经与现代社会人们的日常生活密不可分。目前通信技术正面临着从广泛应用的宽带传输到未来的超宽带传输，从单一的业务服务向多媒体综合服务的转折。

简要回顾一下近代以来通信技术的发展历史，如表 8-2 所示。

表 8-2 通信技术发展历史简表

年份	事件
1753	2 月 17 日，《苏格兰人》杂志发表署名为 C.M 的书信，首次提出用电进行通信的设想，拉开了近代通信发展的序幕
1838	莫尔斯发明了有线电报，真正实现了用电信号传输信息（**有线电报**）
1864	麦克斯韦提出电磁辐射方程，预言了电磁波的存在
1876	贝尔发明有线电话，实现了语音的远距离传递
1887	赫兹通过实验证了电磁波的存在，打开了无线通信的大门
1896	波波夫、马可尼发明了无线电报（**无线电报**）
1906	真空管问世
1918	调幅无线电广播、超外差收音机问世，两年后在美国匹兹堡诞生了世界上第一座广播电台
1925	开始利用三路明线载波电话进行多路通信（**载波通信**）
1936	抗干扰能力更强、可实现高保真和立体声广播的调频（FM）无线电广播开播
1937	提出脉冲编码调制原理
1938	电视广播开播（**电视**）
1940～1945	第二次世界大战期间，雷达和微波通信系统迅速发展
1946	第一台电子计算机在美国问世（**电子计算机**）
1947	贝尔实验室研制出晶体管，半导体技术开始走向实用
1948	晶体管问世；香农提出信息论
1950	时分多路通信应用于电话
1956	铺设越洋电缆
1960	美国发射第一颗人造通信实验卫星，5 年后发射第一颗商用通信卫星"晨鸟号"，正式开始了卫星通信时代（**卫星通信**）
1960	梅曼发明了激光，为现代光通信的实现奠定了基础
1961	集成电路问世（**集成电路**）
1962	第一颗地球同步卫星发射；脉冲编码调制进入实用阶段
20 世纪 60 年代	彩色电视问世，人造飞船登月，出现了高速数字计算机
20 世纪 70 年代	大规模集成电路、商用卫星通信、程控数字交换机、光纤通信系统、微处理器等技术迅速发展（**光纤通信**）
20 世纪 80 年代	PC（个人计算机）、DSP（数字信号处理器）、第一代移动通信系统（模拟蜂窝网）等开始广泛应用（**蜂窝移动通信**）
20 世纪 90 年代	第二代数字移动通信系统（GSM/CDMA）、Internet、数字高清电视、GPS、基于卫星的全球移动电话系统、蓝牙技术等开始广泛应用（**因特网**）；Motorola 公司推出"铱"星系统（全球个人通信系统）
2000 年以来	第三代移动通信系统（WCDMA/CDMA2000/TD-SCDMA）广泛应用；以 LTE 为代表的第四代移动通信技术开始逐步推广应用；量子通信技术进入工程化研究阶段

根据各类通信技术在通信发展史上的地位、作用以及对人类历史的影响，我们总结了过去 100 多年来的十大通信技术，见表 8-2 中黑体标注的部分。另外，与通信技术密切相关的**半导体**、**激光**、

计算机技术与**原子能**技术一并被称为 20 世纪人类的"四大发明"。

回顾通信技术发展史可见，通信技术主要的发展都在近几十年，而且发展的速度越来越快。以个人移动通信为例，从 20 世纪 80 年代物以稀为贵的"大哥大"到目前接近人手一部的 3G 或 4G 多功能手机平台，对通信技术的快速发展我们都有深刻的切身体会，相信在不久的将来，个人移动通信的终极目标"**任何人**（Whoever）在**任何时候**（Whenever）与**任何地方**（Wherever）的**任何人**（Whoever）进行**任何形式**（Whatever：数据、语音、图像等）的通信"就会变成现实。

研讨环节：我们身边的通信系统

引言

我们知道，通信就是利用信号进行信息的传递，通信系统是用于进行通信的硬件、软件和传输媒介的集合。现代通信系统一般由信息源、发射设备、信道、接收设备、受信者五部分或五要素组成，如图 8-36 所示。

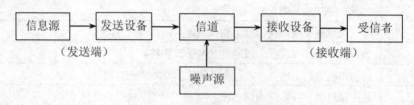

图 8-36 通信系统的一般模型

研讨提纲

1. 举出一个我们身边的现代通信系统的例子，并分别指出该例中与信息源、发射设备、信道、接收设备、受信者这通信系统五要素所对应的硬件、软件和传输媒介形式。

2. 查阅相关资料，分析上述五要素在该通信系统中的作用以及发送设备和接收设备中采用的具体技术方法，并通过与类似通信系统的比较来分析这些技术方法的优缺点。

3. 查阅相关资料，介绍该类通信系统的发展史、发展史上的重大事件，以及给人类生活所带来的影响。

思考题与习题八

8.1 以无线对讲系统为例，说明图 8-1 模型中信息源、发送设备、信道、接收设备和受信者的具体内容是什么？

8.2 无线信道分哪几种？各有什么特点？

8.3 何谓调制、解调？通信中为什么需要对信号进行调制？举例说明之。

8.4 已知两个已调制信号为：① $y_1(t) = \cos\Omega t \cdot \cos\omega_c t$；② $y_2(t) = (1 + 0.5\sin\Omega t)\cos\omega_c t$，其中 $\omega_c = 6\Omega$，分别画出这两个信号的波形图和频谱图。

参考文献

[1]　张卫钢主编. 通信原理与通信技术（第三版）. 西安：西安电子科技大学出版社，2012.

[2]　樊昌信，曹丽娜编著. 通信原理（第六版）. 北京：国防工业出版社，2010.

[3]　张亮编著. 现代通信技术与应用. 北京：清华大学出版社，2009.

第 9 章

拉普拉斯变换

在第 4 章对连续时间信号的研究中,将复变量 s 取为纯虚数,即 $s = j\omega$,可以进行信号的傅里叶变换,从而了解信号中所包含的频率成分。然而,这种变换并非对所有的连续时间信号都成立,而是要受到傅里叶变换收敛条件的限制。怎样对不满足收敛条件的信号与系统进行频域分析成为傅里叶变换无法解决的问题。

法国天文学家、数学家拉普拉斯(1749—1827)在数学上对傅里叶变换进行了推广,复变量 s 不再限定为纯虚数,而是取复数形式 $s = \sigma + j\omega$,从而形成了拉普拉斯变换。拉普拉斯变换不仅拓展了傅里叶变换的应用范围,而且能够更方便地分析 LTI 系统的各种性质,以及求解不同输入情况下系统的响应,因此在对连续时间系统的分析和综合上更具优势。

9.1   拉普拉斯变换的导出

我们知道，相当广泛的一类信号都能够用复指数信号的线性组合来表达，例如 $\cos \omega_0 t = e^{j\omega_0 t}/2 + e^{-j\omega_0 t}/2$。本节通过复指数信号激励 LTI 系统的分析导出拉普拉斯变换，并且分析拉普拉斯变换的收敛问题。

正如 3.1 节指出的，复指数信号通过一个 LTI 系统，其输出仍然为复指数信号。如图 9-1 所示，LTI 系统的输出为：

$$y(t) = e^{st} \int_{-\infty}^{\infty} h(\tau) e^{-s\tau} \, d\tau = e^{st} H(s) \tag{9-1}$$

其中：

$$H(s) = \int_{-\infty}^{\infty} h(\tau) e^{-s\tau} \, d\tau \tag{9-2}$$

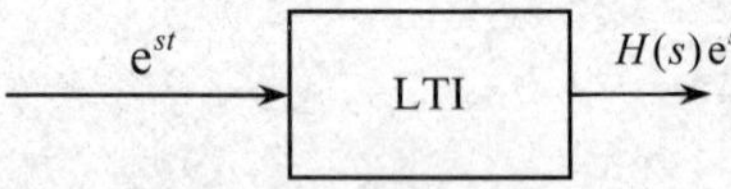

$$e^{st} \longrightarrow \boxed{\text{LTI}} \longrightarrow H(s) e^{st}$$

图 9-1   复指数信号通过 LTI 系统的情况

更一般地，定义一个从连续时间信号 $x(t)$ 到复变函数 $X(s)$ 的变换：

$$X(s) = \int_{-\infty}^{\infty} x(t) e^{-st} \, dt \tag{9-3}$$

其中 s 是复数，其直角坐标形式为 $s = \sigma + j\omega$。

记：

$$x(t) \quad \underline{L} \quad X(s) \tag{9-4}$$

这个变换称为**拉普拉斯变换**（Laplace Transform），或者简称**拉氏变换**。可见，拉氏变换是从连续时间信号到复变函数的变换。这里 $X(s)$ 是复变函数，自变量 s 是复数。

当 s 限定为纯虚数 $s = j\omega$ 时，可以得到 $X(j\omega) = \int_{-\infty}^{\infty} x(t) e^{-j\omega t} \, dt$，即为 $x(t)$ 的傅里叶变换，因此两种变换之间的关系可以描述为

$$X(s)|_{s=j\omega} = F\{x(t)\} \tag{9-5}$$

$$X(s) = X(\sigma + j\omega) = \int_{-\infty}^{\infty} [x(t) e^{-\sigma t}] e^{-j\omega t} \, dt \tag{9-6}$$

上式说明，也可以将拉氏变换看成信号 $x(t)e^{-\sigma t}$ 的傅里叶变换。

一般来说，傅里叶变换主要应用于信号的分析与综合，拉氏变换则主要应用于系统的分析与综合。所谓**系统分析**就是分析给定系统的各种性能；**系统综合**就是根据对系统的性能要求设计出合适的系统。

根据拉普拉斯变换的定义式（9-3），可以求出一些典型信号的拉普拉斯变换。

例题 9.1   求如图 9-2 所示指数信号 $x(t) = e^{-at} u(t)$ 的拉普拉斯变换。

解：当 $a > 0$ 时，$x(t)$ 是一个指数衰减的信号；当 $a < 0$ 时，$x(t)$ 是一个指数增长的信号。容易证明，只有当 $a > 0$ 时，其傅里叶变换 $X(j\omega)$ 才收敛。下面将 $x(t)$ 代入拉普拉斯变换的定义式：

$$\begin{aligned} X(s) &= \int_{-\infty}^{\infty} e^{-at} u(t) e^{-st} \, dt = \int_{0}^{\infty} e^{-(s+a)t} \, dt \\ &= \int_{0}^{\infty} e^{-(\sigma+a)t} e^{-j\omega t} \, dt \\ &= 1/(s+a) \qquad \qquad \text{当 } \operatorname{Re}\{s\} > -a \end{aligned}$$

式（9-3）表明拉普拉斯变换的解析式是一个无穷积分，这个无穷积分是存在收敛性问题的。例题 9.1 中，$\text{Re}\{s\} > -a$ 就是其拉氏变换收敛的条件，对于某些 s 值，拉普拉斯变换存在；对于另外一些 s 值，拉普拉斯变换不存在。

与傅里叶变换相比，拉普拉斯变换具有更加广泛的适用性，例如在例题 9.1 中，在 $a \leq 0$ 的情况，$x(t) = \mathrm{e}^{-at}u(t)$ 的傅里叶变换不存在，但是只要满足 $\text{Re}\{s\} > -a$，$x(t) = \mathrm{e}^{-at}u(t)$ 的拉普拉斯变换依然存在。

例题 9.2 求如图 9-3 所示的指数信号 $x(t) = -\mathrm{e}^{-at}u(-t)$ 的拉普拉斯变换。

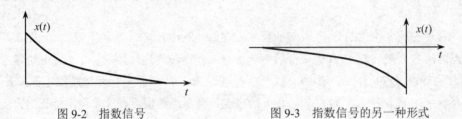

图 9-2 指数信号   图 9-3 指数信号的另一种形式

解：

$$X(s) = \int_{-\infty}^{0} -\mathrm{e}^{-at}\mathrm{e}^{-st}\mathrm{d}t = \frac{1}{s+a}$$

当 $\text{Re}\{s+a\} < 0$，也就是当 $\text{Re}\{s\} < -a$ 时，该拉氏变换收敛。

可见，信号 $x(t) = -\mathrm{e}^{-at}u(-t)$ 的拉普拉斯变换的解析式 $X(s)$ 与例题 9.1 的信号 $x(t) = \mathrm{e}^{-at}u(t)$ 是一样的，但是收敛条件不一样。

拉普拉斯变换 $X(s) = \int_{-\infty}^{\infty} x(t)\mathrm{e}^{-st}\mathrm{d}t$ 的收敛与两个因素有关：$x(t)$ 和 s；而傅里叶变换 $X(j\omega) = \int_{-\infty}^{\infty} x(t)\mathrm{e}^{-j\omega t}\mathrm{d}t$ 的收敛只与一个因素有关：$x(t)$。在拉普拉斯变换的讨论中，复数平面又称为 s 平面，s 平面上的每一个点对应一个复数。对于给定的 $x(t)$，式（9-3）对应的积分在某些 s 点上收敛，在某些 s 点上不收敛。s 平面上那些使得拉氏变换收敛的点组成的区域称为该拉氏变换的**收敛域**（Region of Convergence，ROC）。一般以 s 平面的阴影部分表示收敛域。

图 9-4（a）和（b）分别是例题 9.1 和例题 9.2 的收敛域 ROC。

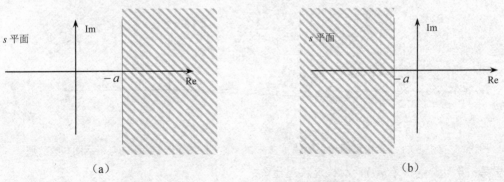

（a）   （b）

图 9-4 例题 9.1 和例题 9.2 的拉普拉斯变换的收敛域

上面两个例题分析的信号均是较为典型的信号，是后续分析的基础。

例题 9.3 求信号 $x(t) = 2\mathrm{e}^{-t}u(t) - \mathrm{e}^{-2t}u(t)$ 的拉普拉斯变换。

解：

$$X(s) = 2\int_0^\infty e^{-t} e^{-st}\,dt - \int_0^\infty e^{-2t} e^{-st}\,dt = \frac{2}{s+1} - \frac{1}{s+2}$$

$$\text{Re}\{s\} > -1 \cap \text{Re}\{s\} > -2$$

收敛域为 $\text{Re}\{s\} > -1 \cap \text{Re}\{s\} > -2$，即 $\text{Re}\{s\} > -1$，因此该拉氏变换为：

$$X(s) = \frac{s+3}{(s+1)(s+2)} \qquad \text{Re}\{s\} > -1$$

工程上用得最多的是**有理拉氏变换**，也就是解析式形如 $X(s) = N(s)/D(s)$ 的拉普拉斯变换，其中 $N(s)$ 和 $D(s)$ 均为 s 的多项式。例如，当 LTI 系统能够用常微分方程表征时，其系统函数就是有理拉氏变换。

通常，有理拉氏变换式的分子 $N(s)$ 的根称为**零点**（Zero），在 s 平面上以"○"标识，根的阶数就是**零点的阶数**，例如若 $N(s)$ 因式分解后包含 $(s-a)^m$ 项，那么 a 称为 $X(s)$ 的 m **阶零点**；分母 $D(s)$ 的根称为**极点**（Pole），在 s 平面上以"×"标识，根的阶数就是**极点的阶数**，例如若 $D(s)$ 因式分解后有 $(s-a)^n$ 项，那么 a 称为 $X(s)$ 的 n **阶极点**；将零点和极点在 s 平面上标记出来而形成的图称为**零极点图**（Pole-Zero Plots）。图 9-5 所示就是例题 9.3 的零极点图和收敛域。

例题 9.4 求信号 $x(t) = \delta(t) - \frac{16}{3}e^{-t}u(t) + \frac{1}{3}e^{2t}u(t)$ 的拉普拉斯变换。

解：由拉普拉斯变换的定义式，易得：

$$\delta(t) \underset{}{\overset{L}{\longrightarrow}} 1, \quad \text{ROC} = R^2 \tag{9-7}$$

也就是说 $\delta(t)$ 的拉氏变换的解析式为 1，收敛域为整个 s 平面。这也是一个典型信号的拉氏变换。

$$X(s) = 1 - \frac{16}{3}\frac{1}{s+1} + \frac{1}{3}\frac{1}{s+2}$$

$$\text{Re}\{s\} > -1 \cap \text{Re}\{s\} > -2$$

整理后，得：

$$X(s) = \frac{(s-3)^2}{(s+1)(s-2)} \qquad \text{Re}\{s\} > 2$$

图 9-6 所示是该拉氏变换的零极点图和收敛域。其中 $s=3$ 为二阶零点，在零极点图上表示为两个同心圆"◎"。

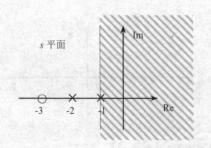

图 9-5 例题 9.3 的零极点图和收敛域

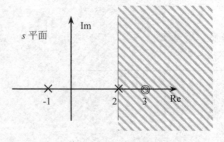

图 9-6 例题 9.4 的零极点图和收敛域

思考：单位阶跃信号 $u(t)$ 的拉氏变换是什么？

9.2 拉氏变换收敛域的性质

不同信号的拉普拉斯变换可能出现解析式相同而收敛域不同的情况。因此，收敛域也是拉普拉斯变换的一个重要属性。拉普拉斯变换的全部特征由两个部分组成：解析表达式 $X(s)$ 和收敛域。

泛泛而谈一个无穷积分的收敛性是非常困难的，但是在后面的讨论中我们将看到，拉氏变换无穷积分的收敛性可以充分利用该变换的特殊性来分析。下面来分析一些收敛域的性质。

性质 1：拉氏变换的收敛域由 s 平面上平行于虚轴的带状区域组成。

考察拉氏变换的表达式：

$$X(s) = \int_{-\infty}^{\infty} x(t) e^{-(\sigma+\omega)t} dt = \int_{-\infty}^{\infty} x(t) e^{-\sigma t} e^{-j\omega t} dt \tag{9-8}$$

可以看出，信号 $x(t)$ 的拉氏变换的收敛问题等价于信号 $x(t)e^{-\sigma t}$ 傅里叶变换的收敛问题。因此 $X(s)$ 收敛与否只与 $s = \sigma + j\omega$ 的实部 σ 有关。也就是说，如果拉普拉斯变换在 $\sigma_0 + j\omega_0$ 处收敛，则对于任意的 $\omega \in R$，在 $\sigma_0 + j\omega$ 处都收敛，这些点在 s 平面上构成了一条垂直于实轴、平行于虚轴的直线。

通过前面几个例子还可以看到 ROC 是开集，也就是说不包含过极点且平行于虚轴的直线。

性质 2：对于有理拉普拉斯变换来说，ROC 内不包括任何极点。

这是非常显然的，极点处 $X(s)$ 无限大，不收敛。毫无疑问，零点可以在有理拉氏变换的收敛域里面。

在进一步讨论之前，先引入一些概念：

（1）信号 $x(t)$ 被称为**有限时宽信号**，如果 $\exists M$，对于 $\forall |t| > M$，有：

$$x(t) = 0 \tag{9-9}$$

图 9-7 所示就是一个有限时宽的信号。

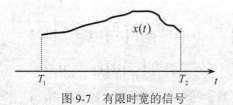

图 9-7 有限时宽的信号

（2）信号 $x(t)$ 被称为**右边信号**（Right-Sided Signal），如果 $\exists M$，对于 $\forall t < M$，有：

$$x(t) = 0 \tag{9-10}$$

就是说，右边信号在某一个时间点之前为 0，例如例题 9.1。

（3）信号 $x(t)$ 被称为**左边信号**（Left-Sided Signal），如果 $\exists M$，对于 $\forall t > M$，有：

$$x(t) = 0 \tag{9-11}$$

就是说，左边信号在某一个时间点以后为 0，例如例题 9.2。

（4）形如 $\text{Re}\{s\} < a$ 的收敛域被称为**左边的收敛域**，也可以形式化地写成：

$$\sigma_0 \in \text{ROC} \to \forall \sigma < \sigma_0: \ \sigma \in \text{ROC}$$

（5）形如 $\text{Re}\{s\} > a$ 的收敛域被称为**右边的收敛域**，也可以形式化地写成：

$$\sigma_0 \in \text{ROC} \to \forall \sigma > \sigma_0: \ \sigma \in \text{ROC}$$

回顾傅里叶变换收敛的狄里赫利条件，在工程上，绝大部分信号都是满足狄里赫利条件 2 和 3 的，因此在傅里叶变换的收敛性分析中，主要关注狄里赫利条件 1，即绝对可积条件。不严格地，可将信号 $x(t)$ 绝对可积作为积分 $\int_{-\infty}^{\infty} x(t) e^{-j\omega t} dt$ 收敛的充分必要条件，即：

$$\int_{-\infty}^{\infty} x(t) e^{-j\omega t} dt \ \text{收敛} \Leftrightarrow \int_{-\infty}^{\infty} |x(t)| dt < \infty$$

而 $X(s) = \int_{-\infty}^{\infty} x(t)\mathrm{e}^{-(\sigma+\omega)t}\mathrm{d}t = \int_{-\infty}^{\infty} x(t)\mathrm{e}^{-\sigma t}\mathrm{e}^{-j\omega t}\mathrm{d}t$，因此信号 $x(t)$ 的拉普拉斯变换在 $s = \sigma + j\omega$ 处收敛的充要条件为 $\int_{-\infty}^{\infty} |x(t)\mathrm{e}^{-\sigma t}|\,\mathrm{d}t < \infty$。

性质 3： 如果 $x(t)$ 是有限时宽的信号，并且至少存在一个 s 值，使得其拉普拉斯变换收敛，那么 ROC 是整个 s 平面。

证明： 设 $x(t)$ 为图 9-7 所示的有限时宽信号，如果 $X(s_0)$ 收敛，且 $s_0 = \sigma_0 + j\omega_0$，则有如下关系：

$$\int_{T_1}^{T_2} |x(t)\mathrm{e}^{-\sigma_0 t}|\,\mathrm{d}t < \infty$$

等价于

$$\int_{T_1}^{T_2} |x(t)\mathrm{e}^{-\sigma_0 t}|\,\mathrm{d}t < \infty$$

（1）当 $\sigma > \sigma_0$ 时：

$$\int_{T_1}^{T_2} |x(t)|\mathrm{e}^{-\sigma t}\mathrm{d}t = \int_{T_1}^{T_2} |x(t)\mathrm{e}^{-\sigma_0 t}|\,\mathrm{d}t < \infty$$
$$\leqslant \mathrm{e}^{-(\sigma-\sigma_0)T_1} \int_{T_1}^{T_2} |x(t)|\mathrm{e}^{-\sigma_0 t}\mathrm{d}t < \infty \qquad (9\text{-}12)$$

这是考虑到 $-(\sigma-\sigma_0)$ 为负数，在 t 从 T_1 变化到 T_2 的过程中，$\mathrm{e}^{-(\sigma-\sigma_0)t}$ 为图 9-8 所示的减函数，因此对于任意的 $t \in [T_1, T_2]$，均有 $\mathrm{e}^{-(\sigma-\sigma_0)T_1} \geqslant \mathrm{e}^{-(\sigma-\sigma_0)t}$。由式（9-12）可知，当 $\sigma > \sigma_0$ 时，$X(s)$ 在 $s = \sigma + j\omega$ 处收敛。

（2）当 $\sigma < \sigma_0$ 时：

$$\int_{T_1}^{T_2} |x(t)|\mathrm{e}^{-\sigma t}\mathrm{d}t = \int_{T_1}^{T_2} |x(t)\mathrm{e}^{-\sigma_0 t}|\,\mathrm{d}t < \infty$$
$$\leqslant \mathrm{e}^{-(\sigma-\sigma_0)T_2} \int_{T_1}^{T_2} |x(t)|\mathrm{e}^{-\sigma_0 t}\mathrm{d}t < \infty \qquad (9\text{-}13)$$

这是考虑到 $-(\sigma-\sigma_0)$ 为正数，在 t 从 T_1 变化到 T_2 的过程中，$\mathrm{e}^{-(\sigma-\sigma_0)t}$ 为图 9-9 所示的增函数，因此对于任意的 $t \in [T_1, T_2]$，均有 $\mathrm{e}^{-(\sigma-\sigma_0)T_2} \geqslant \mathrm{e}^{-(\sigma-\sigma_0)t}$。由式（9-13）可知，当 $\sigma < \sigma_0$ 时，$X(s)$ 在 $s = \sigma + j\omega$ 处也收敛。

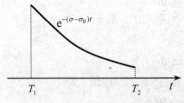

图 9-8　有限时宽的单调减信号

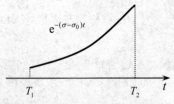

图 9-9　有限时宽的单调增信号

综合（1）和（2）两种情况，可知性质 3 成立。

性质 4： 如果 $x(t)$ 是右边信号，则 ROC 也是右边的。

证明： 设 $x(t)$ 为图 9-10（a）所示的右边信号，其拉氏变换在 $s_0 = \sigma_0 + j\omega$ 处收敛，那么 $\int_{T_1}^{\infty} |x(t)|\mathrm{e}^{-\sigma_0 t}\mathrm{d}t < \infty$。

设 $\sigma > \sigma_0$，那么：

$$\int_{T_1}^{\infty} |x(t)|\mathrm{e}^{-\sigma t}\mathrm{d}t = \int_{T_1}^{\infty} |x(t)|\mathrm{e}^{-\sigma_0 t}\mathrm{e}^{-(\sigma-\sigma_0)t}\mathrm{d}t$$

$$\leqslant e^{-(\sigma-\sigma_0)T_1}\int_{T_1}^{T_2}|x(t)|e^{-\sigma_0 t}\mathrm{d}t < \infty \qquad (9\text{-}14)$$

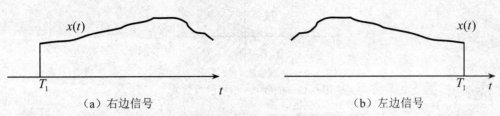

（a）右边信号 　　　　　　　　　（b）左边信号

图 9-10　右边信号和左边信号

因此该拉氏变换在 $s=\sigma+j\omega$ 处也收敛。

例题 9.1 就是一种典型的右边信号的情况。同理，也可以得出左边信号的结论。

性质 5： 如果 $x(t)$ 是左边信号，则 ROC 是左边的。

性质 6： 如果 $x(t)$ 是双边信号（Two-Sided Signal），而且在 $s_0=\sigma_0+j\omega$ 处收敛，则 ROC 是一条垂直于实轴且包含 s_0 的带状区域。

证明： 考虑将双边信号 $x(t)$ 分解为左边信号和右边信号之和：

$$x(t)=x_L(t)+x_R(t) \qquad (9\text{-}15)$$

因此双边信号 $x(t)$ 的 ROC 是左边信号 $x_L(t)$ 的 ROC 和右边信号 $x_R(t)$ 的 ROC 的**交集**（Intersection）。左边 ROC 和右边 ROC 的交集有两种情况：①空集；②垂直于实轴的带状区域。

例题 9.5 求如图 9-11 所示信号 $x(t)=e^{-b|t|}$ 的拉氏变换。

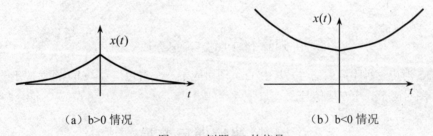

（a）b>0 情况 　　　　　　　　　（b）b<0 情况

图 9-11　例题 9.5 的信号

解： 将信号 $x(t)$ 分解成左边信号和右边信号之和：$x(t)=e^{-bt}u(t)+e^{bt}u(-t)$。

依据例题 9.1 和例题 9.2，可得：

$$e^{-bt}u(t)\overset{L}{\leftrightarrow}\frac{1}{s+b},\quad \mathrm{Re}\{s\}>-b$$

$$e^{bt}u(-t)\overset{L}{\leftrightarrow}\frac{-1}{s-b},\quad \mathrm{Re}\{s\}<b$$

因此：

$$x(t)\overset{L}{\leftrightarrow}\frac{-1}{s-b}+\frac{1}{s+b}=\frac{-2b}{s^2-b^2}$$

收敛域依赖于 b 的取值：当 $b>0$ 时，$-b<\mathrm{Re}\{s\}<b$，ROC 如图 9-12 所示；当 $b<0$ 时，ROC 为空集。

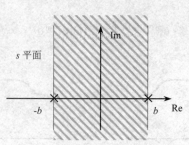

图 9-12　例题 9.5 信号的收敛域

综合以上的分析，拉氏变换的收敛域 ROC 有以下 5 种情况：①整个 s 平面；②右边平面；③左边平面；④一条垂直于实轴的带状区域；⑤空集，并且有理拉氏变换的 ROC 总是被极点阻断，这个结论在这里不加严格的证明。

例题 9.6　分析拉氏变换 $X(s) = \dfrac{1}{(s+1)(s+3)}$ 可能的收敛域情况。

解：显然该拉氏变换在-1、-3 处有两个极点，在收敛域不为空的情况下，对应的 ROC 有如图 9-13 所示的三种情况。

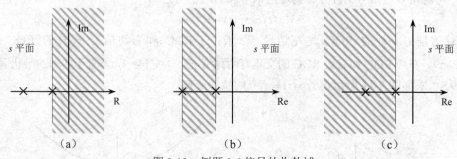

图 9-13　例题 9.6 信号的收敛域

三种 ROC 对应三种不同的信号，其中（a）图对应于一个右边信号，（b）图对应于一个双边信号，而（c）图对应于一个左边信号。

9.3　拉普拉斯反变换

拉普拉斯反变换就是通过拉普拉斯变换的解析式 $X(s)$ 和收敛域求出原信号 $x(t)$。对于某一个固定的实数 σ，设其所在的平行于虚轴的直线在收敛域里面，即对于任意的 ω，均有 $s = \sigma + j\omega \in$ ROC，那么：

$$X(s) = \int_{-\infty}^{\infty} x(t)\mathrm{e}^{-\sigma t}\mathrm{e}^{-j\omega t}\mathrm{d}t == F\{x(t)\mathrm{e}^{-\sigma t}\}$$

可以通过傅里叶反变换求连续信号 $x(t)\mathrm{e}^{-\sigma t}$：

$$x(t)\mathrm{e}^{-\sigma t} = \frac{1}{2\pi}\int_{-\infty}^{\infty} X(s)\mathrm{e}^{j\omega t}\mathrm{d}\omega$$

$$x(t) = \frac{1}{2\pi}\int_{-\infty}^{\infty} X(s)\mathrm{e}^{(\sigma + j\omega)t}\mathrm{d}\omega$$

进行 $s = \sigma + j\omega$ 的变量替换，则有 $\mathrm{d}s = jd\omega$：

$$x(t) = \frac{1}{2\pi j}\int_{\sigma - j\infty}^{\sigma + j\infty} X(s)\mathrm{e}^{st}\mathrm{d}s \tag{9-16}$$

这就是**拉普拉斯反变换**（Inverse Laplace Transformation）公式。该式表明可以这样来求取拉普拉斯反变换：在收敛域内任取一实数 σ，在复平面内将复变函数 $X(s)\mathrm{e}^{st}$ 沿着一条过 σ 点且平行于虚轴的直线进行线积分。然而，这个积分并不容易得到解析结果。所幸的是，在许多工程情况下，只需要分析有理拉氏变换，此时可以不必计算式（9-16）的线积分，而是通过**部分分式展开**（Partial Fraction Expansion）将拉氏变换式分解成简单的、典型信号的拉氏变换，然后直接写出反变换的结果。

一般地，通常将有理拉氏变换的解析式 $X(s)$ 进行如下形式的分解：

$$X(s) = \frac{N(s)}{D(s)} = \sum_{k=1}^{M}\sum_{i=1}^{N}\frac{A_{ik}}{(s+a_i)^k} \tag{9-17}$$

在无高阶极点的情况下，可以进一步简化为：

$$X(s) = \frac{N(s)}{D(s)} = \sum_{i=1}^{N}\frac{A_i}{s+a_i} \tag{9-18}$$

其中 $A_i = [(s+a_i)X(s)]_{s=-a_i}$。

例题 9.7 求 $X(s) = \dfrac{1}{(s+1)(s+3)}$ 的拉氏反变换，其中信号 $x(t)$ 为右边信号。

解：
$$X(s) = \frac{1}{(s+1)(s+3)}$$
$$= \frac{A_1}{(s+1)} + \frac{A_2}{(s+3)} = \frac{1/2}{(s+1)} - \frac{1/2}{(s+3)}$$

其中 $A_1 = \dfrac{1}{s+3}\Big|_{s=-1} = 1/2$，$A_2 = \dfrac{1}{s+1}\Big|_{s=-3} = -1/2$。$s=-1$ 和 $s=-3$ 为两个极点，考虑到右边信号的情况，收敛域为 $\mathrm{Re}\{s\} > -1$。依据例题 9.1，有：

$$\mathrm{e}^{-t}u(t) \overset{L}{\longrightarrow} \frac{1}{s+1},\quad \mathrm{Re}\{s\} > -1$$

$$\mathrm{e}^{-3t}u(t) \overset{L}{\longrightarrow} \frac{1}{s+3},\quad \mathrm{Re}\{s\} > -3$$

因此：

$$x(t) = 1/2(\mathrm{e}^{-t} - \mathrm{e}^{-3t})u(t)$$

例题 9.8 求 $X(s) = \dfrac{1}{(s+1)(s+3)}$ 的拉氏反变换，其中信号 $x(t)$ 为左边信号。

解： 考虑到左边信号的情况，收敛域为 $\mathrm{Re}\{s\} < -3$，依据例题 9.2，有：

$$-\mathrm{e}^{-t}u(-t) \overset{L}{\longrightarrow} \frac{1}{s+1},\quad \mathrm{Re}\{s\} < -1$$

$$-\mathrm{e}^{-3t}u(-t) \overset{L}{\longrightarrow} \frac{1}{s+3},\quad \mathrm{Re}\{s\} < -3$$

因此：

$$x(t) = 1/2(\mathrm{e}^{-3t} - \mathrm{e}^{-t})u(-t)$$

例题 9.9 求 $X(s) = \dfrac{1}{(s+1)(s+3)}$ 的拉氏反变换，其中信号 $x(t)$ 为双边信号。

解： 考虑双边信号的情况，收敛域为 $-3 < \mathrm{Re}\{s\} < -1$。依据例题 9.1 和例题 9.2，有：

$$-\mathrm{e}^{-t}u(-t) \underline{L} \frac{1}{s+1}, \quad \mathrm{Re}\{s\} < -1$$

$$\mathrm{e}^{-3t}u(t) \underline{L} \frac{1}{s+3}, \quad \mathrm{Re}\{s\} > -3$$

因此：

$$x(t) = -1/2[\mathrm{e}^{-t}u(-t) + \mathrm{e}^{-3t}u(t)]$$

当 $X(s)$ 有重极点或者分母的阶次不高于分子的阶次时，部分分式展开式中除了在例题 9.7 到例题 9.9 中考虑的一次项外，还将包括其他的项。到 9.4 节，当讨论完拉普拉斯变换的性质以后，还将得到其他一些拉氏变换对，连同拉氏变换的性质一起，就能够将上述例子中求反变换的方法推广到任意有理变换中去。

9.4　拉普拉斯变换的性质

在傅里叶变换的应用中，傅里叶变换的性质起着很重要的作用。本节将讨论拉普拉斯变换的主要性质。很多结果的导出都和傅里叶变换中相应性质的导出类似，因此将不做详细推导。

9.4.1　线性

如果 $x_1(t) \underline{L} X_1(s)$，ROC$=R_1$；$x_2(t) \underline{L} X_2(s)$，ROC$=R_2$，则
$$ax_1(t) + bx_2(t) \underline{L} aX_1(s) + bX_2(s), \quad \mathrm{ROC} \supset R_1 \cap R_2 \tag{9-19}$$
这里" $\supset R_1 \cap R_2$ "，说明 $aX_1(s) + bX_2(s)$ 的收敛域至少是 $R_1 \cap R_2$，这是考虑零、极点有可能对消的结果。

例如取 $x_1(t) = x_2(t)$，$x(t) = x_1(t) - x_2(t) = 0$，此时 $x(t)$ 的收敛域就是全平面。

交集 $R_1 \cap R_2$ 也可能是空的，若是这样，说明 $aX_1(s) + bX_2(s)$ 没有收敛域，即 $ax_1(t) + bx_2(t)$ 不存在拉普拉斯变换。例如例题 9.5 中，当 $b < 0$ 时，左边信号 ROC 和右边信号 ROC 的交集为空集，此时不存在拉普拉斯变换。

例题 9.10　已知信号 $x_1(t) = \mathrm{e}^{-t}u(t)$ 和 $x_2(t) = \mathrm{e}^{-t}u(t) - \mathrm{e}^{-2t}u(t)$，分析信号 $x(t) = x_1(t) - x_2(t)$ 的拉氏变换的收敛域。

解：因为都是右边信号，则有：

$$X_1(s) = \frac{1}{s+1}, \quad \mathrm{Re}\{s\} > -1$$

$$X_2(s) = \frac{1}{(s+2)(s+1)}, \quad \mathrm{Re}\{s\} > -1$$

利用拉氏变换的线性性质，得：

$$X(s) = \frac{1}{s+1} - \left(\frac{1}{s+1} - \frac{1}{s+2}\right) = \frac{1}{s+2}, \quad \mathrm{Re}\{s\} > -2$$

其中极点 $s = -1$ 被对消，从而 $X(s)$ 的收敛域比 $X_1(s)$ 和 $X_2(s)$ 的收敛域的交集要"大"一些。

9.4.2　时域平移性质

如果 $x(t) \underline{L} X(s)$，ROC$=R_a$，将 $x(t - t_0)$ 代入拉氏变换定义式可得：

$$\int_{-\infty}^{\infty} x(t - t_0)\mathrm{e}^{-st}\mathrm{d}t = \int_{-\infty}^{\infty} x(t)\mathrm{e}^{-s(t+t_0)}\mathrm{d}t = \mathrm{e}^{-st_0}X(s)$$

因此时域平移性质为：

$$x(t-t_0) \ \underrightarrow{L} \ \mathrm{e}^{-st_0} X(s), \quad \mathrm{ROC}=R_b=R_a \qquad (9\text{-}20)$$

下面讨论收敛域的情况，注意到 $R_b=R_a$，如果要证明两个集合相等，就必须证明这两个集合相互包含。

（1）在 $x(t)$ 的拉氏变换收敛域中任取一点 $s_1=\sigma_1+j\omega$，即 $s_1 \in R_a$，则：

$$\int_{-\infty}^{\infty} |x(t)| \mathrm{e}^{-\sigma_1 t} \mathrm{d}t < \infty$$

进一步有：

$$\int_{-\infty}^{\infty} |x(t-t_0)| \mathrm{e}^{-\sigma_1 t} \mathrm{d}t = \int_{-\infty}^{\infty} |x(t)| \mathrm{e}^{-\sigma_1(t+t_0)} \mathrm{d}t = \mathrm{e}^{-\sigma_1 t_0} \int_{-\infty}^{\infty} |x(t)| \mathrm{e}^{-\sigma_1 t} \mathrm{d}t < \infty$$

说明在 $s_1=\sigma_1+j\omega$ 处，$x(t-t_0)$ 的拉氏变换也收敛，也就是 $s_1 \in R_b$，即 $R_b \supset R_a$。

（2）在 $x(t-t_0)$ 的拉氏变换收敛域中任取一点 $s_2=\sigma_2+j\omega$，即 $s_2 \in R_b$，则：

$$\int_{-\infty}^{\infty} |x(t-t_0)| \mathrm{e}^{-\sigma_2 t} \mathrm{d}t < \infty$$

进一步有：

$$\int_{-\infty}^{\infty} |x(t)| \mathrm{e}^{-\sigma_2 t} \mathrm{d}t = \int_{-\infty}^{\infty} |x(t-t_0)| \mathrm{e}^{-\sigma_2(t-t_0)} \mathrm{d}t = \mathrm{e}^{\sigma_2 t_0} \int_{-\infty}^{\infty} |x(t-t_0)| \mathrm{e}^{-\sigma_2 t} \mathrm{d}t < \infty$$

即在 $s_2=\sigma_2+j\omega$ 处，$x(t)$ 的拉氏变换也存在，也就是 $s_2 \in R_a$，即 $R_a \supset R_b$。

依据上述两条，可以得到结论 $R_a=R_b$。

例题 9.11 求如图 9-14 所示的锯齿波信号 $x(t)$ 的拉氏变换。

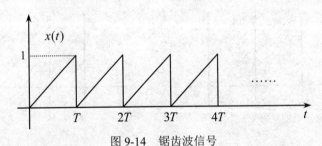

图 9-14 锯齿波信号

解：设 $x_1(t)=\dfrac{t}{T}[u(t)-u(t-T)]$，则：

$$x(t) = x_1(t) + x_1(t-T) + x_1(t-2T) + x_1(t-3T) + \dots$$

对每一项进行拉氏变换，得：

$$X(s) = X_1(s) + X_1(s)\mathrm{e}^{-sT} + X_1(s)\mathrm{e}^{-2sT} + X_1(s)\mathrm{e}^{-3sT} + \dots$$

$$= X_1(s)\frac{1}{1-\mathrm{e}^{-sT}}$$

而 $x_1(t)=\dfrac{t}{T}u(t)-\dfrac{t-T}{T}u(t-T)-u(t-T)$，因此：

$$X_1(s) = \frac{1}{Ts^2} - \frac{\mathrm{e}^{-sT}}{Ts^2} - \frac{\mathrm{e}^{-sT}}{s}$$

最终有：

$$X(s) = \left(\frac{1}{Ts^2} - \frac{\mathrm{e}^{-sT}}{Ts^2} - \frac{\mathrm{e}^{-sT}}{s}\right)\frac{1}{1-\mathrm{e}^{-sT}} \qquad \mathrm{Re}\{s\} > 0$$

例题 9.12　求信号 $x(t)=\mathrm{e}^{-at}[u(t)-u(t-t_0)]$ 的拉氏变换。

解：$x(t)=\mathrm{e}^{-at}u(t)-\mathrm{e}^{-at_0}\mathrm{e}^{-a(t-t_0)}u(t-t_0)$ 的拉氏变换为：

$$X(s)=\frac{1}{s+a}-\mathrm{e}^{-at_0}\frac{\mathrm{e}^{-st_0}}{s+a}=\frac{1-\mathrm{e}^{-(s+a)t_0}}{s+a}$$

令分子多项式 $1-\mathrm{e}^{-(s+a)t_0}=0$，可知 $X(s)$ 的零点需要满足 $(s+a)t_0=j2\pi k$，从而其零点为：

$$s=-a+j\frac{2\pi}{t_0}k\quad(k\in Z)$$

在 $s=-a$ 处，零极点对消，因此收敛域是全平面。

9.4.3　S 域平移性质

如果 $x(t)\underset{}{L}X(s)$，ROC $=R_a$，将 $\mathrm{e}^{s_0t}x(t)$ 代入拉氏变换定义式，可得：

$$\int_{-\infty}^{\infty}\mathrm{e}^{s_0t}x(t)\mathrm{e}^{-st}\mathrm{d}t=X(s-s_0)$$

因此 s 域平移性质为：

$$\mathrm{e}^{s_0t}x(t)\underset{}{L}X(s-s_0)，\text{ROC}=R_b=R_a+\mathrm{Re}\{s_0\}$$

此处 ROC 中的"+"应该理解为平移。于是，对于 R_a 中的任何一个 s 值，$s+\mathrm{Re}\{s_0\}$ 的值一定在 R_b 中，如图 9-15 所示。应该注意，如果 $X(s)$ 有一个极点或零点在 $s=a$，那么 $X(s-s_0)$ 就有一个极点或零点在 $s-s_0=a$，即 $s=a+s_0$。

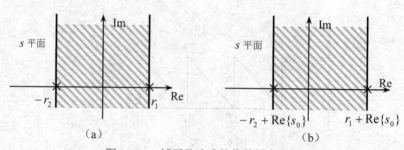

图 9-15　s 域平移造成的收敛域变化

9.4.4　时域尺度变换性质

如果 $x(t)\underset{}{L}X(s)$，ROC $=R_0$，将 $x(at)$ 代入拉氏变换的定义式，可得：

$$\int_{-\infty}^{\infty}x(at)\mathrm{e}^{-st}\mathrm{d}t\overset{u=at}{=}\begin{cases}\displaystyle\int_{-\infty}^{\infty}\frac{x(u)}{a}\mathrm{e}^{-\frac{s}{a}u}\mathrm{d}u&a>0\\[3mm]\displaystyle-\int_{-\infty}^{\infty}\frac{x(u)}{a}\mathrm{e}^{-\frac{s}{a}u}\mathrm{d}u&a<0\end{cases}$$

$$=\frac{1}{|a|}X\left(\frac{s}{a}\right)$$

因此时域尺度变换性质为：

$$x(at)\underset{}{L}\frac{1}{|a|}X\left(\frac{s}{a}\right)，\text{ROC}=R_1=aR_0 \tag{9-21}$$

其中 a 为实系数。

下面说明收敛域的变化。对于 $X(s)$ 收敛域 R_0 中的任何 s 值，如图 9-16（a）所示，as 的值一

定位于 $X(s/a)$ 的收敛域 R_1 中，如图 9-16（b）所示。也就是说，如果 $a>1$，要将 $X(s)$ 的收敛域 R_0 扩展 a 倍后成为 R_1；如果 $0<a<1$，则要将 R_0 压缩 a 倍后成为 R_1。例如信号 $\mathrm{e}^{-t}u(t)$ 和 $\mathrm{e}^{-2t}u(t)$ 拉氏变换的收敛域就说明了这样的情况。而对于 $a<0$，则要将 R_0 取一个倒置后再进行尺度变换，因此 $x(t)$ 的时间反转就对应于 ROC 的反转，即：

$$x(-t) \underset{L}{\longleftrightarrow} X(-s)，\quad \mathrm{ROC}=-R_0$$

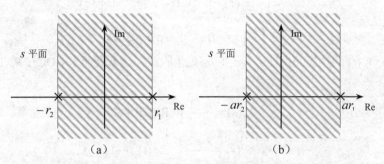

图 9-16　时域尺度变换对收敛域的影响

例题 9.13　已知 $x(t)$ 的拉普拉斯变换的解析式为 $X(s)$，求 $x(at-b)$ 拉普拉斯变换的解析式。

解：事实上，$x(at-b) = x(a(t-b/a))$，由时域尺度变换和时域平移性质，可得：

$$x(at) \underset{L}{\longleftrightarrow} \frac{1}{|a|} X\left(\frac{s}{a}\right)$$

$$x\left(t-\frac{b}{a}\right) \underset{L}{\longleftrightarrow} \mathrm{e}^{-s\frac{b}{a}} X(s)$$

因此：

$$x(at-b) \underset{L}{\longleftrightarrow} \frac{1}{|a|} \mathrm{e}^{-\frac{b}{a}s} X\left(\frac{s}{a}\right)$$

9.4.5　卷积性质

将两个信号的卷积 $x_1(t) * x_2(t)$ 按照卷积公式展开，再代入拉普拉斯变换的定义式，可以得到：

$$\int_{-\infty}^{\infty}\left[\int_{-\infty}^{\infty} x_1(\tau)x_2(t-\tau)\mathrm{d}\tau\right]\mathrm{e}^{-st}\mathrm{d}t$$

$$=\int_{-\infty}^{\infty} x_1(\tau)\left[\int_{-\infty}^{\infty} x_2(t-\tau)\mathrm{e}^{-st}\mathrm{d}t\right]\mathrm{d}\tau$$

$$=\int_{-\infty}^{\infty} x_1(\tau)\mathrm{e}^{-s\tau} X_2(s)\mathrm{d}\tau = X_1(s)X_2(s) \tag{9-22}$$

因此：

$$x_1(t) * x_2(t) \underset{L}{\longleftrightarrow} X_1(s)X_2(s)，\quad \mathrm{ROC} \supset R_1 \cap R_2 \tag{9-23}$$

也就是说，两个信号卷积的拉氏变换等于它们拉氏变换的乘积，其收敛域包含这两个信号各自收敛域的交集。这就是所谓的**卷积性质**。

下面研究卷积性质的收敛域，假设 $x_1(t)$ 和 $x_2(t)$ 的拉氏变换在 $s_1 = \sigma_1 + j\omega$ 处都收敛，也就是 $\supset R_1 \cap R_2$，且 $\int_{-\infty}^{\infty}|x_1(t)|\mathrm{e}^{-\sigma_1 t}\mathrm{d}t<\infty$，$\int_{-\infty}^{\infty}|x_2(t)|\mathrm{e}^{-\sigma_1 t}\mathrm{d}t<\infty$，则有：

$$\int_{-\infty}^{\infty} \left| x_1(t) * x_2(t) \right| e^{-\sigma_1 t} dt$$

$$= \int_{-\infty}^{\infty} \left[\int_{-\infty}^{\infty} x_1(\tau) x_2(t-\tau) d\tau \right] e^{-\sigma_1 t} dt$$

$$\leqslant \int_{-\infty}^{\infty} \left[\int_{-\infty}^{\infty} \left| x_1(\tau) \right| \left| x_2(t-\tau) \right| d\tau \right] e^{-\sigma_1 t} dt$$

$$= \int_{-\infty}^{\infty} \left| x_1(\tau) \right| \left[\int_{-\infty}^{\infty} \left| x_2(t-\tau) \right| e^{-\sigma_1 t} dt \right] d\tau$$

$$\leqslant \int_{-\infty}^{\infty} \left| x_1(\tau) \right| e^{-\sigma_1 \tau} M d\tau \leqslant MN < \infty$$

所以 $x_1(t) * x_2(t)$ 的拉氏变换在 $s_1 = \sigma_1 + j\omega$ 处也收敛，这就证明了 $\mathrm{ROC} \supset R_1 \cap R_2$。

例如，若：

$$X_1(s) = \frac{s+1}{s+2}, \quad \mathrm{Re}\{s\} > -2$$

$$X_2(s) = \frac{s+2}{s+1}, \quad \mathrm{Re}\{s\} > -1$$

那么 $X(s) = X_1(s) X_2(s) = 1$，$X(s)$ 在全平面收敛。可见，在这个例子中，卷积后的收敛域要比 $X_1(s)$ 和 $X_2(s)$ 的收敛域的交集大一些。

由于拉氏变换的卷积性质意味着时域的卷积对应于 s 域的乘积，因此在分析 LTI 系统的性质和求解 LTI 系统对输入信号的响应时，常常要用到该性质，在 9.6 节将对此进行详细描述。

9.4.6 时域微分性质

如果 $x(t) \underset{L}{\longleftrightarrow} X(s)$，$\mathrm{ROC} = R_a$，对拉氏反变换式两边求导，可得：

$$\frac{\mathrm{d}}{\mathrm{d}t} x(t) = \frac{1}{2\pi j} \int_{\sigma - j\infty}^{\sigma + j\infty} s X(s) e^{st} ds$$

因此拉氏变换的时域微分性质为：

$$\frac{\mathrm{d}x(t)}{\mathrm{d}t} \overset{L}{\longleftrightarrow} s X(s), \quad \mathrm{ROC} = R_b \supset R_a \tag{9-24}$$

也就是说，信号对时间求导后的拉氏变换等于其拉氏变换乘以 s，或者说，复频域的一个 s 相当于时域中的一次微分运算。而时域微分后拉氏变换的收敛域将包含原信号拉氏变换的收敛域。

信号对时间求导后拉氏变换的收敛域可能比信号本身拉氏变换的收敛域要大一些，即 $R_b \supset R_a$，这是因为因子 s 可能消去一个一阶极点。例如对于 $x(t) = u(t) = e^{at} u(t)$，有：

$$X(s) = \frac{1}{s}, \quad \mathrm{Re}\{s\} > 0 \tag{9-25}$$

因此，单位阶跃信号拉氏变换的收敛域为 s 右半平面。注意到单位冲激信号：

$$\delta(t) = \frac{\mathrm{d}u(t)}{\mathrm{d}t}$$

其拉氏变换为：

$$X(s) = 1 \tag{9-26}$$

也就是说，单位冲激信号拉氏变换的收敛域为 s 全平面，比右半 s 平面要大一些。

9.4.7 S 域微分性质

如果 $x(t) \underset{L}{\longleftrightarrow} X(s)$，$\mathrm{ROC} = R_a$，将拉氏正变换式两边对 s 求导，可得：

$$-tx(t) \underset{L}{} \frac{dX(s)}{ds}, \quad ROC = R_a \tag{9-27}$$

这就是拉氏变换的 s 域微分性质。收敛域的证明省略。

例题 9.14 求信号 $x(t) = te^{-bt}u(t)$ 的拉氏变换。

解：由例题 9.1 可知，$e^{-bt}u(t) \underset{L}{} 1/(s+b)$，$Re\{s\} > -b$，再利用拉氏变换的 s 域微分性质可得：

$$te^{-bt}u(t) \underset{L}{} -\frac{d}{ds}\frac{1}{s+b} = \frac{1}{(s+b)^2}, \quad Re\{s\} > -b$$

事实上，反复利用该性质可得：

$$\frac{t^2}{2}e^{-bt}u(t) \underset{L}{} \frac{1}{(s+b)^3}, \quad Re\{s\} > -b$$

或更一般的形式：

$$\frac{t^{n-1}}{(n-1)!}e^{-bt}u(t) \underset{L}{} \frac{1}{(s+b)^n}, \quad Re\{s\} > -b \tag{9-28}$$

这一形式可以用于求具有重极点有理函数的拉氏反变换，下面举例说明。

例题 9.15 考虑下面的拉普拉斯变换式：

$$X(s) = \frac{2s^2 + 5s + 5}{(s+1)^2(s+2)}, \quad Re\{s\} > -1$$

进行部分分式展开后可得：

$$X(s) = \frac{2}{(s+1)^2} - \frac{1}{s+1} + \frac{3}{s+2}, \quad Re\{s\} > -1$$

由于 ROC 是右边的，因此每一项反变换都是一个右边信号，利用式（9-28），可得反变换为：

$$x(t) = [2te^{-t} - e^{-t} + 3e^{-2t}]u(t)$$

9.4.8 时域积分性质

$$\int_{-\infty}^{t} x(\tau)d\tau \underset{L}{} \frac{1}{s}X(s) \qquad ROC \supset R \cap 右半平面 \tag{9-29}$$

证明：将积分 $\int_{-\infty}^{t} x(\tau)d\tau$ 看成是信号 $x(t)$ 与阶跃信号 $u(t)$ 的卷积，即：

$$\int_{-\infty}^{t} x(\tau)d\tau = u(t) * x(t)$$
$$U(s) = 1/s, \quad Re\{s\} > 0$$

利用 9.4.5 节的时域卷积性质，可得式（9-29）的结果。可见，信号进行时域积分后的拉氏变换等于其拉氏变换乘以 $1/s$，也就是说，复频域的一个 $1/s$ 相当于时域中的一次积分运算。

9.4.9 初值与终值定理

如果对于任意的 $t < 0$，均有 $x(t) = 0$，并且在 $t = 0$ 时，$x(t)$ 不包含冲激或者高阶阶跃函数，在这些特别限制下，可以直接从拉氏变换结果计算出初值 $x(0^+)$（即当 t 从正值方向趋于 0 时 $x(t)$ 的值）和终值 $x(\infty)$（即当 $t \to \infty$ 时 $x(t)$ 的值）。

初值定理：

$$x(0^+) = \lim_{s \to \infty} sX(s) \tag{9-30}$$

终值定理：

$$\lim_{t \to \infty} x(t) = \lim_{s \to 0} sX(s) \tag{9-31}$$

初值定理可以用于验算拉氏变换的结果是否正确，但是要注意任意 $t < 0$ 时均有 $x(t) = 0$ 的条件。终值定理主要用于求解系统的稳态响应，即 $t \to \infty$ 时系统对输入信号的响应，在 9.6 节可以看到具体的应用。

9.5　基于拉氏变换的 LTI 系统分析

在连续时间 LTI 系统的分析和综合中，拉氏变换是一个非常重要的数学工具，这一点在后续的控制类课程学习中将会有深刻的体会。本节着重讨论基于拉氏变换的连续时间 LTI 系统的性能分析，以及如何由系统的微分方程得到系统的系统函数。

9.5.1　基于拉氏变换的连续时间 LTI 系统性能分析

9.1 节曾指出，复指数信号通过一个 LTI 系统，其输出仍然为复指数信号，所不同的只是要乘以函数 $H(s)$，如图 9-17 所示，其中：

$$H(s) = \int_{-\infty}^{\infty} h(\tau) e^{-s\tau} d\tau \tag{9-32}$$

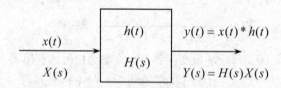

图 9-17　系统函数用来表征 LTI 系统

可见，$H(s)$ 是 LTI 系统单位冲激响应的拉氏变换，通常将 $H(s)$ 称为 LTI 系统的**系统函数**或**传递函数**。因此系统函数 $H(s)$ 再加上其收敛域 ROC 就构成了对 LTI 系统的完全描述，也可以完全表示系统的特征。

当 $s = j\omega$ 时，$H(s)$ 退化为系统的频率响应 $H(j\omega)$。

正像 LTI 系统的单位冲激响应 $h(t)$ 一样，LTI 系统的系统函数 $H(s)$ 也可以完全反映该系统的性质。下面讨论 LTI 系统的性质与系统函数 $H(s)$ 之间的关系。

（1）因果性。

一个 LTI 系统是因果的，意味着对于任意的 $t < 0$，均有 $h(t) = 0$，也就是说其单位冲激响应为右边信号。根据 9.2 节关于收敛域的讨论可知，因果系统的系统函数的收敛域必然也是右边的，即某个右半 s 平面。

应该注意的是，相反的结论未必成立，即 $H(s)$ 的收敛域为右边的并不能保证对应的 LTI 系统是因果的。这是考虑到右边信号可能从负时间开始，正如下面的例题 9.17 所说明的。因此收敛域为右边的只是 LTI 系统因果的必要条件。然而，如果 $H(s)$ 是有理的，就可以根据其收敛域是否是右边的来确定系统的因果性，即有结论：**如果 LTI 系统的系统函数是有理的，则系统的因果性就等价于收敛域位于最右边极点以右的右半 s 平面。**

（2）稳定性。

系统函数 $H(s)$ 的收敛域也可以反映系统的稳定性。正如在 2.4.4 节指出的，LTI 系统的稳定性等价于它的单位冲激响应是绝对可积的，或者说单位冲激响应的傅里叶变换收敛。考虑到一个信号的傅里叶变换相当于拉普拉斯变换沿 $j\omega$ 轴取值，因此可以得到结论：**当且仅当系统函数 $H(s)$ 的收敛域包括 $j\omega$ 轴时，对应的 LTI 系统是稳定的。**

该结论无论拉氏变换有理与否均成立，具体情况可以参见例题 9.17。

工程实践中应用的系统大多都要设计成既具有因果性又具有稳定性的系统，综合以上关于因果性和稳定性的结论，可以得到因果且稳定系统的极点分布特征：**如果一个有理拉氏变换所表示的 LTI 系统是因果而且稳定的，则拉氏变换的极点全部在 s 左半平面，即全部极点都具有负实部。**

这个结论很重要，当设计模拟系统，特别是反馈控制系统时，应注意调整参数，使极点均分布在 s 左半平面，否则系统不稳定，将出现诸如自激振荡等情况。

例题 9.16　分析 LTI 系统 $h(t) = e^{-2t}u(t)$ 的因果性和稳定性。

解： 根据例题 9.1，可知 $h(t) = e^{-2t}u(t)$ 的拉氏变换为：

$$H(s) = \frac{1}{s+2}, \quad \text{Re}\{s\} > -2$$

显然，该拉氏变换的收敛域包含虚轴，因此该 LTI 系统稳定。另一方面，由于 $h(t)$ 是绝对可积的，也可以判断系统的稳定性。

关于系统的因果性，由于 $H(s)$ 是有理函数，且收敛域是右边的，因此可以断定该系统是因果的。另一方面，由 $h(t)$ 的时域表达式也可以看出系统是因果的。

例题 9.17　分析 LTI 系统 $H(s) = e^{3s}/(s+1)$，$\text{Re}\{s\} > -1$ 的稳定性和因果性。

解： 根据例题 9.1，可以知道 $h(t) = e^{-t}u(t)$ 的拉氏变换为：

$$e^{-t}u(t) \quad \underline{L} \quad \frac{1}{s+1}$$

再由拉氏变换的时域平移性质，可得 $e^{-(t+3)}u(t+3) \ \underline{L} \ e^{3s}/(s+1)$，因此 $h(t) = e^{-(t+3)}u(t+3)$。

该系统的系统函数收敛域是右边的，但是由于系统函数表达式并非有理函数，因此不能判断系统的因果性，而只能从单位冲激响应 $h(t)$ 的时域表达式来看，可知系统是非因果的。另外由于 $H(s)$ 的收敛域包含 $j\omega$ 轴，可以断定系统是稳定的，这一结论从 $h(t)$ 绝对可积也可以看出。

例题 9.18　图 9-18 给出了系统函数为 $H(s) = s/[(s+2)(s-1)]$ 的 LTI 系统可能的三种收敛域，分析当系统具有不同性质时所对应的收敛域。

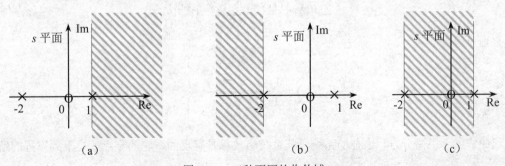

图 9-18　三种不同的收敛域

解： 该 LTI 系统的系统函数在 $s=1$ 和 -2 处各有一个极点。如果已知该 LTI 系统是因果的，则其系统函数的收敛域必须为右边的，显然只有情况（a）能够满足；如果已知该 LTI 系统是稳定的，则其系统函数的收敛域必须包含虚轴，显然只有情况（c）能够满足；而情况（b）所对应的系统既不是因果的也不是稳定的。

9.5.2   由线性常系数微分方程到系统函数

4.7 节已经讨论过利用傅里叶变换的微分性质可以得到一个由线性常系数微分方程表征的 LTI 系统的频率响应，而不必首先求出单位冲激响应或时域解。采用完全类似的方式，拉普拉斯变换的微分性质也可以用来直接求得一个由线性常系数微分方程表征的 LTI 系统的系统函数。下面的例子将说明这一过程。

例题 9.19   考虑一个 LTI 系统，其输入 $x(t)$ 和输出 $y(t)$ 满足如下线性常系数微分方程：

$$\frac{\mathrm{d}\,y(t)}{\mathrm{d}\,t}+3y(t)=x(t)$$

在该方程两边同时进行拉氏变换，并利用拉氏变换的线性性质和微分性质可以得到 s 域的代数方程：

$$sY(s)+3Y(s)=X(s)$$

整理得到系统的系统函数：

$$H(s)=\frac{Y(s)}{X(s)}=\frac{1}{s+3}$$

由此得到了系统的系统函数，但并没有收敛域。这是由于微分方程本身并不能完全表征一个 LTI 系统，还必须附加对系统的性质以及初始条件的说明，因此可以有不同的单位冲激响应都满足这个微分方程。例如，如果知道系统是因果的，那么就可以推断出 ROC 在最右边极点的右边，即 $\mathrm{Re}\{s\}>-3$，从而单位冲激响应是：

$$h(t)=\mathrm{e}^{-3t}\,u(t)$$

如果已知系统是非因果的，则 ROC 为 $\mathrm{Re}\{s\}<-3$，单位冲激响应是：

$$h(t)=-\mathrm{e}^{-3t}\,u(-t)$$

例题 9.19 的过程可以应用到更一般的情况。考虑如下形式的线性常系数微分方程：

$$\sum_{k=0}^{N}a_k\frac{\mathrm{d}^k\,y(t)}{\mathrm{d}\,t^k}=\sum_{k=0}^{M}b_k\frac{\mathrm{d}^k\,x(t)}{\mathrm{d}\,t^k}\tag{9-33}$$

对式（9-33）两边同时进行拉氏变换，并反复应用线性和微分性质，可得：

$$\left(\sum_{k=0}^{N}a_ks^k\right)Y(s)=\left(\sum_{k=0}^{M}b_ks^k\right)X(s)\tag{9-34}$$

整理可得：

$$H(s)=\frac{Y(s)}{X(s)}=\frac{\left(\displaystyle\sum_{k=0}^{M}b_ks^k\right)}{\left(\displaystyle\sum_{k=0}^{N}a_ks^k\right)}\tag{9-35}$$

因此，一个由微分方程表征的系统，其系统函数总是有理的，它的零点就是下列方程的解：

$$\sum_{k=0}^{M}b_ks^k=0\tag{9-36}$$

它的极点就是下列方程的解：

$$\sum_{k=0}^{N}a_ks^k=0\tag{9-37}$$

和前面的讨论一样，式（9-35）并没有关于收敛域的说明，因为该线性常系数微分方程本身并没有限制收敛域。但是，如果给出系统有关稳定性或因果性的说明，收敛域就可以被推演出来。

9.6 单边拉普拉斯变换

本章前面各节所讨论的拉普拉斯变换一般称为双边拉普拉斯变换，由于工程中更多的信号都是因果信号，因此单边拉普拉斯变换有着更为广泛的应用。

9.6.1 单边拉氏变换和单边拉氏反变换

一个连续时间信号 $x(t)$ 的单边拉普拉斯变换定义为：

$$X(s) = \int_{0^-}^{\infty} x(t)\,\mathrm{d}t \qquad (9\text{-}38)$$

注意到积分下限取 0^-，表明在此积分区间内包括了集中于 $t=0$ 处的任何冲激或高阶奇异函数。另一方面，如果信号或系统 $x(t)$ 在 0 时刻以前有储值，则此积分区间也将包含初始储值的大小，即初始条件。因此单边和双边拉氏变换在定义上的区别仅在于积分下限，双边拉氏变换决定于 $t=-\infty$ 到 $t=+\infty$ 的整个信号，而单边拉氏变换仅仅决定于 $t=0^-$ 到 $+\infty$ 的信号。任何在 $t<0$ 时都为 0 的信号其双边和单边拉氏变换相等。

正是由于两种变换的区别仅在于积分下限，因此有关双边拉氏变换中的很多性质和结果都能直接适用于单边的情况，仅有少许差别。例如，单边拉氏变换的求取方法与双边变换相同，只是单边变换的 ROC 一定是右边的。某些拉氏变换的性质二者也有细微差别，以下将分别阐述。

为了说明单边拉氏变换与反变换的求取方法，考虑下面的例子。

例题 9.20 分别求信号 $x(t) = \mathrm{e}^{-a(t+1)} u(t+1)$ 的双边和单边拉氏变换。

解：双边拉氏变换可由例题 9.1 和时移性质得到：

$$X(s) = \frac{\mathrm{e}^s}{s+a}, \quad \mathrm{Re}\{s\} > -a$$

单边拉氏变换根据定义可得：

$$X(s) = \int_{0^-}^{\infty} \mathrm{e}^{-a(t+1)} u(t+1) \mathrm{e}^{-st}\,\mathrm{d}t$$

$$= \int_{0^-}^{\infty} \mathrm{e}^{-a} \mathrm{e}^{-t(s+a)}\,\mathrm{d}t = \mathrm{e}^{-a} \frac{1}{s+a}, \quad \mathrm{Re}\{s\} > -a$$

可以看到，两种变换的结果不同。这是因为单边拉氏变换实际上是对信号 $x(t)u(t)$ 进行变换，而不是原信号 $x(t)$ 的变换。

例题 9.21 求如下单边拉氏变换 $X(s)$ 的反变换：

$$X(s) = \frac{1}{(s+1)(s+2)}$$

解：考虑对于单边拉氏变换，ROC 一定位于 $X(s)$ 的最右边极点以右的 s 平面，即 $\mathrm{Re}\{s\} > -1$，因此反变换的结果是由两个右边信号组合而成的信号，即：

$$x(t) = \left[\mathrm{e}^{-t} - \mathrm{e}^{-2t} \right] u(t)$$

要强调的是，单边拉氏变换仅能提供 $t > 0^-$ 时 $x(t)$ 的有关信息。

9.6.2 单边拉氏变换的性质

和双边拉氏变换一样，单边拉氏变换也有许多重要的性质，其中有一些与双边变换是相同的，例如线性、s 域平移、时域尺度变换、s 域微分等性质，只是单边变换的 ROC 总是某一右半平面。而另有几个性质二者则存在明显的不同，例如卷积、时域微分性质，下面将着重说明二者的差异。

单边变换的卷积性质形式上与双边变换非常类似，可以描述为：

　　　　若对全部 $t<0$ ，　$x_1(t)=x_2(t)=0$

则：

$$x_1(t)*x_2(t) \underset{}{\overset{L}{\longleftrightarrow}} X_1(s)\cdot X_2(s) \tag{9-39}$$

需要特别注意的是，单边变换的卷积性质仅在 $x_1(t)$ 和 $x_2(t)$ 两者在 $t<0$ 时都为 0 才成立。如果 $x_1(t)$ 或 $x_2(t)$ 中有一个在 $t<0$ 时不为 0，一般说来 $x_1(t)*x_2(t)$ 的单边拉氏变换不等于各自单边拉氏变换的乘积。

单边和双边变换的性质之间另一个特别重要的差别是微分性质。考虑某一信号 $x(t)$，其单边拉氏变换为 $X(s)$，则根据分部积分法可求得 $\mathrm{d}\,x(t)/\mathrm{d}\,t$ 的单边变换为：

$$\int_{0^-}^{\infty}\frac{\mathrm{d}\,x(t)}{\mathrm{d}\,t}\mathrm{e}^{-st}\,\mathrm{d}\,t = x(t)\mathrm{e}^{-st}\Big|_0^{\infty}+s\int_{0^-}^{\infty}x(t)\mathrm{e}^{-st}\,\mathrm{d}\,t \tag{9-40}$$

$$= sX(s)-x(0^-)$$

同理，再次利用分部积分可以求得 $\mathrm{d}^2\,x(t)/\mathrm{d}\,t^2$ 的单边拉氏变换，即：

$$s^2 X(s)-sx(0^-)-x'(0^-) \tag{9-41}$$

式中 $x'(0^-)$ 为 $x(t)$ 的一阶导数在 $t=0^-$ 的值。如果照此继续进行，可以得到更高阶导数的单边拉氏变换。

对照可以发现，单边拉氏变换的微分性质中要包含信号的各阶导数在 $t=0^-$ 时刻的取值，即信号的初始条件，而双边拉氏变换则没有这些项，这一点在下面利用单边变换求解微分方程的过程中将会用到。

9.6.3 利用单边拉氏变换求解微分方程

单边拉氏变换的一个主要应用就是用来求解具有非零初始条件的线性常系数微分方程，下面举例说明。

例题 9.22　给定一个用下列微分方程描述的因果 LTI 系统：

$$\frac{\mathrm{d}^2\,y(t)}{\mathrm{d}\,t^2}+3\frac{\mathrm{d}\,y(t)}{\mathrm{d}\,t}+2y(t)=x(t)$$

其初始条件为 $y(0^-)=\beta$ ，$y'(0^-)=\gamma$。假设系统的输入为 $x(t)=au(t)$，试求系统的响应 $y(t)$。

解：利用单边拉氏变换的微分性质对该微分方程两边同时进行单边变换，可得：

$$s^2 Y(s)-\beta s-\gamma+3sY(s)-3\beta+2Y(s)=\frac{a}{s}$$

整理后可得：

$$Y(s)=\frac{\beta s+3\beta+\gamma}{(s+1)(s+2)}+\frac{a}{s(s+1)(s+2)}$$

式中 $Y(s)$ 是 $Y(s)$ 的单边拉氏变换。可以看出，$Y(s)$ 右边第二项是当初始条件为 0（ $\beta=\gamma=0$ ）时由输入 $x(t)=au(t)$ 引起的响应的单边拉氏变换，通常称之为**零状态响应**。右边第一项是当输入为

0 时仅由初始条件 $y(0^-) = \beta$、$y'(0^-) = \gamma$ 引起的响应的单边拉氏变换，通常称之为**零输入响应**。因此，总的系统响应是零状态响应和零输入响应的叠加。

如果给定 a、β、γ 的值，可以将 $Y(s)$ 展开成部分分式，然后求反变换得到 $y(t)$。例如，若 $a = 2$，$\beta = 3$，$\gamma = -5$，那么 $Y(s)$ 的部分分式展开的结果是：

$$Y(s) = \frac{1}{s} - \frac{1}{s+1} + \frac{3}{s+2}$$

对每一项进行反变换可得：

$$y(t) = \left[1 - e^{-t} + 3e^{-2t} \right] u(t)$$

由例题 9.22 可以看出，用单边拉氏变换求解非零初始条件的线性常系数微分方程时，解的结构非常清晰（包含零状态响应和零输入响应两部分），关键问题在于如何求响应 $Y(s)$ 的单边拉氏反变换。对于有理形式的 $Y(s)$ 表达式，单边拉氏反变换可以按照 $Y(s)$ 极点的不同分如下 3 种情况讨论：

（1）$Y(s)$ 只包含不同的实极点。

这种情况正如例题 9.22 所示。更一般地，可以将 $Y(s)$ 的分子分母写成如下因式分解的形式：

$$Y(s) = \frac{B(s)}{A(s)} = \frac{K(s+z_1)(s+z_2)\cdots(s+z_m)}{(s+p_1)(s+p_2)\cdots(s+p_n)}, \quad m < n \tag{9-42}$$

式中 $p_1, p_2, \cdots, p_n$ 和 $z_1, z_2, \cdots, z_m$ 分别为不同的实数。通过部分分式展开可以将 $Y(s)$ 写成下列简单部分分式之和：

$$Y(s) = \frac{B(s)}{A(s)} = \frac{a_1}{s+p_1} + \frac{a_2}{s+p_2} + \cdots + \frac{a_n}{s+p_n} \tag{9-43}$$

式中 a_k（$k = 1, 2, \cdots, n$）为常数，称为极点 p_k 的留数。用 $(s+p_k)$ 乘以方程（9-43）的两边，并令 $s = -p_k$，即可求得每一个留数 a_k 的值：

$$a_k = (s+p_k) \frac{B(s)}{A(s)} \bigg|_{s=-p_k}$$

$$= \left[\frac{a_1}{s+p_1}(s+p_k) + \frac{a_2}{s+p_2}(s+p_k) + \cdots + \frac{a_n}{s+p_n}(s+p_k) \right] \bigg|_{s=-p_k} \tag{9-44}$$

由于

$$L^{-1}\left[\frac{a_k}{s+p_k} \right] = a_k e^{-p_k t} \tag{9-45}$$

因此很容易得到 $y(t)$ 的表达式为：

$$y(t) = L^{-1}\left[Y(s) \right] = a_1 e^{-p_1 t} + a_2 e^{-p_2 t} + \cdots + a_n e^{-p_n t}, \quad t > 0 \tag{9-46}$$

（2）$Y(s)$ 有共轭的复极点。

此情况通过例题 9.23 说明。

例题 9.23　求 $Y(s) = \dfrac{2s+12}{s^2+2s+5}$ 的单边拉氏反变换。

解：将分母多项式进行下列因式分解：

$$s^2 + 2s + 5 = (s+1)^2 + 2^2 = (s+1-2j)(s+1+2j)$$

可以看到，分母多项式的根为一对共轭复数。此时一般不再按照情况（1）进行部分分式展开，而是考虑如下的阻尼正弦函数和阻尼余弦函数的拉氏变换：

$$L\left[\mathrm{e}^{-at}\sin\omega t\right] = \frac{\omega}{(s+a)^2+\omega^2}$$

$$L\left[\mathrm{e}^{-at}\cos\omega t\right] = \frac{s+a}{(s+a)^2+\omega^2}$$

这样可以将 $Y(s)$ 改写成：

$$Y(s) = \frac{2s+12}{(s+1)^2+2^2} = \frac{2(s+1)}{(s+1)^2+2^2} + \frac{5\times 2}{(s+1)^2+2^2}$$

拉氏反变换后得到：

$$y(t) = 2\mathrm{e}^{-t}\cos 2t + 5\mathrm{e}^{-t}\sin 2t,\ \ t>0$$

因此，如果 $Y(s)$ 具有共轭极点，则其单边拉氏反变换的结果将包含阻尼正弦函数和（或）阻尼余弦函数。

（3） $Y(s)$ 有多重实极点。

仍通过一个例子来讨论包含多重极点时 $Y(s)$ 的部分分式展开。

例题 9.24　求函数 $Y(s) = \dfrac{s^2+2s+3}{(s+1)^3}$ 的单边拉氏反变换。

解：可以看到 $Y(s)$ 在 $s=-1$ 处具有三重极点，因此其部分分式展开需要包含 3 项，即：

$$Y(s) = \frac{b_1}{s+1} + \frac{b_2}{(s+1)^2} + \frac{b_3}{(s+1)^3}$$

其中系数 b_1、 b_2、 b_3 可以按如下步骤求出：

$$b_3 = \left[(s+1)^3 F(s)\right]\Big|_{s=-1} = \left[s^2+2s+3\right]\Big|_{s=-1} = 2$$

$$b_2 = \frac{\mathrm{d}}{\mathrm{d}s}\left[(s+1)^3 F(s)\right]\Big|_{s=-1} = \left[2s+2\right]\Big|_{s=-1} = 0$$

$$b_1 = \frac{1}{2!}\frac{\mathrm{d}^2}{\mathrm{d}s^2}\left[(s+1)^3 F(s)\right]\Big|_{s=-1} = \frac{1}{2!}\frac{\mathrm{d}}{\mathrm{d}s}\left[2s+2\right]\Big|_{s=-1} = 1$$

因此：

$$Y(s) = \frac{1}{(s+1)} + \frac{2}{(s+1)^3}$$

对其中的每一项进行单边拉氏反变换，可得：

$$y(t) = L^{-1}\left[\frac{1}{s+1}\right] + L^{-1}\left[\frac{2}{(s+1)^3}\right] = \mathrm{e}^{-t} + t^2\,\mathrm{e}^{-t},\ \ t>0$$

由以上例子可以看出，用单边拉氏变换来求解非零初始条件下的线性常系数微分方程是非常方便的。这一点在后续的控制类课程中将会有更多的体现。

研讨环节：拉氏变换在控制系统分析中的应用

对连续时间系统的分析可以在时域中进行，即首先列写系统的微分方程，然后求出给定输入信号下系统的输出，这就需要求解微分方程，而高阶微分方程的求解一般是比较困难的。在学习了拉氏变换后，对系统的分析可以通过拉氏变换进行，从而无需求解微分方程。实际上，这也是工程中常用的一种方法。下面就以直流电机伺服跟踪控制系统为例说明拉氏变换在系统分析中的应用。

在图 9-19 所示的系统中，当给定一个参考输入信号，即预期负载转过的角度时，总是希望负载实际转过的角度与之确切相等。然而由于系统中有诸如电机、负载等惯性元件，实际转过的角度不可能立即与输入角度相等，必须引入负反馈机制。观察到在该系统的误差测量装置中有输入电位计和输出电位计，前者表示预期的负载转动角度，后者用于感知负载实际转动的角度，二者的误差将作为控制信号，经放大器成比例放大后，形成电枢控制电压控制直流电机输出轴转动，再通过齿轮传动装置带动负载转动。负载实际转动的角度反馈至输入端，与参考输入信号比较，进一步形成误差信号，再控制电机转动。这就是通过负反馈实现伺服跟踪的基本原理。

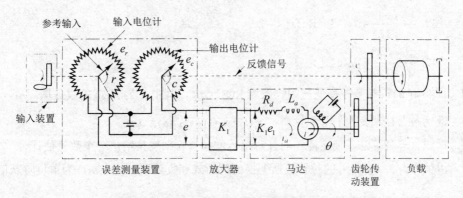

图 9-19　直流电机伺服跟踪控制系统原理图

为了更好地分析系统的性能，可以建立系统的数学模型，最为方便的是传递函数模型。由于直流电机是系统中的关键部件，这里直接给出电枢控制式直流电机输出轴转动角度与电枢控制电压之间的传递函数：$\theta(s)/U(s) = 1/s(s+2)$，再结合图 9-19，可以给出整个系统的方框图模型，如图 9-20 所示。

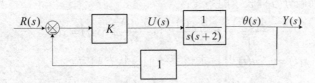

图 9-20　直流电机伺服跟踪控制系统方框图

其中负反馈回路的增益假设为 1，放大器的放大倍数为 k。

试求负载实际转动的角度 $\theta(s)$ 与期望转动的角度 $R(s)$ 之间的传递函数。进一步分析，当输入信号分别为单位阶跃信号、单位速度信号、单位加速度信号时，系统的输出 $\theta(s)$ 分别是什么，说明该系统对不同类型输入信号的跟踪能力，并说明如何加以改进才能使系统更准确地复现输入信号。

思考题与习题九

9.1　求下列信号的拉氏变换，并画出零极点和收敛域：

（1）　$x(t) = \cos \omega t\, u(t)$

（2）　$x(t) = \mathrm{e}^{-3t} \sin 4t\, u(t)$

（3）　$x(t) = t\mathrm{e}^{-3t}\, u(t)$

（4）　$x(t) = \mathrm{e}^{-2t} u(t) + \mathrm{e}^{-3t} u(t)$

（5）　$x(t) = \mathrm{e}^{2t} u(-t) + \mathrm{e}^{3t} u(-t)$

（6）　$x(t) = |t|\, \mathrm{e}^{-2|t|}$

（7）　$x(t) = \delta(t) + u(t)$

（8）　$x(t) = \delta(3t) + u(3t)$

（9）$t^n u(t)$

9.2 求信号 $x(t) = \begin{cases} e^{-at} & 0 < t < T \\ 0 & \text{其他} \end{cases}$ 的拉普拉斯变换。

9.3 对于下列拉普拉斯变换及其收敛域，确定相应的时间信号 $x(t)$：

（1）$\dfrac{1}{s^2+9}$，$\mathrm{Re}\{s\} > 0$

（2）$\dfrac{s}{s^2+9}$，$\mathrm{Re}\{s\} < 0$

（3）$\dfrac{s+1}{s^2+5s+6}$，$-3 < \mathrm{Re}\{s\} < -2$

（4）$\dfrac{s^2-s+1}{(s+1)^2}$，$\mathrm{Re}\{s\} > -1$

9.4 证明 $x(at)$ 的拉普拉斯变换的收敛域 ROC$=aR$，其中 R 为 $X(s)$ 的收敛域。

9.5 证明拉普拉斯变换的卷积性质：$x_1(t) * x_2(t) \overset{L}{\leftrightarrow} X_1(s)X_2(s)$。

9.6 试设计一种算法，使之能够对任意信号的拉普拉斯变换给出一个数值估计。

9.7 求信号 $\dfrac{t^{n-1}}{(n-1)!}e^{-at}u(t)$ 的拉普拉斯变换的解析式和收敛域，其中 $u(t)$ 为单位阶跃信号。

9.8 确定下列各信号的单边拉普拉斯变换，并给出相应的收敛域：

（1）$x(t) = e^{-2t}u(t+1)$

（2）$x(t) = \delta(t+1) + \delta(t) + e^{-2(t+3)}u(t+1)$

（3）$x(t) = e^{-2t}u(t) + e^{-4t}u(t)$

9.9 设信号 $x(t)$ 为 $x(t) = e^{-3(t+1)}u(t+1)$，分别求其单边拉普拉斯变换和双边拉普拉斯变换。

9.10 考虑由下列微分方程表示的系统：

$$\frac{d^3 y(t)}{dt^3} + 6\frac{d^2 y(t)}{dt^2} + 11\frac{dy(t)}{dt} + 6y(t) = x(t)$$

（1）当输入 $x(t) = e^{-4t}u(t)$ 时，求该系统的零状态响应。

（2）已知 $y(0^-) = 1$，$\left.\dfrac{dy(t)}{dt}\right|_{t=0^-} = -1$，$\left.\dfrac{d^2 y(t)}{dt^2}\right|_{t=0^-} = 1$，求 $t > 0^-$ 时系统的零输入响应。

（3）当输入 $x(t) = e^{-4t}u(t)$ 和初始条件同（2）所给出时，求系统的响应。

9.11 如题 9.11 图所示的 RLC 电路：

（1）列写关于 $v_i(t)$ 和 $v_o(t)$ 之间的微分方程。

（2）假定 $v_i(t) = e^{-3t}u(t)$，且初始条件为 $v_o(0^+) = 1$，$\left.\dfrac{dv_o(t)}{dt}\right|_{t=0^+} = 2$，利用单边拉普拉斯变换求 $t > 0$ 时的 $v_o(t)$。

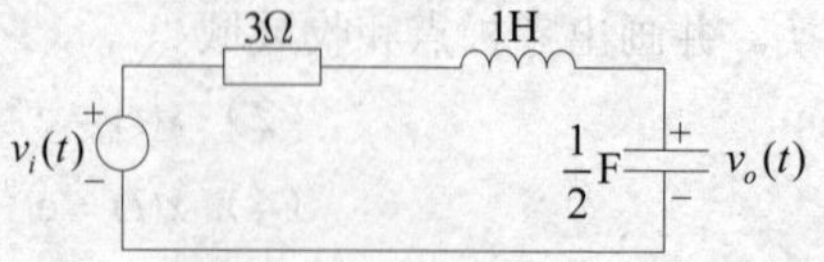

题 9.11 图 RLC 电路

9.12 已知一个绝对可积的信号 $x(t)$ 有一个极点在 $s = 2$，试回答下列问题：

（1） $x(t)$ 可能是有限持续期的吗？

（2） $x(t)$ 是左边的吗？

（3） $x(t)$ 是右边的吗？

（4） $x(t)$ 是双边的吗？

9.13 判断关于 LTI 系统下列每一种说法是否是对的。若一种说法是对的，给出一个有力的证据；若不对，给出一个反例。

（1）一个稳定的连续时间系统其全部极点必须位于 s 平面的左半平面，即 $\mathrm{Re}\{s\} < 0$。

（2）若一个系统函数的极点数多于零点数，而这个系统是因果的，那么阶跃响应在 $t = 0$ 一定连续。

（3）若一个系统函数的极点数多于零点数，而这个系统不限定是因果的，那么阶跃响应在 $t = 0$ 可能不连续。

（4）一个稳定和因果的系统，其系统函数的全部极点和零点都必须在 s 平面的左半平面。

第 10 章

z 变换

第 9 章在讨论拉普拉斯变换时，将其看成是连续时间傅里叶变换的推广。做这种推广的部分原因在于拉普拉斯变换比傅里叶变换有更广泛的适用范围，因为有很多信号与系统，其傅里叶变换不存在，但却存在拉普拉斯变换。比如说不稳定的系统，其单位脉冲响应不满足 $\int_{-\infty}^{\infty}|h(\tau)|\mathrm{d}\tau<\infty$，因此不存在傅里叶变换，从而无法对系统进行变换域分析。而引入拉普拉斯变换，就可以在其收敛域内进行变换域分析，这就为 LTI 系统的分析提供了另一种观点和手段。

本章介绍 z 变换，它是分析离散时间系统的有力工具，是数字控制系统、数字滤波器、数字信号处理器分析和综合的基础。这里将对离散时间信号与系统采用与第 9 章相同的研究途径，也就是将 z 变换看作是离散时间傅里叶变换的推广，而且 z 变换的性质与拉普拉斯变换非常类似。然而，正如连续时间和离散时间傅里叶变换之间的关系一样，在 z 变换和拉普拉斯变换之间也存在一些很重要的区别，这些区别正是来自于连续时间和离散时间信号与系统之间的基本差异。

10.1 z 变换的导出

第 3 章讨论过离散时间复指数信号激励 LTI 系统的情况，如图 10-1 所示，输出信号为输入信号与单位冲激响应的卷积，即：

$$y[n] = \sum_{k=-\infty}^{\infty} h[k]z^{n-k} = z^n \sum_{k=-\infty}^{\infty} h[k]z^{-k} = z^n H(z) \tag{10-1}$$

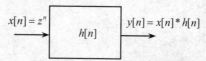

$$x[n] = z^n \quad \boxed{h[n]} \quad y[n] = x[n]*h[n]$$

图 10-1 离散时间 LTI 系统的卷积分析

式（10-1）说明，LTI 系统对离散时间复指数信号的响应仍然是复指数信号，只不过前面加了一个因子 $H(z)$，$H(z)$ 只与系统的性质和 z 有关。可见，如果进行 $H(z) = \sum_{k=-\infty}^{\infty} h[k]z^{-k}$ 这样的变换，有可能简化离散时间系统的分析。事实上形如 $H(z) = \sum_{k=-\infty}^{\infty} h[k]z^{-k}$ 的变换对于任何一个离散时间信号 $h[n]$ 来说都是有意义的。

对于一个离散时间序列 $x[n]$，定义其 z 变换（z-Transform）$X(z)$ 为：

$$X(z) \overset{\Delta}{=} \sum_{n=-\infty}^{\infty} x[n]z^{-n} \tag{10-2}$$

记为 $x[n] \ z \ X(z)$ 或者 $X(z) = Z\{x[n]\}$。

z 变换将一个离散时间序列变换到一个复变函数。与拉普拉斯变换不同的是，z 变换取复数的极坐标形式，即 $z = re^{j\omega}$，而拉普拉斯变换取复数的直角坐标形式，即 $s = \sigma + j\omega$。

z 变换与离散时间傅里叶变换有非常接近的形式，从定义式很容易看出，当 $z = e^{j\omega}$ 时，z 变换即蜕变为离散时间傅里叶变换：

$$X(z)\big|_{z=e^{j\omega}} = \sum_{n=-\infty}^{\infty} x[n]e^{-j\omega n} = X(e^{j\omega}) = \text{DTFT}\{x[n]\} \tag{10-3}$$

由于

$$X(z) = \sum_{n=-\infty}^{\infty} x[n]r^{-n}e^{-j\omega n} \tag{10-4}$$

因此信号 $x[n]$ 的 z 变换可以看成信号 $x[n]r^{-n}$ 的离散时间傅里叶变换。如果在复数 z 平面上表示，由于 $z = e^{j\omega}$ 是 z 平面上半径为 1 的**单位圆**，因此离散时间傅里叶变换仅仅是单位圆上的 z 变换。这个单位圆在 z 变换中所起的作用很类似于 s 平面上的虚轴在拉普拉斯变换中所起的作用，在那里连续时间傅里叶变换仅仅是 s 平面虚轴上的拉氏变换。图 10-2 所示就是复数的极坐标表示和单位圆。

从式（10-3）可知，要使 z 变换收敛，必须使得 $x[n]r^{-n}$ 的傅里叶变换收敛。已经证明离散时间傅里叶变换收敛的充要条件是序列绝对可和。因此，**序列 $x[n]$ 的 z 变换收敛的充要条件是：序列 $x[n]r^{-n}$ 绝对可和**，即：

$$\sum_{n=-\infty}^{\infty} |x[n]r^{-n}| < \infty \tag{10-5}$$

由于 $r^{-n} > 0$，式（10-5）也可以写成 $\sum_{n=-\infty}^{\infty} |x[n]|\,r^{-n} < \infty$。对于某一个具体的序列 $x[n]$ 而言，

可以想到对某些 r 值，其 z 变换收敛，而对另一些 r 值则不收敛。和拉氏变换一样，能够使得 z 变换收敛的 z 的取值范围称为收敛域（ROC）。如果 ROC 包括单位圆，则傅里叶变换也收敛。为了说明 z 变换及其收敛域的概念，下面举几个例子。

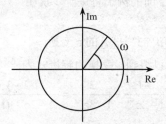

图 10-2　复数的极坐标表示和单位圆

例题 10.1　求信号 $x[n] = a^n u[n]$ 的 z 变换。

解： 当 $|a| < 1$ 时，$x[n]$ 是一个指数衰减的信号；当 $|a| > 1$ 时，$x[n]$ 是一个指数增长的信号。序列 $x[n]$ 的离散时间傅里叶变换只有在 $|a| < 1$ 时才收敛。将 $x[n] = a^n u[n]$ 代入 z 变换定义式，可得：

$$X(z) = \sum_{n=-\infty}^{\infty} x[n] z^{-n} = \sum_{n=0}^{\infty} a^n z^{-n} = \sum_{n=0}^{\infty} (az^{-1})^n$$

依据级数收敛的理论，上述级数收敛的条件是 $\left| az^{-1} \right| < 1$，即 $|z| > |a|$。也就是说，序列 $x[n]$ 的 z 变换在 $|z| > |a|$ 的条件下收敛，其解析式为：

$$X(z) = \frac{1}{1 - az^{-1}} = \frac{z}{z - a}$$

图 10-3 以阴影部分表示该 z 变换的收敛域。

考虑特例，$a = 1$ 的情况，$x[n] = u[n]$，则 z 变换为：

$$X(z) = \frac{1}{1 - z^{-1}} = \frac{z}{z - 1}, \qquad |z| > 1$$

例题 10.2　求信号 $x[n] = -a^n u[-n-1]$ 的 z 变换。

解： 将 $x[n]$ 代入 z 变换的定义式，可得：

$$X(z) = \sum_{n=-\infty}^{\infty} x[n] z^{-n} = \sum_{n=-\infty}^{-1} -a^n z^{-n} = \sum_{n=1}^{\infty} -(a^{-1}z)^n$$

依据级数收敛的理论，收敛条件是 $\left| a^{-1}z \right| < 1$，即 $|z| < |a|$，而 z 变换的表达式为：

$$X(z) = \frac{-a^{-1}z}{1 - a^{-1}z} = \frac{z}{z - a} = \frac{1}{1 - az^{-1}}$$

图 10-4 阴影部分为该 z 变换的收敛域。

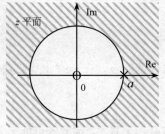

图 10-3　例题 10.1 的收敛域

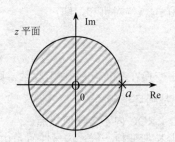

图 10-4　例题 10.2 的收敛域

通过上面的两个例题可以看出，z 变换是由解析式和收敛域两部分组成的。虽然两例题的信号不同但是其 z 变换的解析式是相同的，只是收敛域不同而已。因此，和拉普拉斯变换一样，完整的 z 变换既要求它的解析式，又要求相应的收敛域。另外通过这两个例题还可以看到，序列是指数的，所得到的 z 变换就是有理的。通过下面的例子将进一步说明，只要信号是实指数或复指数的线性组合，则 z 变换就一定是有理的。

例题 10.3　求信号 $x[n] = -2^n u[n] + 3^{n+1} u[n]$ 的 z 变换。

解： 由前面两个例题的结果可以得到 z 变换的解析式为：

$$X(z) = \frac{-1}{1 - 2z^{-1}} + \frac{3}{1 - 3z^{-1}} = \frac{2 - 3z^{-1}}{(1 - 2z^{-1})(1 - 3z^{-1})}$$

收敛域为

$$|2z^{-1}| < 1, \quad |z| > 2 ; \quad |3z^{-1}| < 1, \quad |z| > 3$$

图 10-5 阴影部分为该 z 变换的收敛域 $|z| > 3$。

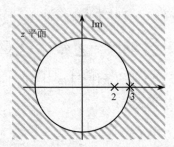

图 10-5　例题 10.3 的收敛域

10.2　z 变换收敛域的性质

z 变换的收敛域和拉普拉斯变换的收敛域一样，在变换域分析中都起着十分重要的作用，而且都有一些特别的性质，理解这些性质会加深对变换本身的理解。本节将采用与 9.2 节并行的方式说明 z 变换收敛域的几个性质。

性质 1： z 变换的收敛域是 z 平面内以原点为中心的圆环。

由 z 变换的表达式：

$$X(z) = \sum_{n=-\infty}^{\infty} x[n] r^{-n} e^{-j\omega n} = F\{x[n] r^{-n}\} \tag{10-6}$$

可知，对于给定的信号 $x[n]$，其 z 变换收敛与否只与 z 的模 r 有关，而与其相位 ω 无关。收敛的充要条件是 $x[n] r^{-n}$ 绝对可和，即：

$$\sum_{n=-\infty}^{\infty} |x[n]| r^{-n} < \infty \tag{10-7}$$

如果 z 变换在某一点 $r_0 e^{j\omega_0}$ 上收敛，则该 z 变换必然对任意的 ω，在 $r_0 e^{j\omega}$ 上均收敛。因此，收敛域 ROC 是圆环形状的。

性质 2： ROC 内不含任何极点。

和拉普拉斯变换一样，这一性质是由于在极点处 $X(z)$ 必为无穷大，因此该点处 z 变换不收敛。

在讨论下一个性质前，先引入一些概念：

（1）如果信号仅有有限个非零值，即 $\exists N$，对于 $\forall |n| > N$，有 $x[n] = 0$，则信号 $x[n]$ 被称为**有限时宽信号**。

（2）如果信号在某一个时间点之前全部为 0，即 $\exists N$，对于 $\forall n < N$，有 $x[n] = 0$，则信号 $x[n]$ 被称为**右边信号**（Right-Sided Signal）。

（3）如果信号在某一个时间点以后全部为 0，即 $\exists N$，对于 $\forall n > N$，有 $x[n] = 0$，则信号 $x[n]$ 被称为**左边信号**（Left-Sided Signal）。

性质 3： 如果 $x[n]$ 是有限时宽信号，则其 z 变换的 ROC 为全平面（可能除开 $z = 0$ 和/或 $z = \infty$）。

注意，在复变函数分析里面，$z = \infty$ 可以看成一个点。

对于有限长度的 z 变换具有如下形式：

$$X(z) = \sum_{n=N_2}^{N_1} x[n] z^{-n} \tag{10-8}$$

当 $z \to 0$ 时，z 的负幂次将导致 z^{-n} 项无界，因此若 $N_1 > 0$，则 $z = 0$ 为极点，不收敛；当 $z \to \infty$ 时，z 的正幂次将导致 z^{-n} 项无界，因此 $N_2 < 0$，则 $z = \infty$ 为极点，不收敛。当 z 取其他值时，有限项和总是收敛的。

例题 10.4　分析信号 $\delta[n]$、$\delta[n-1]$ 和 $\delta[n+1]$ 的 z 变换。

解： $\delta[n] \xrightarrow{z} 1$，且收敛域为全平面。

$\delta[n-1] \xrightarrow{z} z^{-1}$，且收敛域为除 0 以外的全平面。

$\delta[n+1] \xrightarrow{z} z$，且收敛域为除 ∞ 以外的全平面。

例题 10.5　求下列序列的 z 变换：

（1）$a^{-n} u[n]$　　　　（2）$a^n u[-n]$　　　　（3）$x[n] = \begin{cases} (1/3)^n & n \geqslant 0 \\ (1/2)^{-n} & n < 0 \end{cases}$

解：（1）依据例题 10.1 的结果，有 $a^{-n} u[n] \xrightarrow{z} \dfrac{1}{1 - a^{-1} z^{-1}}$，$|z| > |1/a|$。

（2）$a^n u[-n] = a^n u[-n-1] + a^0 \delta[n] \xrightarrow{z} 1 - \dfrac{1}{1 - a z^{-1}} = \dfrac{-a z^{-1}}{1 - a z^{-1}} = \dfrac{1}{1 - a^{-1} z}$，$|z| < |a|$。

（3）$(1/3)^n u[n] + (1/2)^{-n} u[-n-1] \xrightarrow{z} \dfrac{1}{1 - z^{-1}/3} - \dfrac{1}{1 - 2z^{-1}}$，$|z| < |a|$。

性质 4： 如果 $x[n]$ 是右边序列，则其 z 变换的收敛域 ROC 是某个圆的外部（可能不包含无穷远）。

"圆的外部"意味着，如果圆 $|z| = r_0$ 位于其收敛域 ROC 之内，则有命题 $\forall z: |z| > r_0 \to z \in \text{ROC}$。只是当 $x[n]$ 为非因果时，$z = \infty$ 为极点，此处不收敛，否则收敛域一定包括 $z = \infty$。图 10-6 所示是右边序列 z 变换收敛域的示意图。

下面来证明这个性质，由于：

$$X(z) = X(re^{j\omega}) = F\{x[n] r^{-n}\} \tag{10-9}$$

如果圆 $|z| = r_0$ 位于 $x[n]$ 的 z 变换的收敛域里面，则有 $\sum_{n=N_1}^{\infty} |x[n]| r_0^{-n} < \infty$。而对于 $\forall n > 0$，若 $r_1 > r_0$，必有 $r_1^{-n} < r_0^{-n}$。

（1）如果 $N_1 \geqslant 0$，则易证：$\forall r_1 > r_0: \sum_{n=N_1}^{\infty} |x[n]| r_1^{-n} \leqslant \sum_{n=N_1}^{\infty} |x[n]| r_0^{-n} < \infty$。

（2）如果 $N_1 < 0$，则有：

$$\forall r_1 > r_0: \quad \sum_{n=N_1}^{\infty} |x[n]| r_1^{-n} = \sum_{n=N_1}^{-1} |x[n]| r_1^{-n} + \sum_{n=0}^{\infty} |x[n]| r_1^{-n} \leqslant M + \sum_{n=0}^{\infty} |x[n]| r_0^{-n} < \infty$$

总之，对于任意 $r_1 > r_0$，都有 $\sum_{n=N_1}^{\infty} |x[n]| r_1^{-n} < \infty$。直观上来讲也就是，若 $r_1 > r_0$，则当 $n \to \infty$，r_1^{-n} 衰减得比 r_0^{-n} 快，因此 r_1 一定在收敛域中。

性质 5：如果 $x[n]$ 是一个左边序列，则其 z 变换的收敛域 ROC 是一个圆盘（可能不包含原点）。

"圆盘"意味着，如果圆 $|z| = r_0$ 在收敛域 ROC 内，那么满足 $0 < |z| < r_0$ 的 z 也在收敛域 ROC 内。该结论的证明和直观性与性质 4 类似。图 10-7 所示是左边序列 z 变换收敛域的示意图。

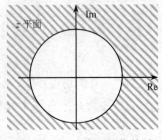

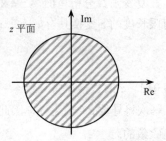

图 10-6　右边序列的收敛域　　　　　　　图 10-7　左边序列的收敛域

注意，收敛域之所以可能不包含原点，是考虑到当 $n > 0$ 时，如果 $x(n) \neq 0$，则导致 $z = 0$ 处不收敛。

性质 6：如果 $x[n]$ 是双边序列，而且圆 $|z| = r_0$ 属于收敛域，则收敛域为包含 $|z| = r_0$ 的圆环。

此结论可以通过将双边序列分解成右边序列与左边序列之和，收敛域为两个序列收敛域的交集而得到。

例题 10.6　求信号 $x[n] = \begin{cases} a^n & n \in [0, N-1] \\ 0 & \text{其他} n \end{cases}$ 的 z 变换，其中 a 为大于 0 的实数。

解：$x[n]$ 的 z 变换为：

$$X(z) = \sum_{n=0}^{N-1} a^n z^{-n} = \frac{1 - (az^{-1})^N}{1 - az^{-1}} = \frac{1}{z^{N-1}} \frac{z^N - a^N}{z - a}$$

$X(z)$ 在 $z = 0$ 处有 $N-1$ 个极点，在 a 处有一个极点。再考察零点的情况：由于零点需要满足 N 阶方程 $z^N - a^N = 0$，因此应该有 N 个零点。考虑到 $\mathrm{e}^{j2\pi k} = 1$，因此 N 个零点分别是：

$$z = a\mathrm{e}^{j\frac{2\pi}{N}k}, \quad k = 0, 1, 2, \cdots, N-1$$

当 $k = 0$ 时，零点为 $z = a$，正好与此处的极点相消，因此只保留了 $z = 0$ 处的 $N-1$ 个极点。余下的零点均匀地分布在半径为 a 的圆周上。

结合收敛域的性质 3 可知，$x[n]$ 的 z 变换的收敛域为整个 z 平面，但要除去 $z = 0$。

例题 10.7　求信号 $x[n] = b^{|n|}$（其中 $b > 0$）的 z 变换。

解：将信号分解为左边信号和右边信号：

$$x[n] = b^n u[n] + b^{-n} u[-n-1]$$

其中：

$$b^n u[n] \leftrightarrow \frac{1}{1 - bz^{-1}}, \quad |z| > b$$

$$b^{-n}u[-n-1] \leftrightarrow \frac{-1}{1-b^{-1}z^{-1}}, \quad |z| < b^{-1}$$

因此：

$$X(z) = \frac{1}{1-bz^{-1}} - \frac{1}{1-b^{-1}z^{-1}} = \frac{(b-1/b)z^{-1}}{(1-bz^{-1})(1-b^{-1}z^{-1})}$$

$$= \frac{b^2-1}{b} \frac{z}{(z-b)(z-b^{-1})}$$

关于收敛域需要按照 $|b|>1$ 和 $|b|<1$ 的情况分别来考虑。

当 $|b|>1$ 时，两部分的收敛域没有重叠，因此 $X(z)$ 不收敛；当 $|b|<1$ 时，两部分收敛域的重叠区域为一个圆环，$X(z)$ 在圆环里面收敛，如图 10-8 所示。

上面的分析验证了双边信号的 ROC 必为单个圆环。而圆的外部和实心圆可以分别认为是外径为无穷大和内径为 0 的圆环的特殊形式。

性质 7   如果 $x[n]$ 的 z 变换 $X(z)$ 是有理的，则其收敛域被极点所界定，或者延伸至无限远。

例题 10.8   分析 z 变换 $X(z) = \dfrac{1}{(1-z^{-1})(1-2z^{-1})}$ 的收敛域的情况。

解：如图 10-9 所示，该 z 变换有两个极点，分别位于 $z=1$ 和 $z=2$。其收敛域可能有三种情况：半径为 2 的圆的外部、半径为 1 的圆的内部、半径为 2 的圆到半径为 1 的圆之间的圆环。

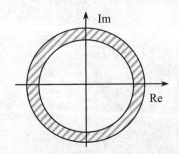

图 10-8   例题 10.7 的收敛域

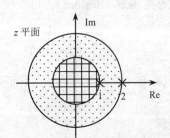

图 10-9   例题 10.7 的收敛域

10.3   *z* 反变换

本节讨论 z 反变换，也就是如何通过信号 $x[n]$ 的 z 变换 $X(z)$ 求原信号 $x[n]$。考虑 z 变换的定义式：

$$X(z) = X(re^{j\omega}) = F\{x[n]r^{-n}\} \tag{10-10}$$

取一个固定的 r，使得 $z = re^{j\omega}$ 在收敛域内，此时 $X(re^{j\omega}) = F\{x[n]r^{-n}\}$ 是收敛的。再由离散时间傅里叶反变换的公式，可得：

$$x[n]r^{-n} = \frac{1}{2\pi}\int_{2\pi} X(re^{j\omega})e^{j\omega n}d\omega$$

进一步整理得：

$$x[n] = \frac{1}{2\pi}\int_{2\pi} X(re^{j\omega})(re^{j\omega})^n d\omega \tag{10-11}$$

对上式做变量替换 $z = re^{j\omega}$，且固定 r，而 ω 在 0~2π 间变化，对应到 z 平面上，$z = re^{j\omega}$ 是以原点为中心，以 r 为半径做圆周运动。再由 $dz = jre^{j\omega}d\omega = jzd\omega$，式（10-12）的积分成为：

$$x[n] = \frac{1}{2\pi j} \oint X(z) z^{n-1} \mathrm{d}z \qquad (10\text{-}12)$$

这就是 z 反变换式，它表示复变函数 $X(z)z^{n-1}$ 在 z 平面上的围线积分，该围线是一个以原点为圆心，处于收敛域内的圆。显然，这个围线积分不容易解析地计算出来。因此式（10-12）只表明了 z 反变换在理论上的含义，而在工程实际中的应用不多。

考虑到工程中大量应用的 z 变换都是**有理 z 变换**（Rational z-Transform），也就是可以用有理函数（能够表示为两个多项式之比的函数）来表达的 z 变换 $X(z) = N(z)/D(z)$ 或 $X(z^{-1}) = N(z^{-1})/D(z^{-1})$，因此本书将局限于有理 z 变换，并且利用一些现有的分析结论来求 z 反变换。

下面利用部分分式展开来分析有理 z 变换的反变换。假设一个有理函数，有如下形式：

$$G(v) = \frac{b_{n-1}v^{n-1} + \ldots + b_1 v + b_0}{a_n v^n + \ldots + a_1 v + 1} \qquad (10\text{-}13)$$

对分母进行因式分解：

$$G(v) = \frac{b_{n-1}v^{n-1} + \ldots + b_1 v + b_0}{(1 - \rho_1^{-1}v)^{\sigma_1}(1 - \rho_2^{-1}v)^{\sigma_2}\ldots(1 - \rho_r^{-1}v)^{\sigma_r}} \qquad (10\text{-}14)$$

再进行部分分式展开：

$$G(v) = \sum_{i=1}^{r} \sum_{k=1}^{\sigma_i} \frac{B_{ik}}{(1 - \rho_i^{-1}v)^k} \qquad (10\text{-}15)$$

B_{ik} 被称为**留数**（Residue），可以按下式求解：

$$B_{ik} = \frac{1}{(\sigma_i - k)!}(-\rho_i)^{\sigma_i - k}\left[\frac{\mathrm{d}^{\sigma_i - k}}{\mathrm{d}v^{\sigma_i - k}}[(1 - \rho_i^{-1}v)^{\sigma_i} G(v)]\right]\Bigg|_{v=\rho_i} \qquad (10\text{-}16)$$

对于只存在一阶极点的情况，上面两式简化为：

$$G(v) = \sum_{i=1}^{r} \frac{B_i}{(1 - \rho_i^{-1}v)} \qquad (10\text{-}17)$$

$$B_i = [(1 - \rho_i^{-1}v)\ G(v)]\big|_{v=\rho_i} \qquad (10\text{-}18)$$

例题 10.9 求 $X(z) = \dfrac{1 - z^{-1}}{(1 - 2z^{-1})(1 - 3z^{-1})}$，$|z| > 3$ 的 z 反变换。

解：将 $X(z)$ 进行部分分式分解，得：

$$X(z) = \frac{A}{1 - 2z^{-1}} + \frac{B}{1 - 3z^{-1}}$$

由式（10-18），可分别求出系数 A 和 B：

$$A = \frac{1 - z^{-1}}{1 - 3z^{-1}}\bigg|_{z^{-1}=1/2} = \frac{2-1}{2-3} = -1$$

$$B = \frac{1 - z^{-1}}{1 - 2z^{-1}}\bigg|_{z^{-1}=1/3} = \frac{3-1}{3-2} = 2$$

因此 $X(z) = -\dfrac{1}{1 - 2z^{-1}} + \dfrac{2}{1 - 3z^{-1}}$，两项分别对应收敛域为 $|z| > 2$ 和 $|z| > 3$，从而 $X(z)$ 的 z 反变换为：

$$x[n] = -2^n u[n] + 2 \cdot (3)^n u[n]$$

例题 10.10 如果例题 10.9 的收敛域改为 $2 < |z| < 3$，求其 z 反变换。

解：
$$X(z) = -\frac{1}{1-2z^{-1}} + \frac{2}{1-3z^{-1}}$$

两项分别对应收敛域为 $|z| > 2$ 和 $|z| < 3$ 时，$X(z)$ 的 z 反变换为：
$$x[n] = -2^n u[n] - 2 \cdot (3)^n u[-n-1]$$

例题 10.11 如果例题 10.9 的收敛域改为 $|z| < 2$，求其 z 反变换。

解：
$$X(z) = -\frac{1}{1-2z^{-1}} + \frac{2}{1-3z^{-1}}$$

若两项分别对应收敛域为 $|z| < 2$ 和 $|z| < 3$，则 $X(z)$ 的 z 反变换为
$$x[n] = 2^n u[-n-1] - 2 \cdot (3)^n u[-n-1]$$

注意到 z 变换 $X(z) = \sum_{n=-\infty}^{\infty} x[n]z^{-n}$ 形式上是一个幂级数，如果能够将解析式 $X(z)$ 进行幂级数展开，幂级数的系数就是 $x[n]$，按照该思路也可以求出 z 反变换。

例题 10.12 已知 z 变换为 $X(z) = 6z^3 + 4z + 2 + z^{-1}$，求原信号。

解： 由 $X(z) = 6z^3 + 4z + 2 + z^{-1} = \sum_{n=-\infty}^{\infty} x[n]z^{-n}$，比较两边的系数，可得：
$$x[n] = 6\delta[n+3] + 4\delta[n+1] + 2\delta[n] + \delta[n-1]$$

可以对 $X(z)$ 进行幂级数展开的方法之一是长除法，下面用长除法来求 z 反变换。

例题 10.13 用长除法求 $X(z) = \dfrac{1}{1-az^{-1}}$（$|z| > |a|$）的反变换。

解： 这是 $|z| > |a|$ 即 $|az^{-1}| < 1$ 的情况。依据性质，可以知道 $x[n]$ 是右边序列。图 10-10 所示就是该长除法的示意图。长除后的结果为：
$$X(z) = \sum_{n=0}^{\infty} a^n z^{-n}$$

于是有：
$$x[n] = a^n u[n]$$

要注意的是，在进行幂级数展开之前，应该由收敛域来决定幂级数展开的方向。

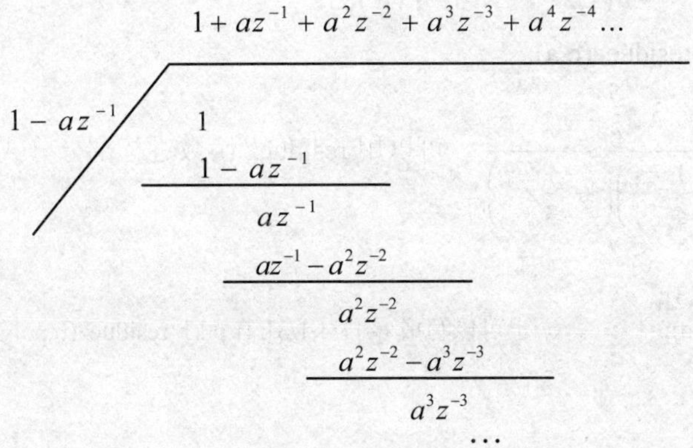

$$
\begin{array}{r}
1 + az^{-1} + a^2z^{-2} + a^3z^{-3} + a^4z^{-4}\cdots \\
\hline
1 - az^{-1} \enclose{longdiv}{1} \\
\underline{1 - az^{-1}} \\
az^{-1} \\
\underline{az^{-1} - a^2z^{-2}} \\
a^2z^{-2} \\
\underline{a^2z^{-2} - a^3z^{-3}} \\
a^3z^{-3} \\
\cdots
\end{array}
$$

图 10-10 长除法示例

10.4　z 变换的 Matlab 分析

对于一些复杂的 z 变换，手工计算将无能为力。科学计算类软件 Matlab 对于有理 z 变换提供了相应的函数。下面用 Matlab 进行有理 z 反变换。

在 Matlab 里面一个多项式（降幂排列）用一个向量表示，例如若 b=[1.0000 -0.5833 0.0833]，则 b 向量表示多项式 $1-0.5833z^{-1}+0.0833z^{-2}$ 或 $z^2-0.5833z+0.0833$。

在矩阵退化为向量的情况下，函数 roots 的输入为多项式的系数，输出为多项式的根。相对地，函数 poly 的输入为多项式的根，输出为多项式的系数。例如，若

$$[x-a(1)][x-a(2)]...[x-a(N)]=b(1)x^N+b(2)x^{N-1}+...+b(N+1) \tag{10-19}$$

则 Matlab 语言表示为：

```
a=roots(b)
b=poly(a)
```

例如：

```
a=[1/4 1/3];
b=poly(a);
b
b =
      1.0000      -0.5833        0.0833
c=roots(b);
c
c =
      0.3333
      0.2500
```

这就说明：

$$\left(1-\frac{1}{4}z^{-1}\right)\left(1-\frac{1}{3}z^{-1}\right)=1-0.5833z^{-1}+0.0833z^{-2} \tag{10-20}$$

函数 residuez 可以求一个有理 z 变换的部分分式展开，在一阶极点的情况下：

$$\frac{b(1)+b(2)z^{-1}+...+b(M)z^{-M+1}}{a(1)+a(2)z^{-1}+...+a(N+1)z^{-N}}=$$

$$\frac{R(1)}{1-P(1)z^{-1}}+\frac{R(2)}{1-P(2)z^{-1}}+...+\frac{R(N)}{1-P(N)z^{-1}}+K(1)+K(2)z^{-1}+...+K(L)z^{-L} \tag{10-21}$$

则有 Matlab 命令 [R P K]=residuez(b,a)。

例如对于 $X(z)=\dfrac{3-\dfrac{5}{6}z^{-1}}{\left(1-\dfrac{1}{4}z^{-1}\right)\left(1-\dfrac{1}{3}z^{-1}\right)}$，可以用 residuez 函数进行部分分式展开：

```
b=[3 -5/6];
a=[1 -0.5833 0.0833];
[r p k]=residuez(b,a);           （//也可以写成 c=[1/4,1/3]; [r p k]=residuez(b,poly(c));）
r
r =
      1.9960
      1.0040
p
p =
```

```
0.3336
0.2497
k
k =
    [ ]
```

对于多阶极点的情况，$P(j) = \cdots = P(j+m-1)$，在展开式里面，有如下形式：

$$\frac{R(j)}{1-P(j)z^{-1}} + \frac{R(j+1)}{(1-P(j)z^{-1})^2} + ... + \frac{R(j+m-1)}{(1-P(j)z^{-1})^m} \tag{10-22}$$

下面考虑：

$$H(z) = \frac{1}{(1-0.5z^{-1})^2(1+0.5z^{-1})(1-0.3z^{-1})^2} \tag{10-23}$$

```
b=1;
[r p k]=residuez(b,poly([0.5 0.5 -0.5 0.3 0.3]));
r
r =
    -7.8125
    3.1250
    0.0977
    4.7461
    0.8437
p
p =
    0.5000
    0.5000
    -0.5000
    0.3000
    0.3000
k
k =
    [ ]
```

对应的部分分式展开式为：

$$H(z) = \frac{-7.8125}{1-0.5z^{-1}} + \frac{3.125}{(1-0.5z^{-1})^2} + \frac{0.0977}{1+0.5z^{-1}} + \frac{4.7461}{1-0.3z^{-1}} + \frac{0.8437}{(1-0.3z^{-1})^2}$$

Matlab 还可以对有理 z 变换进行 z 平面分析。对于例题 10.8 进行 z 平面分析：

```
b=1;   zplane(b, poly([1 2]));
```

图 10-11 所示是 Matlab 的 z 平面分析结果，从图中可以看出，在原点处存在一个二阶零点，1 和 2 处分别存在一个极点。

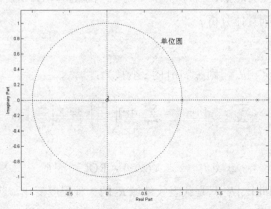

图 10-11　Matlab 的 z 平面分析结果

10.5 z 变换的性质

和前面讨论过的傅里叶变换、拉氏变换一样，z 变换也有许多类似的性质。学习这些性质对于建立 z 变换的概念以及灵活地运用 z 变换都是很重要的。

10.5.1 线性

若

$$x_1[n] \underset{z}{} X_1(z)，\text{ROC}=R_1$$

$$x_2[n] \underset{z}{} X_2(z)，\text{ROC}=R_2$$

则

$$ax_1[n]+bx_2[n] \underset{z}{} aX_1(z)+bX_2(z) \qquad \text{ROC}=R_0 \supset R_1 \cap R_2 \tag{10-24}$$

该性质的证明与拉氏变换的情况类似，故省略。这里只对收敛域的情况进行说明。对于具有有理 z 变换的序列，如果 $X_1(z)$ 和 $X_2(z)$ 不存在零极点相消的情况，那么 $ax_1[n]+bx_2[n]$ 的 z 变换的收敛域是单个收敛域的重叠部分。如果 $X_1(z)$ 或 $X_2(z)$ 中某些零点的引入会抵消掉原有的极点，那么组合后的收敛域可能扩大。这里给出一个收敛域扩大的例子。

对于：

$$x_1[n] = a^n u[n]，\quad R_1：|z|>|a|$$

$$x_2[n] = a^n u[n-1]，\quad R_2：|z|>|a|$$

二者的组合 $x[n] = x_1[n]-x_2[n] = \delta[n]$，其 z 变换的收敛域为整个 z 平面。

10.5.2 时域平移性质

如果 $x[n] \underset{z}{} X(z)$，ROC$=R_x$，那么将 $x[n-n_0]$ 代入 z 变换定义式，可以得到：

$$\sum_{n=-\infty}^{\infty} x[n-n_0]z^{-n} \overset{m=n-n_0}{=} \sum_{m=-\infty}^{\infty} x[m]z^{-m}z^{-n_0} = z^{-n_0}X(z)$$

因此时域平移性质为：

$$x[n-n_0] \underset{z}{} z^{-n_0}X(z)，\text{ROC}=R_x \pm \text{可能}\{0,\infty\} \tag{10-25}$$

当 $n_0>0$ 时，序列向右边移动，原本的非因果序列可能成为因果序列，从而收敛域将从原本的不包含无穷远点变为包含无穷远点；当 $n_0<0$ 时，序列向左边移动，情况相反。因此，时域平移后的收敛域需要针对具体序列具体分析。

10.5.3 z 域尺度变换

若 $x[n] \underset{z}{} X(z)$，ROC$=R_x$，则 $z_0{}^n x[n]$ 的 z 变换为：

$$\sum_{n=-\infty}^{\infty} z_0{}^n x[n]z^{-n} = \sum_{n=-\infty}^{\infty} x[n]\left(\frac{z}{z_0}\right)^{-n} = X\left(\frac{z}{z_0}\right)$$

从而

$$z_0{}^n x[n] \underset{z}{} X(z/z_0)，\text{ROC}=|z_0|R_x \tag{10-26}$$

因为 R_x 是环形的，因此 $|z_0|R_x$ 只是代表收敛域 R_x 的一种尺度变化。若 z 是 $X(z)$ 的收敛域内的一点，那么点 $|z_0|z$ 就在 $X(z/z_0)$ 的收敛域内。同样，若 $X(z)$ 有一个极点（或零点）在 $z=a$ 处，则

$X(z/z_0)$ 就有一个极点（或零点）在 $z=z_0a$ 处。下面再说明 z 域尺度变换的几何意义。

考虑 z_0 为一个复数，取为 $z_0=r_0\mathrm{e}^{j\omega_0}$，则：

$$X\left(\frac{z}{z_0}\right)=X\left(\frac{1}{r_0}\mathrm{e}^{-j\omega_0}z\right) \tag{10-27}$$

在几何上，$X(z/z_0)$ 意味着由 $X(z)$ 旋转再加尺度变化而形成，$r_0>1$ 时尺度变化体现为膨胀；$r_0<1$ 时尺度变化体现为缩小。

式（10-28）的一个特例是当 $z_0=\mathrm{e}^{j\omega_0n}$ 时，此时 z 域尺度变换性质为：

$$\mathrm{e}^{j\omega_0n}x[n]\quad\underset{}{z}\quad X(\mathrm{e}^{-j\omega_0}z),\ \mathrm{ROC}=R_x \tag{10-28}$$

时域上信号 $\mathrm{e}^{j\omega_0n}x[n]$ 相当于用复指数序列 $\mathrm{e}^{j\omega_0n}$ 来调制序列 $x[n]$，而 z 域上 $X(\mathrm{e}^{-j\omega_0}z)$ 是曲面 $X(z)$ 以原点为中心逆时针旋转角度 ω_0（当 $\omega_0>0$ 时）后形成的新曲面。当然，零极点也跟着旋转，如图 10-12 所示。

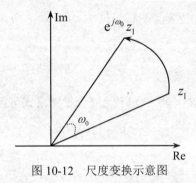

图 10-12　尺度变换示意图

10.5.4　时间反转性质

如果 $x[n]\quad\underset{}{z}\quad X(z)$，$\mathrm{ROC}=R_x$，将 $x[-n]$ 代入 z 变换定义式：

$$\sum_{n=-\infty}^{\infty}x[-n]z^{-n}=\sum_{n=-\infty}^{\infty}x[n](z^{-1})^{-n}=X(z^{-1})$$

因此**时间反转性质**为：

$$x[-n]\quad\underset{}{z}\quad X(1/z),\ \mathrm{ROC}=1/R_x \tag{10-29}$$

概念上，时间反转将右（左）边序列 $x[n]$ 变成左（右）边序列 $x[-n]$，相应地，信号 z 变换的收敛域从圆外部（内部）R_x 变成圆内部（外部）$1/R_x$，如图 10-13 所示。

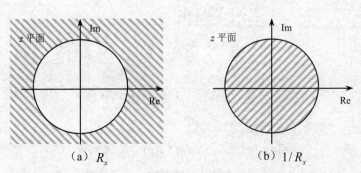

（a）R_x　　　　　　（b）$1/R_x$

图 10-13　时间反转的收敛域的变化

10.5.5　时间扩展性质

从 5.3.7 节的讨论中可知，离散时间信号仅仅定义在整数值上，因此对信号的压缩将会丢失一部分信息，这样只能讨论对离散时间信号的扩展，即在 $x[n]$ 的相邻值之间插入若干零值后成为信号

$$x_{[k]}[n] = \begin{cases} x[n/k] & n = km \\ 0 & n \neq km \end{cases}$$

将 $x_{[k]}[n]$ 代入 z 变换定义式，并且进行 $n = km$ 的变量替换，可以得出 $x_{[k]}[n]$ 的 z 变换为：

$$\sum_{n=-\infty}^{\infty} x_{[k]}[n]z^{-n} = \sum_{m=-\infty}^{\infty} x_k[km]z^{-km} = \sum_{m=-\infty}^{\infty} x[\frac{km}{k}]z^{-km} = X(z^k)$$

于是**时间扩展性质**为：

$$x_{[k]}[n] \quad \underline{z} \quad X(z^k) , \ \text{ROC}= R^{1/k} \tag{10-30}$$

收敛域为 $R^{1/k}$ 意味着，若 z 是位于 $X(z)$ 的 ROC 内的点，则 $z^{1/k}$ 就是位于 $X(z^k)$ 的 ROC 内的点；同时，若 $X(z)$ 有一个极点（或零点）位于 $z = a$ 处，则 $X(z^k)$ 就有一个极点（或零点）位于 $z = a^{1/k}$ 处。

10.5.6　共轭性质

若 $x[n] \quad \underline{z} \quad X(z)$，ROC= R_x，将 $x^*[n]$ 代入 z 变换定义式可得：

$$x^*[n] \quad \underline{z} \quad X^*(z^*) \tag{10-31}$$

如果 $x[n]$ 是实序列，则有：

$$X(z) = X^*(z^*) \tag{10-32}$$

在实序列的条件下，如果 $z = z_0$ 是极点（零点），则 $z = z_0^*$ 也是极点（零点），也就是说实序列的 z 变换的零极点是共轭出现的。

10.5.7　卷积性质

如果

$$x_1[n] \quad \underline{z} \quad X_1(z) , \ （\text{ROC}= R_1）$$

和

$$x_2[n] \quad \underline{z} \quad X_2(z) , \ （\text{ROC}= R_2）$$

将 $x_1[n] * x_2[n]$ 代入 z 变换定义式：

$$\sum_{n=-\infty}^{\infty} x_1[n] * x_2[n]z^{-n}$$

$$= \sum_{n=-\infty}^{\infty} z^{-n} \sum_{k=-\infty}^{\infty} x_1[k]x_2[n-k] = \sum_{k=-\infty}^{\infty} x_1[k] \sum_{n=-\infty}^{\infty} x_2[n]z^{-n-k}$$

$$= \sum_{k=-\infty}^{\infty} x_1[k]z^{-k} X_2(z) = X_1(z)X_2(z)$$

由此可以得到 z 变换的**卷积性质**：

$$x_1[n] * x_2[n] \quad \underline{z} \quad X_1(z)X_2(z) , \ \text{ROC} \supset R_1 \cap R_2 \tag{10-33}$$

收敛域的情况说明，$X_1(z)$ 与 $X_2(z)$ 相乘可能对消一部分极点，这一点与拉普拉斯变换的卷积

性质类似。

例如，若 $x_1[n]=\delta[n-1]$，其 z 变换为 z^{-1}，收敛域为除去 0 的全部 z 平面；若 $x_2[n]=\delta[n+1]$，其 z 变换为 z，收敛域为除去 ∞ 的全部 z 平面。考察 $x_1[n]*x_2[n]$ 的 z 变换时，就出现了 z 域零极点相消的情况，因此收敛域为整个 z 平面，这与 $x_1[n]*x_2[n]=\delta[n]$ 的 z 变换的收敛域是一致的。

例题 10.14　利用卷积性质求信号 $y[n]=\sum_{k=-\infty}^{n}x[k]$ 的 z 变换。

解：为利用卷积性质，可以将求和运算转换成卷积运算，即：

$$y[n]=\sum_{k=-\infty}^{n}x[k]=x[n]*u[n]$$

由例题 10.1 可知单位阶跃信号 $u[n]$ 的 z 变换为 $U(z)=1/(1-z^{-1})$，收敛域为 $|z|>1$，再利用 z 变换的卷积性质，可得：

$$Y(z)=X(z)/(1-z^{-1})，\text{ROC}\supset R_x \cap 单位圆外部（|z|>1）$$

例题 10.15　已知离散时间信号 $x[n]$ 的 z 变换为 $X(z)$，收敛域为 $|z|>1/2$。求信号 $y[n]=\sum_{k=-\infty}^{\infty}x[k]x[n+k]$ 的 z 变换以及收敛域。

解：事实上，$\sum_{k=-\infty}^{\infty}x[k]x[n+k]$ 计算的是离散时间序列 $x[n]$ 的自相关函数，该函数的一个重要应用是在雷达系统探测目标的距离时，其基本原理是雷达向目标发送的电磁脉冲被目标反射而回到发送端，理想情况下，反射回的信号是经过时延的、幅度上可能有衰减的原发送信号；因此通过求自相关函数的峰值可以求出所经历的时延。又由于反射波的时延与目标距离成正比，因此可以推测出雷达与目标之间的距离。本例要说明的是自相关函数的计算还可以利用卷积性质在 z 域上进行。

由于

$$x[n]*x[-n]=\sum_{k=-\infty}^{\infty}x[-k]x[n-k]=\sum_{k=-\infty}^{\infty}x[k]x[n+k]=y[n]$$

而

$$x[-n]\ \underrightarrow{z}\ X(z^{-1})，\ |z|<2$$

因此：

$$y[n]\ \underrightarrow{z}\ X(z)X(z^{-1})，\ 1/2<|z|<2$$

10.5.8　z 域微分性质

如果 $x[n]\ \underrightarrow{z}\ X(z)$，ROC=$R_x$，将拉氏变换式 $X(z)=\sum_{n=-\infty}^{\infty}x[n]z^{-n}$ 两边对 z 求导，可得：

$$nx[n]\ \underrightarrow{z}\ -z\frac{dX(z)}{dz}，\ \text{ROC}=R_x \tag{10-34}$$

例题 10.16　求 $X(z)=\ln(1+az^{-1})$（其中 $|z|>|a|$）的反变换 $x[n]$。

解：由例题 10.1 可知 $a^n u[n]\ \underrightarrow{z}\ 1/(1-az^{-1})$，若对 ln() 函数求导，就可以使拉氏变换式接近熟悉的形式，因此利用 z 域微分性质，有：

$$nx[n]\ \underrightarrow{z}\ -z\frac{dX(z)}{dz}=-z\frac{1}{1+az^{-1}}a(-1)z^{-2}=\frac{az^{-1}}{1+az^{-1}}$$

考虑分子上的 z^{-1} 多余，可以通过时域平移消去，即：

$$(n+1)x[n+1]\ \underrightarrow{z}\ \frac{a}{1+az^{-1}}$$

可以得到：

$$(n+1)x[n+1] = a(-a)^n u[n]$$

两边信号同时左移单位1，得到：

$$nx[n] = a(-a)^{n-1} u[n-1]$$

从而有：

$$x[n] = -\frac{(-a)^n}{n} u[n-1]$$

例题 10.17　求 $X(z) = az^{-1}/(1-az^{-1})^2$（其中 $|z| > |a|$）的反变换 $x[n]$。

解：显然，$X(z)$ 是 $1/(1-az^{-1})$ 对 z 求导的结果。从已知的 z 变换对

$$a^n u[n] \underset{z}{\longrightarrow} 1/(1-az^{-1})$$

出发，利用 z 域微分性质，有：

$$na^n u[n] \underset{z}{\longrightarrow} -z\frac{(-1)(-a)(-z^{-2})}{(1-az^{-1})^2} = \frac{az^{-1}}{(1-az^{-1})^2}$$

从而有：

$$x[n] = na^n u[n]$$

10.5.9　初值定理

前面已经定义过，若 $n < 0$ 时，$x[n] = 0$，则称序列 $x[n]$ 为**因果序列**。如果 $x[n]$ 为因果序列，其初始值可以通过下式求出：

$$x[0] = \lim_{z\to\infty} X(z) \tag{10-35}$$

这就是所谓的初值定理。初值定理的证明容易由定义式直接获得。

对于因果序列，有 $X(z) = \sum_{n=0}^{\infty} x[n]z^{-n}$，如果 $x[0]$ 是有限值，则 $\lim_{z\to\infty} X(z)$ 也是有限值，若 $X(z)$ 表示成两个多项式之比的话，则分子多项式的阶次不能大于分母多项式的阶次；或者说，零点的个数不能多于极点的个数。如果已知初值 $x[0]$，该定理也可以用来验证 z 变换表达式 $X(z)$ 的正确性。

10.6　基于 z 变换的离散时间 LTI 系统分析

根据 z 变换的卷积性质，LTI 系统输出信号的 z 变换应该等于输入信号的 z 变换乘以单位脉冲响应的 z 变换，如图 10-14 所示，其中 $H(z)$ 是 LTI 系统的单位脉冲响应的 z 变换，即：

$$H(z) = \sum_{n=-\infty}^{\infty} h[n]z^{-n} \tag{10-36}$$

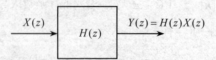

图 10-14　离散时间系统的 z 变换分析

$H(z)$ 称为该 LTI 系统的**系统函数**或**转移函数**。若 $H(z)$ 的收敛域包含单位圆，则将 $H(z)$ 在单位圆上求值（即 $z = e^{j\omega}$）时，z 变换退变为傅里叶变换，系统函数退变为系统的频率响应，即：

$$H(e^{j\omega}) = H(z)\big|_{z=e^{j\omega}} \tag{10-37}$$

LTI 系统的很多性质都与其系统函数的零极点和收敛域相联系，下面将从系统函数的角度再来考察离散时间系统的多个性质。

10.6.1 因果性

如果 LTI 系统是因果的，就意味着其单位脉冲响应必须是右边序列，也就意味着系统函数的收敛域 ROC 一定是某一个圆的外部。

注意：上述逆命题不成立，也就是说，系统函数的收敛域 ROC 为某圆的外部，只是系统因果的必要条件，还不是充分条件。如果加上条件"收敛域 ROC 包括 $z = \infty$ 点"，那么就保证了当 $n < 0$ 时，$h[n] = 0$，这样就和上面的条件一起构成了 LTI 系统因果的充要条件。归纳起来就是：**当且仅当系统函数的收敛域 ROC 为某个圆的外部，而且包括 $z = \infty$ 点时，对应的 LTI 系统是因果的。**

对于系统函数是 z 的有理式的情况 $H(z) = N(z)/D(z)$，如果分子多项式 $N(z)$ 的阶次高于分母多项式 $D(z)$ 的阶次，那么 $H(\infty) = \infty$，也就是说，$h[n]$ 中有 $n < 0$ 的项，系统不再是因果的。因此，分子多项式 $N(z)$ 的阶次不能高于分母多项式 $D(z)$ 的阶次也是 LTI 系统因果的必要条件。

例题 10.18 分析系统 $H(z) = \dfrac{z^3 + 3z^2 + z}{z^2 + 4z + 8}$ 的因果性。

解：由于分子多项式 $N(z)$ 的阶次高于分母多项式 $D(z)$ 的阶次，则有 $H(\infty) = \infty$，系统函数在 $z = \infty$ 处不收敛，$h[n]$ 中有 $n < 0$ 的项，因此该 LTI 系统不是因果的。

10.6.2 稳定性

由第 2 章的分析可以知道，离散时间 LTI 系统稳定等效于其单位脉冲响应绝对可和，即 $\sum_{n=-\infty}^{\infty} |h[n]| < \infty$。而 $h[n]$ 绝对可和意味着 $h[n]$ 的傅里叶变换收敛，也就是 $H(z)$ 的 ROC 包含单位圆。因此，**系统函数 $H(z)$ 的收敛域 ROC 包含 z 平面上的单位圆是 LTI 系统稳定的充要条件。**

10.6.3 因果而且稳定

很多实时 LTI 系统都是因果而且稳定的，要同时满足这两个性质，系统函数的收敛域一方面必须是某个圆的外部（包括 $z = \infty$），另一方面又必须包含单位圆。考虑到收敛域中不能有极点，因此因果且稳定的 LTI 系统的所有极点都必须在单位圆内。这样就有如下结论：**LTI 系统因果而且稳定的必要条件是，其系统函数的极点都在单位圆内部。**

10.6.4 由线性常系数差分方程表征的系统

离散时间 LTI 系统都可以用线性常系数差分方程来描述，下面通过例题说明由线性常系数差分方程得到系统函数 $H(z)$ 的方法。

例题 10.19 已知 LTI 系统的差分方程为：$y[n] - 2y[n-1] = x[n] + 3x[n-1]$，求系统的系统函数。

解：对差分方程的两边求 z 变换，得到：

$$Y(z) - 2z^{-1}Y(z) = X(z) + 3z^{-1}X(z)$$

可见 z^{-1} 对应了一个离散时间系统的延时环节。整理上式可得：

$$H(z) = \frac{Y(z)}{X(z)} = \frac{1 + 3z^{-1}}{1 - 2z^{-1}}$$

再辅助以诸如因果性、稳定性之类的系统属性，就能确定收敛域 ROC，从而求出系统的单位脉冲响应。

一般地，离散时间 LTI 系统的线性常系数差分方程有如下形式：

$$\sum_{k=0}^{N} a_k y[n-k] = \sum_{k=0}^{M} b_k x[n-k] \tag{10-38}$$

对上述差分方程两边求 z 变换，可得：

$$\sum_{k=0}^{N} a_k z^{-k} Y(z) = \sum_{k=0}^{M} b_k z^{-k} X(z) \tag{10-39}$$

整理可得离散时间 LTI 系统的系统函数：

$$H(z) = \frac{Y(z)}{X(z)} = \frac{\displaystyle\sum_{k=0}^{M} b_k z^{-k}}{\displaystyle\sum_{k=0}^{N} a_k z^{-k}} \tag{10-40}$$

可见，一个满足线性常系数差分方程的系统，其系统函数总是有理的。另外需要注意的是，差分方程本身并没有提供关于系统函数 $H(z)$ 收敛域的任何信息，必须有对系统因果性、稳定性等的附加限制才可以确定收敛域。例如，如果已知系统是因果的，那么 ROC 就一定位于最外层极点的外边；如果系统是稳定的，那么 ROC 一定包括单位圆。

例题 10.20 一个因果的离散时间系统如图 10-15 所示，试用差分方程描述该系统，并求出系统的系统函数，再确定参数 a 使得系统稳定。

解：根据时域平移性质，z^{-1} 是一个延时环节。按照图 10-16 上的标示，可得系统的差分方程：

$$y[n] = x[n] + a y[n-1]$$

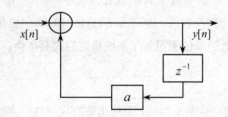

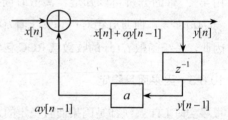

图 10-15　例题 10.20 图　　　　　　　　　　图 10-16　例题 10.20 图

两边取 z 变换，可得：

$$Y(z) = X(z) + a z^{-1} Y(z)$$

整理可得到系统的系统函数为：

$$H(z) = \frac{Y(z)}{X(z)} = \frac{1}{1 - a z^{-1}}$$

要使系统稳定，$H(z)$ 的收敛域必须包含单位圆，又由系统是因果的条件，可知系统的所有极点都必须位于单位圆内，而 $z = a$ 处为极点，因此 $|a| < 1$ 时系统稳定。

10.7　单边 z 变换

本章前面几节考虑的 z 变换中，求和都是在 n 的所有值上进行的，这样的 z 变换一般称为双边 z 变换。和拉普拉斯变换一样，也有另一种形式的 z 变换，称为单边 z 变换，此时求和只在 n 的非负值上进行。这一节将采用与 9.7 节讨论单边拉氏变换相同的方式来讨论单边 z 变换，并说明其有关性质和应用。

10.7.1　单边 z 变换和单边 z 反变换

一个序列 $x[n]$ 的单边 z 变换定义为:

$$X(z) = \sum_{n=0}^{\infty} x[n] z^{-n} \qquad (10\text{-}41)$$

可以看到，单边与双边 z 变换的差别仅在于求和区间的不同，因此 $x[n]$ 的单边 z 变换可以看作是 $x[n]u[n]$ 的双边 z 变换。特别地，若 $n<0$ 时，序列本身就为 0，那么该序列的单边和双边 z 变换就是一致的。

由于两种变换之间的密切联系，单边变换的计算也和双边变换相差不多，只要考虑到求和区间在 $n \geqslant 0$ 上进行。同理，单边 z 反变换的计算也基本上与双边变换相同，只是单边变换中，其 ROC 总是位于某一个圆的外边。

下面举例对单边 z 变换和反变换加以说明。

例题 10.21　考虑信号 $x[n]$ 为:

$$x[n] = a^n u[n]$$

求其单边和双边 z 变换。

解: 因为 $n<0$ 时 $x[n]=0$，因此 $x[n]$ 的单边和双边 z 变换相等，为:

$$X(z) = \frac{1}{1-az^{-1}} = \frac{z}{z-a}, \quad |z|>|a|$$

例题 10.22　设 $x[n]$ 为:

$$x[n] = a^{n+1} u[n+1]$$

求其单边和双边 z 变换。

解: 因为 $n<0$ 时 $x[n] \neq 0$，因此单边和双边 z 变换不相等。其双边 z 变换由上例和 z 变换的时移性质可得:

$$X(z) = \frac{z}{1-az^{-1}} = \frac{z^2}{z-a}, \quad |z|>|a|$$

而单边 z 变换由定义可得:

$$X(z) = \sum_{n=0}^{\infty} a^{n+1} z^{-n} = a \sum_{n=0}^{\infty} a^n z^{-n}$$

即:

$$X(z) = \frac{a}{1-az^{-1}} = \frac{az}{z-a}, \quad |z|>|a|$$

例题 10.23　若 $X(z) = \dfrac{1-z^{-1}}{(1-2z^{-1})(1-3z^{-1})}$，求其单边 z 反变换。

解: 在例题 10.9、例题 10.10 和例题 10.11 中，曾针对三种不同的收敛域讨论过 $X(z)$ 的双边 z 反变换。若只求单边 z 反变换，相当于收敛域位于以 $X(z)$ 极点最大模值为半径的圆周以外，也就是 $|z|>3$，因此可以采用与例题 10.9 相同的部分分式展开法求得单边 z 反变换，结果为:

$$x[n] = -2^n u[n] + 2(3)^n u[n]$$

另外，10.3 节所介绍的长除法求 z 反变换也适用于单边的情况，但必须要满足一种限制，这种限制来自于单边 z 变换的定义式（10-41），可以看到变换的幂级数展开式中不能包含 z 的正幂次项。例如对于 z 变换式:

$$X(z) = \frac{1}{1 - az^{-1}}$$

展开时，只能按照例题 10.13 给出的长除法展开成：

$$\frac{1}{1 - az^{-1}} = 1 + az^{-1} + a^2 z^{-2} + a^3 z^{-3} + a^4 z^{-4} \cdots$$

而不能按照下面的长除法展开。

图 10-17 所示的长除法将得到一个左边的非因果序列。

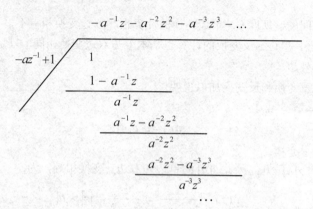

图 10-17　另一种长除法示例

要注意的是，$X(z)$ 的幂级数展开式中没有 z 的正幂次项的要求意味着：不是每一个 z 的函数都能有一个单边的 z 反变换。特别是，若考虑将 $X(z)$ 写成 z（而不是 z^{-1}）的多项式之比，即：

$$p(z)/q(z) \tag{10-42}$$

那么，其反变换要能成为一个单边变换（适当地选择 ROC 为某一个圆的外边），其分子的阶次必须不能大于分母的阶次。例如，若 $X(z) = z^2/(z-a)$，参照例题 10.22 可知，对于收敛域 $|z| > |a|$，其反变换为右边序列 $a^{n+1}u[n+1]$，显然不是一个对所有 $n < 0$ 时都为 0 的序列，因此不存在单边反变换。

10.7.2　单边 z 变换的性质

单边 z 变换有一些性质是与双边变换对应的性质相同的（如线性、z 域尺度变换、时间扩展、共轭和 z 域微分性质），而另有几个是有些许不同的。

首先是初值定理，该定理本身就是一个单边变换的性质，因为它要求 $n < 0$ 时 $x[n] = 0$，因此单边变换的初值定理仍为 $x[0] = \lim\limits_{z \to \infty} X(z)$。另外对于双边变换的时间反转性质，由于在单边情况下序列无法反转，因此单边 z 变换不存在时间反转性质。

再来考察卷积性质的差别，对于单边 z 变换，只有当 $n < 0$ 时，$x_1[n] = x_2[n] = 0$，才有 $x_1[n] * x_2[n] \leftrightarrow X_1(z) X_2(z)$。因为在这种情况下，这两个信号的双边和单边变换都是相同的，因此可以直接由双边变换的卷积性质得到结论。该性质还告诉我们，如果考虑的是因果 LTI 系统（此时，系统函数既是单位脉冲响应的双边 z 变换，又是单边 z 变换），其输入是 $n < 0$ 时均为 0 的信号，那么本章前面几节所建立的系统分析和系统函数的代数属性都能毫无变化地应用到单边变换中。

两种变换的性质中差别较大的还有时移性质，在双边变换中，$x[n - n_0] \leftrightarrow z^{-n_0} X(z)$，而在单边变换中，则必须考虑信号的初始条件。先考虑下列信号：

$$y[n] = x[n-1] \qquad (10\text{-}43)$$

其单边 z 变换为：

$$Y(z) = \sum_{n=0}^{\infty} x[n-1]z^{-n} = x[-1] + \sum_{n=1}^{\infty} x[n-1]z^{-n}$$

$$= x[-1] + \sum_{n=0}^{\infty} x[n]z^{-(n+1)} = x[-1] + z^{-1}\sum_{n=0}^{\infty} x[n]z^{-n} \qquad (10\text{-}44)$$

$$= x[-1] + z^{-1}X(z)$$

重复应用式（10-44），可以得到 $w[n] = x[n-2]$ 的单边 z 变换为：

$$W(z) = x[-2] + x[-2]z^{-1} + z^{-2}X(z) \qquad (10\text{-}45)$$

其中 $X(z)$ 表示 $x[n]$ 的单边 z 变换。继续上述迭代过程，就能得到当 $m>0$ 时时移后信号 $x[n-m]$ 的单边 z 变换。此时的时移性质也称为时延性质，因为都是关于 $x[n]$ 延迟后信号的单边变换。若 $m<0$，即 $x[n]$ 超前后信号的单边 z 变换，则有如下结论：

$$x[n+1] \leftrightarrow zX(z) - zx[0] \qquad (10\text{-}46)$$

其中 $X(z)$ 仍表示 $x[n]$ 的单边 z 变换，该结论读者可以自己证明。

单边 z 变换最重要的应用是用来分析因果系统，特别是由线性常系数差分方程描述的可能具有非零初始条件的因果系统的分析，此时就要用到单边 z 变换的时移性质。

10.7.3 利用单边 z 变换求解差分方程

下面通过例子说明利用单边 z 变换及其时移性质求解具有非零初始条件的线性常系数差分方程的过程。

例题 10.24 考虑由下列差分方程描述的因果 LTI 系统：

$$y[n] + 3y[n-1] = x[n]$$

当输入为 $x[n] = \alpha u[n]$，初始条件为 $y[-1] = \beta$ 时，求系统的响应 $y[n]$。

解：对上式两边作单边 z 变换，并利用线性和时移性质可得：

$$Y(z) + 3\beta + 3z^{-1}Y(z) = \alpha/(1-z^{-1})$$

整理可得：

$$Y(z) = \frac{-3\beta}{1+3z^{-1}} + \frac{\alpha}{(1+3z^{-1})(1-z^{-1})}$$

上式中右边的第二项可看作是由输入 $x[n] = \alpha u[n]$（此时可认为初始条件为 0）引起的，也就是说，这一项是系统在初始松弛条件下的响应，因此往往称之为零状态响应，即初始条件为 0 时的响应。而上式中右边的第一项可看作是由初始条件 $y[-1] = \beta$（此时可认为输入信号为 0）引起的，因此称为零输入响应，可以看到，该项为初始条件 β 值的线性函数。总的来说，一个具有非零初始状态的线性常系数差分方程的解是零状态响应和零输入响应的叠加。

若给出 α 和 β 的具体数值，上式可以通过部分分式展开，然后求反变换得到系统的解 $y[n]$。例如，当 $\alpha = 8$，$\beta = 1$ 时，上式成为：

$$Y(z) = \frac{3}{1+3z^{-1}} + \frac{2}{1-z^{-1}}$$

对每一项分别进行单边 z 变换，得：

$$y[n] = [3(-3)^n + 2]u[n]$$

研讨环节：拉氏变换与 z 变换的关系

通过第 9 章和本章的学习，我们知道拉氏变换是分析连续时间信号与系统的工具，而 z 变换是分析离散时间信号与系统的工具。既然连续时间信号与离散时间信号之间可以通过采样联系起来，那么这两种变换之间是否也存在某种联系呢？事实上，z 变换就是拉氏变换的变形，只要将 z 变换中的 z 置换成 $z = \mathrm{e}^{sT}$ 就成为拉氏变换，将拉氏变换中的 s 置换成 $\ln z/T$ 就成为 z 变换，其中 T 是连续时间信号到离散时间信号的采样周期。而且 s 平面上的虚轴（即 $s = j\omega$ 轴）对应到 z 平面上是单位圆 $|z| = 1$，s 平面上的左半平面和右半平面对应到 z 平面上分别是单位圆内和单位圆外，因此两种变换是可以互相转换的。只是在分析连续时间信号与系统时用拉氏变换，分析离散时间信号与系统时用 z 变换，形式上更为简洁。

尝试通过下面例子的讨论，更好地体会上述对应关系[1]。

设想有一离散时间系统，其传递函数为 $H(z)$，输入为 $x[n]$，再考虑一连续时间信号 $x(t)$，使它的第 n 个样本值是 $x[n]$。现对 $x(t)$ 进行间隔周期为 T 秒的采样，得到一个由冲激串构成的信号 $\bar{x}(t)$，其中第 n 个冲激的强度是 $x[n]$。这样 $\bar{x}(t)$ 与 $x[n]$ 之间的关系可以表述为：

$$\bar{x}(t) = \sum_{n=0}^{\infty} x[n]\delta(t - nT)$$

离散时间信号 $x[n]$ 加到传递函数为 $H(z)$ 的离散时间系统的输入端，这个离散时间系统一般是由延时、加法器和标量乘法器组成的。现在设想一个连续时间系统 $H(s)$，其对 $\bar{x}(t)$ 的样本所施加的运算是与 $H(z)$ 对 $x[n]$ 施加的运算完全相同的。只是要注意连续时间冲激信号 $\delta(t)$ 经过 T 秒的延时得到 $\delta(t-T)$，这一过程用传递函数表示是 e^{-sT}，而在离散时间系统中一个延时单元的传递函数表示是 $1/z = z^{-1}$，比较可知，变量 z 和 s 之间的关系是 $z = \mathrm{e}^{sT}$。

除去延时单元的表示有所不同外，加法器和标量乘法器在两种系统中的表示是完全相同的。因此，若这样两个系统分别对波形已知的输入信号 $x[n]$ 和 $\bar{x}(t)$ 产生作用，可以预料输出信号波形也应该是相同的，只不过一个是离散时间序列 $y[n]$，另一个是以 $y[n]$ 为第 n 个冲激的强度的连续时间信号 $\bar{y}(t)$。

试分析生成 $y[n]$ 和 $\bar{y}(t)$ 的过程，并用数学语言描述之，借此理解拉氏变换和 z 变换在处理不同系统时的区别和联系。

思考题与习题十

10.1　求下列离散时间信号的 z 变换 $X(z)$ 以及收敛域：

(1) $(1/2)^n u[n]$　　　　　　　　　(2) $(1/2)^n u[-n]$

(3) $(1/2)^{-n} u[n] + \delta[n]$　　　　　(4) $\left(\dfrac{1}{4}\right)^n u[n] - \left(\dfrac{2}{3}\right)^n u[n]$

(5) $\left(\dfrac{1}{5}\right)^n u[n] - \left(\dfrac{1}{3}\right)^n u[-n-1]$　　(6) $\left(\dfrac{1}{2}\right)^n u[-n-1]$

(7) $[r^n \cos\Omega_0 n]u[n]$

10.2　设 $x[n]$ 是一个绝对可和的信号，其有理 z 变换为 $X(z)$。若已知 $X(z)$ 在 $z = 1/2$ 有一个极点，$x[n]$ 能够是：

    （1）有限长信号吗？   （2）左边信号吗？

    （3）右边信号吗？   （4）双边信号吗？

  10.3 假设 $x[n]$ 的 z 变换代数表示式为：

$$X(z)=\frac{1-\frac{1}{4}z^{-2}}{\left(1+\frac{1}{4}z^{-2}\right)\left(1+\frac{5}{4}z^{-1}+\frac{3}{8}z^{-2}\right)}$$

则 $X(z)$ 可能有多少种不同的收敛域？

  10.4 结合 z 变换的性质，求下列序列的 z 变换：

    （1）$(n-1)^2 u[n-1]$ （2）$u[n]+(n-1)u[n-1]$

    （3）$(-1)^n nu[n]$ （4）$n^2 u[n]$

    （5）$-na^n u[-n-1]$

  10.5 求下列 z 变换的反变换：

    （1）$X(z)=-2z^{-2}+2z+1$，$0<|z|<\infty$ （2）$X(z)=\dfrac{z}{(z-1)^2(z-2)}$，$|z|>2$

    （3）$X(z)=\dfrac{1-z^{-1}}{1-\frac{1}{4}z^{-2}}$，$|z|>\frac{1}{2}$ （4）$X(z)=\dfrac{z^{-1}-\frac{1}{2}}{1-\frac{1}{2}z^{-1}}$，$|z|<\frac{1}{2}$

    （5）$X(z)=\dfrac{z^{-1}-\frac{1}{2}}{\left(1-\frac{1}{2}z^{-1}\right)^2}$，$|z|>\frac{1}{2}$ （6）$X(z)=\dfrac{1+z^{-1}}{1-2z^{-1}\cos\omega+z^{-2}}$，$|z|>1$

  10.6 用长除法求 z 变换 $X(z)=\dfrac{1}{1-\alpha z^{-1}}$（$|z|<|\alpha|$）的反变换。

  10.7 求 z 变换 $X(z)=\ln(1+az^{-1})$（$|z|>|a|$）的反变换。

  10.8 一个因果的线性时不变系统，当输入为 $nu[n]$ 时，输出为 $2[(1/2)^n-1]u[n]$，试确定系统函数 $H(z)$ 和系统的单位脉冲响应 $h[n]$。

  10.9 一个因果 LTI 系统的系统函数为 $H(z)=\dfrac{1}{1-2\alpha\cos\theta\cdot z^{-1}+\alpha^2\cdot z^{-2}}$，试分析其收敛域与零极点的情况，以及系统稳定性与参数 α 的关系。

  10.10 证明 z 变换的卷积性质：

$$x_1[n]*x_2[n]\ \underset{z}{\longleftrightarrow}\ X_1(z)X_2(z)$$

并且说明它的收敛域 ROC 包含 $R_1\cap R_2$，其中 R_1、R_2 分别为 $X_1(z)$ 和 $X_2(z)$ 的收敛域。

  10.11 z 变换的时间反转性质为 $x[-n]\ \underset{z}{\longleftrightarrow}\ X\left(\dfrac{1}{z}\right)$，试证明：其收敛域为 $\text{ROC}=1/R_x$，其中 R_x 为 $X(z)$ 的收敛域。

  10.12 z 变换的时域扩展性质为 $x_{[k]}[n]\ \underset{z}{\longleftrightarrow}\ X(z^k)$，试证明：其收敛域为 $\text{ROC}=R^{1/k}$，其中 R 为 $X(z)$ 的收敛域。

  10.13 对于一个输入为 $x[n]$，输出为 $y[n]$ 的离散时间 LTI 系统，若已知下列情况：

（a）对全部 n，当 $x[n] = (-2)^n$ 时，$y[n] = 0$。

（b）对全部 n，当 $x[n] = (1/2)^n u[n]$ 时，$y[n]$ 为：

$$y[n] = \delta[n] + a\left(\frac{1}{4}\right)^n u[n]$$

其中 a 为一常数。

（1）求常数 a 的值。

（2）若对全部 n，$x[n] = 1$，求响应 $y[n]$。

10.14 要使如题 10.11 图所示的离散时间系统稳定，实数 k 应该在什么范围内取值？

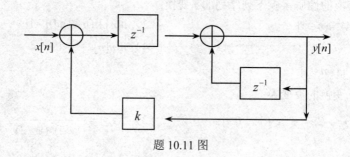

题 10.11 图

10.15 求下列每个信号的单边 z 变换，并标出相应的收敛域：

（1）$x_1[n] = \left(\frac{1}{4}\right)^n u[n+5]$

（2）$x_2[n] = \delta[n+3] + \delta[n] + 2^n u[-n]$

（3）$x_3[n] = \left(\frac{1}{2}\right)^{|n|}$

10.16 有一个系统，其输入 $x[n]$ 和输出 $y[n]$ 可由下列差分方程表示：

$$y[n-1] + 2y[n] = x[n]$$

（1）若 $y[-1] = 2$，求系统的零输入响应。

（2）若 $x[n] = (1/4)^n u[n]$，求系统的零状态响应。

（3）当 $x[n] = (1/4)^n u[n]$ 和 $y[-1] = 2$ 时，求 $n \geq 0$ 时系统的响应。

参考文献

B. P. Lathi. 线性系统与信号. 刘树棠译. 西安：西安交通大学出版社，2006.

第 11 章

数字滤波器设计

本章介绍数字滤波器的数学原理、数学形式及其主要设计方式。数字滤波器设计属于数字系统综合的范围。所谓数字系统的综合（Synthesis）是指在给定系统性能指标的情况下，给出一个满足指标的系统设计。如果预先给定的是一组频率滤波的指标，如幅频响应曲线、相频响应曲线、超调量范围等，设计一个离散时间 LTI 系统使之满足设计要求，得到的系统称为数字滤波器（Digital Filter）。这样的滤波器可以是多输入多输出的，本书为了集中于原理的讨论，仅讨论单输入单输出的情况。

11.1 离散时间系统及其信号流图表示

本书将数字滤波器的范围限制于 LTI 系统，它能够实现或者近似实现给定的频率响应。和一般的系统一样，数字滤波器在时域内可以使用单位脉冲响应函数 $h[n]$ 表示，在频域内可以使用系统函数 $H(z)$ 表示。滤波的结果在时域内表达为输入和 $h[n]$ 的卷积，如图 11-1 所示；在频域内表达为输入信号的 z 变换 $X(z)$ 和 $H(z)$ 的乘积，如图 11-2 所示。

图 11-1　离散时间 LTI 系统的时域分析　　　　图 11-2　离散时间 LTI 系统的 z 域分析

同一个传递函数或者单位脉冲响应函数是有无数种具体实现形式的。在系统综合的问题中，设计者不但要考虑系统的功能实现和性能指标问题，还要考虑其物理可实现性、实现的物理代价、结构的稳定性等。应该尽可能选择较简单的结构以方便系统实现，并提高系统的可靠性。

在这里，只考虑 LTI 的系统函数为有理 z 变换的情况。在这种情况下，对应的时域描述为常系数差分方程：

$$\sum_{k=0}^{N} a_k y[n-k] = \sum_{k=0}^{M} b_k x[n-k] \tag{11-1}$$

对上述方程两边求 z 变换，可得：

$$\sum_{k=0}^{N} a_k z^{-k} Y(z) = \sum_{k=0}^{M} b_k z^{-k} X(z) \tag{11-2}$$

整理可得系统的系统函数：

$$H(z) = \frac{Y(z)}{X(z)} = \sum_{k=0}^{M} b_k z^{-k} \bigg/ \sum_{k=0}^{N} a_k z^{-k} \tag{11-3}$$

归一化处理，使 $a_0 = 1$，改写成：

$$H(z) = \frac{Y(z)}{X(z)} = \sum_{k=0}^{M} b_k z^{-k} \bigg/ 1 - \sum_{k=1}^{N} a_k z^{-k} \tag{11-4}$$

对应的差分方程为：

$$y[n] = \sum_{k=1}^{N} a_k y[n-k] + \sum_{k=0}^{M} b_k x[n-k] \tag{11-5}$$

从式（11-5）可以看出，要实现上述数字滤波器，只需要三种运算单元：**加、数乘、延迟**。也就是如图 11-3 所示的三个基本单元。延时环节（c）有时也表示成图 11-4 的样子。

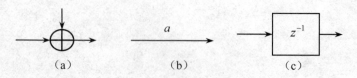

图 11-3　三个基本的运算单元

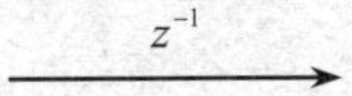

$$\xrightarrow{\hspace{1cm} z^{-1} \hspace{1cm}}$$

图 11-4　延时环节的表示

例题 11.1　设计一个离散时间系统使之具有如下系统函数：$H(z)=b_0/(1-a_1z^{-1}-a_2z^{-2})$。

解：根据式（11-4）和式（11-5），系统函数对应的差分方程为：

$$y[n]=a_1y[n-1]+a_2y[n-2]+b_0x[n]$$

图 11-5 给出了该系统结构的一个方框示意图。

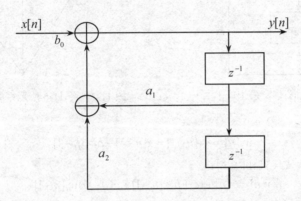

图 11-5　一个实现例题 11.1 系统的结构方框示意图

用方框图来表示离散时间系统在理论上不够严谨，不利于从网络结构的角度进行更加深入的理论探讨，也不够简洁。信号流图是表示离散时间系统的更好的方式。**图**（Graph）由支路和节点组成，每条支路连接两个节点。所谓**信号流图**（Signal Flow Graph）是一个**有向图**（Oriented Graph）。有向图是**图论**（Graph Theory）里面的一个概念，它是一种为每一个支路都赋一个方向的图。有向图的每一条支路被赋予一个方向，该方向从该支路的**起始节点**指向**终止节点**。图的每一个节点对应一个**节点**（Node）**值**，例如 w_i、x_i、y_i 等，在本书中，节点值一般是时间序列或者是它的 z 变换。每一条支路对应一个**支路函数** f_{jk}，f_{jk} 表示从起始节点 w_j 指向终止节点 w_k 的那条支路的支路函数。我们定义从起始节点 w_j 指向终止节点 w_k 的那条**支路的输出**为：

$$V_{jk}=f_{jk}[w_j] \tag{11-6}$$

也就是说，支路输出等于支路函数对起始节点值的运算结果。如果信号流图的支路函数为线性函数，我们称之为**线性流图**。对于线性流图，支路函数 f_{jk} 是线性的，可写成：

$$V_{jk}=f_{jk}[w_j]=c_{jk}\,w_j \tag{11-7}$$

其中，c_{jk} 可以看成支路对应的权重。在本书中，我们只涉及线性流图，一般用常数或者 z^{-1} 表示权重 c_{jk}，也就是：

$$V_{jk}=aw_j \tag{11-8}$$

$$V_{jk}=z^{-1}w_j \tag{11-9}$$

我们规定节点的值等于所有以该节点为终止节点的支路输出之和。如果线性流图的一个节点 y_k，有 N 条指向它的支路，则有：

$$y_k=\sum_{j=1}^{N}V_{jk}=\sum_{j=1}^{N}c_{jk}w_j \tag{11-10}$$

下面考虑如图 11-6 所示的离散时间系统的结构。将图 11-6 按照信号流图的规则画成如图 11-7

所示的信号流图。

在上面的信号流图中，每一个节点对应一个离散时间信号，节点 1 表示离散时间信号 $x[n]$，节点 3 表示离散时间信号 $y[n]$。将节点 1、2、3、4 上的信号值分别记为 $w_1[n]$、$w_2[n]$、$w_3[n]$、$w_4[n]$。

按照节点取值的规则，可以将差分方程写为：

$$y[n] = w_3[n] = w_2[n] + bw_4[n] = w_1[n] + bw_4[n] = x[n] + (a+b)w_4[n] \tag{11-11}$$

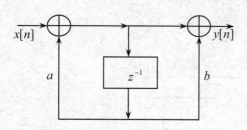

图 11-6   一个离散时间系统的例子

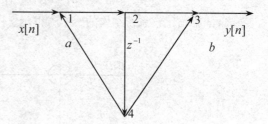

图 11-7   图 11-6 所示系统的信号流图表示

由 4、2 节点方程：

$$w_4[n] = w_2[n-1] = x[n-1] + aw_4[n-1] \tag{11-12}$$

将式（11-12）代入式（11-11）得：

$$y[n] = x[n] + (a+b)x[n-1] + a(a+b)w_4[n-1] \tag{11-13}$$

将式（11-11）延时可得：$y[n-1] = x[n-1] + (a+b)w_4[n-1]$。联立上面两式，消去 $w_4[n-1]$，就得到了系统的差分方程表示：$y[n] - ay[n-1] = x[n] + bx[n-1]$。两边取 z 变换，可以得到该系统的系统函数：$H(z) = Y(z)/X(z) = 1 + bz^{-1}/1 - az^{-1}$。

11.2　无限冲激响应滤波器

所谓**无限冲激响应**（Infinite Impulse Response，IIR）**滤波器**就是单位冲激响应 $h[n]$ 为无限长序列的滤波器。IIR 滤波器中含有递归环节，所以 IIR 滤波器也被称为**递归滤波器**（Recursive Filter）。从式（11-5）就可以看出这一点，其中 $\sum_{k=1}^{N} a_k y[n-k]$ 项就是递归环节。单位冲激响应函数是无限长的，并不意味着其实现也是一个无限连接的网络形式，其实它们总是可以用有限个器件实现的。IIR 滤波器主要有三种形式：直接形式、级联形式、转置形式。

11.2.1　直接形式

考虑一个离散时间有理系统：

$$H(z) = \frac{Y(z)}{X(z)} = \left(1 - \sum_{k=1}^{N} a_k z^{-k}\right)^{-1} \sum_{k=0}^{M} b_k z^{-k} \tag{11-14}$$

它对应的差分方程是：

$$y[n] = \sum_{k=1}^{N} a_k y[n-k] + \sum_{k=0}^{M} b_k x[n-k] \tag{11-15}$$

可以使用如图 11-8 所示的网络结构来实现它（限于 $N = M$ 的情况）。

因为 LTI 系统具有交换律，图中左侧子图和右侧子图可以看成是两个级联的子系统，在保持系统函数不变的情况下，两个子系统是可以交换位置的。所以图 11-8 和图 11-9 是等效的。

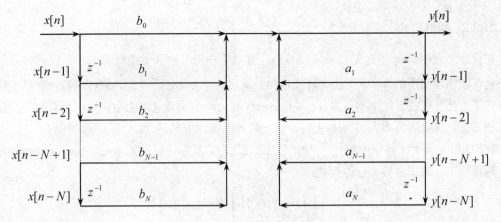

图 11-8 IIR 滤波器的直接形式

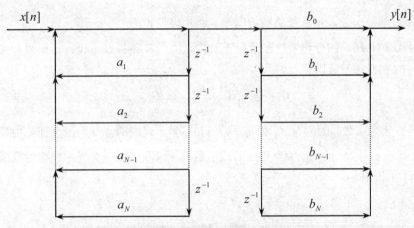

图 11-9 IIR 滤波器直接形式的变化

在图 11-9 中，左右侧两个子系统均具有级联的延迟环节，并且是从同一个信号节点出发的，延迟环节的数目也是一样的，而延迟环节本身是线性环节，为了节省延时环节、降低实现的难度和器件消耗，可将延时环节合并，这样就得到图 11-10 所示的结构，这一结构在滤波器的设计实现中都被较多地采用。

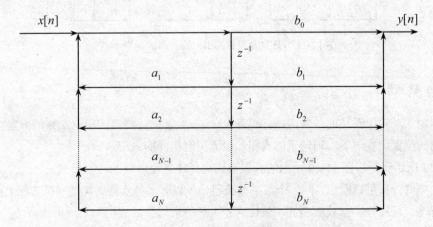

图 11-10 IIR 滤波器直接形式的简化形式

11.2.2 级联形式

在直接形式中，a_k 和 b_k 是可能取复数的，这对于理论分析和数值计算来说是没有问题的，但却不是可以物理实现的。对于不能物理实现的直接形式，就有必要讨论其他可以指导物理实现的实现形式了。此外直接形式中，系数 a_i、b_i 和系统性能之间的关系并不直接，一个系数的改变会影响到系统所有零极点的分布。当 N 越大时，这一现象就越为明显。

我们知道，当 LTI 系统的单位冲激响应为实信号时，其系统函数的零点和极点是共轭成对出现的，这样一来，系统函数可以改写成：

$$H(z) = A \frac{\prod\limits_{k=1}^{M_1}(1-g_k z^{-1})\prod\limits_{k=1}^{M_2}(1-h_k z^{-1})(1-h_k^* z^{-1})}{\prod\limits_{k=1}^{N_1}(1-c_k z^{-1})\prod\limits_{k=1}^{N_2}(1-d_k z^{-1})(1-d_k^* z^{-1})} \tag{11-16}$$

式中 g_k 和 c_k 都是实数，是系统函数的实零点和实极点。

一般认为式（11-16）的分母阶次高于分子阶次。两个共轭复数之和、之积都为实数。利用这种共轭性质，式（11-16）可以整理为：

$$H(z) = A \prod_{k=1}^{N} \frac{1+\beta_{1k} z^{-1} + \beta_{2k} z^{-2}}{1-\alpha_{1k} z^{-1} - \alpha_{2k} z^{-2}} \tag{11-17}$$

其中 α 和 β 皆为实数，因为 $h_k \cdot h_k^*$ 和 $h_k + h_k^*$ 都是实数。式中的每一个因子都是用直接形式实现的。这样就把滤波器等效为至多 N 个直接形式子系统的级联。这一实现形式称为**级联形式**，其结构图在图 11-11 中给出。

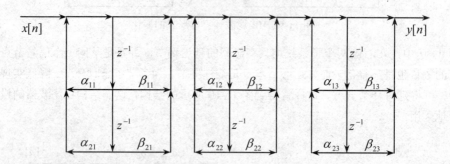

图 11-11 参数为实数的 IIR 滤波器的级联形式

11.2.3 转置形式

对于单输入单输出系统的信号流图，梅森（Mason）证明：将流图所有支路的方向都颠倒，并将输入输出的位置调换一下，则转置的流图和原流图有相同的系统函数。

图 11-12 所示就是将图 11-10 所示的直接形式进行转置而形成的转置形式。

通过本节的分析可以看出，同一个数字滤波器是可以有多种实现方案的。在工程上，可根据实现的难易程度、可靠性、参数敏感性、量化误差大小等来选择滤波器的实现形式。

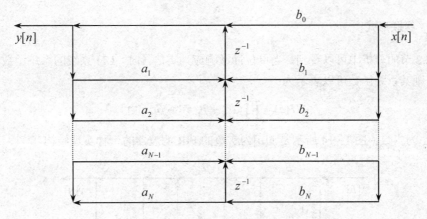

图 11-12　IIR 滤波器的转置形式

11.3　有限冲激响应滤波器

所谓**有限冲激响应**（Finite Impulse Response，FIR）**滤波器**是指单位冲激响应 $h[n]$ 为有限长序列的滤波器。当然，FIR 也可以看成 IIR 的一种特殊形式，只是因为 FIR 的特殊性，其结构可能会更加简化，所以需要单独地加以考察。

有限冲激响应滤波器的系统函数为：

$$H(z) = \sum_{n=0}^{N-1} h[n]z^{-n} \tag{11-18}$$

输入和输出的时域关系是：

$$y[n] = \sum_{k=0}^{N-1} h[k]x[n-k] \tag{11-19}$$

从式（11-19）可以看出，计算 $y[n]$ 不需要 $y[n\text{-}k]$ 的信息，也就是说，有限冲激响应滤波器是**非递归**的（Non-Recursive）。非递归结构反映在信号流图上，是一个前向图。所谓**前向图**（Forward Direction Graph）是指图中不存在一有向的回路。当然可以认为 FIR 滤波器是 IIR 滤波器的一个特例，只不过递归环节的权重为 0 而已。

和 IIR 滤波器一样，单位冲激响应函数或者系统函数给出的 FIR 滤波器也是有"直接形式"、"级联形式"、"倒置形式"等多种实现形式。每种实现形式有其不同的考虑，所以也就具有不同的优缺点。

11.3.1　直接形式

可以看到图 11-13 所示的结构可以实现式（11-19）所表示的 FIR 滤波器。

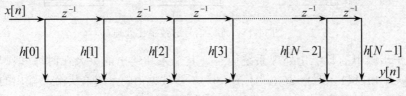

图 11-13　FIR 滤波器的直接形式

11.3.2　级联形式

在 11.2.2 节的分析中可以看到，当单位冲激响应为实信号时，LTI 系统的系统函数的零点是成对出现的，则其系统函数可以表示为：

$$H(z) = \prod_{k=1}^{N} (\beta_{0k} + \beta_{1k} z^{-1} + \beta_{2k} z^{-2}) \tag{11-20}$$

其中 β_{ik} 为实数。图 11-14 所示是 h[n] 为实数的 FIR 滤波器的一种实现结构。

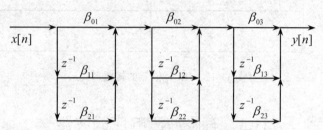

图 11-14　h[n] 为实数的 FIR 滤波器的级联形式

11.4　从模拟滤波器到数字滤波器

本章前几节讨论的是滤波器的系统函数的几种实现结构，本章后几节讨论的是怎样根据设计指标求滤波器的系统函数，也就是综合问题。

在数字信号处理得到广泛应用之前，模拟滤波器的研究已有大量工作，积累了许多成熟的研究成果，有一些经典的设计模式可以套用。这些设计模式一般在给出设计指标（如频率响应 $H_c(j\omega)$，或者是关于 $H_c(j\omega)$ 的关键点描述，例如截止频率等）后，就能求出系统的设计 $H_c(s)$。"模拟网络综合"研究的就是这方面的内容。本节讨论将模拟滤波器变换成数字滤波器的方法，这是一种比较经济也比较简单的设计方法。

本节我们的目的就是从成熟的模拟滤波器设计 $H_c(s)$ 出发，求出对应的数字滤波器的设计 $H_d(z)$。

11.4.1　冲激不变法（Impulse Invariance Method）

如图 11-15 所示，用离散时间系统来实现模拟信号处理的基本过程是：对连续时间信号 $x_c(t)$ 在时间维上进行采样，在幅值上进行数字化，得到数字信号 $x_d[n]$。利用数字信号处理系统对数字信号 $x_d[n]$ 进行处理，得到数字输出 $y_d[n]$。再利用内插的方法得到连续时间信号 $y_c(t)$。

图 11-15　连续信号的数字化处理

对于这一步骤中的数字化处理系统而言，其输入和输出的关系在时域和频域中分别为：$y_d[n] = h_d[n] * x_d[n]$ 和 $Y_d(e^{j\Omega}) = H_d(e^{j\Omega}) X_d(e^{j\Omega})$。虚线框内的系统单从输入/输出的角度来看是一个连续时间系统，在时域有 $y_c(t) = h_c(t) * x_c(t)$，在频域有 $Y_c(j\omega) = H_c(j\omega)X_c(j\omega)$。

在不产生混叠的情况下，$H_c(j\omega)$ 和 $H_d(e^{j\Omega})$ 的关系可以用图 11-16 来表示。

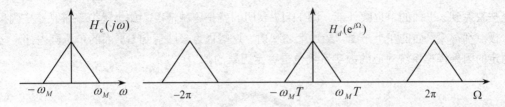

图 11-16　连续信号频谱和离散化后信号的频谱，后者是前者的周期延拓

图 11-16 中 T 为采样周期。也就是说 $H_c(j\omega)$ 是 $H_d(e^{j\Omega})$ 的一个周期，$H_d(e^{j\Omega})$ 是 $H_c(j\omega)$ 的周期延拓（当然还存在一个 $\Omega = \omega T$ 的比例变换关系）。$H_d(e^{j\Omega})$ 和 $H_c(j\omega)$ 可以相互表达，有：

$$H_c(j\omega) = \begin{cases} H_d(e^{j\omega T}) & |\omega| < \omega_s/2 \\ 0 & \text{其他} \end{cases} \tag{11-21}$$

$$H_d(e^{j\Omega}) = \frac{1}{T}\sum_{k=-\infty}^{\infty} H_c\left(j\frac{\Omega}{T} + j\frac{2\pi}{T}k\right) \tag{11-22}$$

结合第 7 章的分析，如果不考虑信号幅值数字化产生的误差，离散冲激响应函数 $h_d[n]$ 是对应的连续时间冲激响应函数 $h_c(t)$ 的采样，采样周期为 T，即：

$$h_d[n] = h_c(nT) \tag{11-23}$$

这就是所谓的**冲激不变**。

在冲激不变的情况下，将式（11-22）进行推广。设 $s = \sigma + j\omega$，则有：

$$H_d(z)\big|_{z=e^{sT}} = \sum_{n=-\infty}^{\infty} h_d[n]e^{-snT} = \sum_{n=-\infty}^{\infty} h_d[n]e^{-\delta nT}e^{-j\omega nT}$$

设 $h_b(t) = h_c(t)e^{-\delta t}$，则有 $h_b[n] = h_d[n]e^{-\delta nT}$，设 $H_b(j\omega)$ 是 $h_b(t)$ 的傅里叶变换，那么 $H_b(j\omega) = \int_{-\infty}^{\infty} h_b(t)e^{-j\omega t}\mathrm{d}t = \int_{-\infty}^{\infty} h_c(t)e^{-\alpha t}e^{-j\omega t}\mathrm{d}t = H_c(s)$。

由 7.4 节的讨论，我们有：

$$H_d(z)\big|_{z=e^{sT}} = \frac{1}{T}\sum_{n=-\infty}^{\infty} H_b\left(j\frac{\omega T + 2\pi k}{T}\right) = \frac{1}{T}\sum_{n=-\infty}^{\infty} H_b\left(j\left(\omega + \frac{2\pi}{T}k\right)\right)$$

因此，在冲激不变的情况下，有式（11-22）的推广形式：

$$H_d(z)\big|_{z=e^{sT}} = \frac{1}{T}\sum_{k=-\infty}^{\infty} H_c\left(s + j\frac{2\pi}{T}k\right) \tag{11-24}$$

上式就是 $H_c(s)$ 和 $H_d(z)$ 的关系。设：

$$X(s) = \sum_{k=-\infty}^{\infty} H_c\left(s + j\frac{2\pi}{T}k\right) \tag{11-25}$$

显然有：

$$X(s) = X(s + j\frac{2\pi}{T}) \tag{11-26}$$

可见，$X(s)$ 是以 $j2\pi/T$ 为周期以 s 为自变量的复变函数，$j\pi/T \sim -j\pi/T$ 的带状区域里面可以反映 $X(s)$ 的全部内容。

考察 $z = e^{sT}$，将 $s = r + j\omega$ 带入，$z = e^{rT}e^{j\omega T}$。当 s 遍历全平面的时候，z 也遍历全平面。事实

上，当 s 遍历 $j\pi/T \sim -j\pi/T$ 的带状区域时，z 也将遍历全平面。$r < 0$ 时，$e^{rT} < 1$，因此，在 $r + j\pi/T \sim$ $r - j\pi/T$ 的带状区域内，s 平面的左半平面部分被映射到 z 平面的单位圆内部，s 平面的右半平面部分被映射到 z 平面的单位圆外部。图 11-17 表明的就是这种情况。如果模拟系统是稳定因果的，那么极点都在 s 平面的左半平面，经过上述映射，这些极点被映射到 z 平面的单位圆内部。这就说明稳定的因果模拟系统对应的数字系统也是稳定因果的。

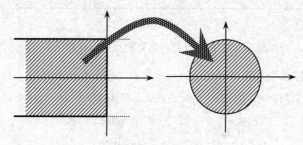

图 11-17　冲激不变法中 s 域到 z 域的映射

系统函数为有理拉普拉斯变换的情况下，可以通过系统函数方便地求出单位冲激响应。因此，有更加简单的形式。

下面考虑一阶极点的情况：

$$H_c(s) = \sum_{k=1}^{N} \frac{B_k}{s - s_k} \tag{11-27}$$

$$h_c(t) = \sum_{k=1}^{N} B_k e^{s_k t} u(t) \tag{11-28}$$

$$h_d[n] = h_c(nT) = \sum_{k=1}^{N} B_k e^{s_k nT} u[n] = \sum_{k=1}^{N} B_k (e^{s_k T})^n u[n] \tag{11-29}$$

$$H(z) = \sum_{k=1}^{N} \frac{B_k}{1 - e^{s_k T} z^{-1}} \tag{11-30}$$

所以，模拟系统的系统函数是仅有一阶极点的有理拉普拉斯变换形式，如式（11-27），在求得系统的极点后，可以直接利用式（11-30）写出离散滤波器的系统函数。对于系统函数 $H_c(s)$ 有多阶极点的情况，分析过程也是类似的。

这里还要强调一点，在分析中是忽略了离散时间采样信号在数字化过程中产生的误差的。这一误差一般认为在频域中位于高频段。这一误差的存在，会使实际的计算结果和理论结果出现偏差。如果滤波器主要偏重的是对低频信息的处理，那么这一误差不会对结果产生重大影响。但是如果滤波器的作用是放大高频段的信息，如高通滤波器，这一噪声很可能会造成重大的影响，甚至会使分析得到错误的结论。

例题 11.2　已知一个模拟系统的系统函数为 $H_c(s) = \dfrac{1}{(s+1)(s+3)}$。试用冲激不变法求其对应的离散系统的系统函数。

解：进行部分分式的展开，$H_c(s) = \dfrac{1/2}{s+1} - \dfrac{1/2}{s+3}$，代入式（11-30），有：

$$H_d(z) = \frac{1/2}{1 - e^{-T} z^{-1}} - \frac{1/2}{1 - e^{-3T} z^{-1}}$$

11.4.2　双线性变换（Bilinear Transformation）

设 A 为稳定因果的连续时间 LTI 系统的集合，设 D 为稳定因果的离散时间 LTI 系统的集合。如果有一种映射关系，$f: D \to A$ 满足以下条件：

（1）f 是双射，也就是一对一的映射。

（2）$H_c(j\omega)$ 的形状与它的映像 $H_d(e^{j\Omega})$ 的一个周期类似。

则 f 可以作为通过模拟系统设计数字系统的一个准则。

下面来看看双线性变换准则：

$$f: D \to A: \quad H_c(s) = H_d(z) \Big|_{z = \frac{1+(T/2)s}{1-(T/2)s}} \tag{11-31}$$

其中 T 为任意实数，可以不是整数）。整理 $z = 1+(T/2)s/(1-(T/2)s)$，可以得到 $s = \frac{2}{T}\frac{1-z^{-1}}{1+z^{-1}}$。

因此，容易得到逆映射：

$$f^{-1}: A \to D: \quad H_d(z) = H_c(s) \Big|_{s = \frac{2}{T}\frac{1-z^{-1}}{1+z^{-1}}} \tag{11-32}$$

下面来证明 f 是映射，也就是说，它能够将一个稳定因果的连续时间 LTI 系统映射为一个稳定因果的离散时间 LTI 系统。

证明： 如果 $H_d(z)$ 是稳定因果的，则极点都在单位圆内部。

如果 $z_k = re^{j\theta}$（$0 \leqslant r < 1$）是 $H_d(z)$ 的极点，则：

$$s_k = \frac{2}{T}\frac{1-z_k^{-1}}{1+z_k^{-1}} = \frac{2}{T}\frac{r\cos\theta - 1 + jr\sin\theta}{r\cos\theta + 1 + jr\sin\theta} = \frac{2}{T}\frac{r^2 - 1 + j2\sin\theta}{(r\cos\theta + 1)^2 + r^2\sin^2\theta} \tag{11-33}$$

可见极点具有负实部。经过 f 映射，z 平面单位圆内的极点总是映射到 s 平面的左半平面，一个离散时间稳定因果系统总是映射为一个连续时间稳定因果系统。

下面来证明 f^{-1} 是映射。

证明： 如果 $H_c(s)$ 是稳定因果的，则极点都在左半平面。

如果 $s_k = \sigma + j\omega$ 是 $H_c(s)$ 的极点，$\sigma < 0$。

$$z_k = \frac{1 + \frac{T}{2}s_k}{1 - \frac{T}{2}s_k} = \frac{1 + \frac{T}{2}\sigma + j\frac{T}{2}\omega}{1 - \frac{T}{2}\sigma - j\frac{T}{2}\omega} \quad |z_k| = \frac{\sqrt{(1 + \frac{T}{2}\sigma)^2 + (\frac{T}{2}\omega)^2}}{\sqrt{(1 - \frac{T}{2}\sigma)^2 + (\frac{T}{2}\omega)^2}} < 1$$

可见，z_k 在单位圆内部。经过 f^{-1} 的映射，s 平面左半平面的极点总是映射为 z 平面单位圆内的极点。这样一个连续时间稳定因果系统经 f^{-1} 映射到一个连续时间稳定因果系统。

上面的证明表明，经过双线性变换，z 平面里的单位圆内部和 s 左半平面是一一对应关系。图 11-18 说明了这种情况。

下面来说明，经过双线性变换的一对模拟系统和离散系统，$H_c(j\omega)$ 的形状与 $H_d(e^{j\Omega})$ 的一个周期大致类似。将 $z = e^{j\Omega}$ 代入式（11-34）：

$$H_d(z) = H_c(s) \Big|_{s = \frac{2}{T}\frac{1-z^{-1}}{1+z^{-1}}} \tag{11-34}$$

下面来考虑 $H_d(e^{j\Omega})$。

$$\frac{2}{T}\frac{1-\mathrm{e}^{-j\Omega}}{1+\mathrm{e}^{-j\Omega}}=\frac{2}{T}\frac{\mathrm{e}^{-j\Omega/2}(\mathrm{e}^{j\Omega/2}-\mathrm{e}^{-j\Omega/2})}{\mathrm{e}^{-j\Omega/2}(\mathrm{e}^{j\Omega/2}+\mathrm{e}^{-j\Omega/2})}=\frac{2}{T}\frac{j\sin(\Omega/2)}{\cos(\Omega/2)}=\frac{2}{T}j\tan(\Omega/2) \qquad (11\text{-}35)$$

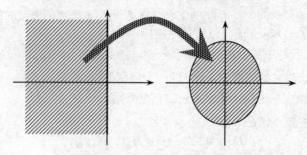

图 11-18　双线性变换中 s 域到 z 域的映射

可以看出，Ω 在正负 2π 范围变化，$2\tan(\Omega/2)/T$ 在 $\pm\infty$ 范围里面变化。也就是说，双线性变换将 z 平面里的单位圆变换到 s 平面的虚轴。

$$H_d(\mathrm{e}^{j\Omega})=H_c(2j\tan(\Omega/2)/T) \qquad (11\text{-}36)$$

或者写成：

$$H_c(j\omega)=H_d(\mathrm{e}^{j2\tan^{-1}\frac{T\omega}{2}}) \qquad (11\text{-}37)$$

如果 $2\tan^{-1}T\omega/2$ 是类似线性的关系，即 $2\tan^{-1}T\omega/2\approx k\omega$，如图 11-19 所示，则有：

$$H_c(j\omega)\approx H_d(\mathrm{e}^{jk\omega}) \qquad (11\text{-}38)$$

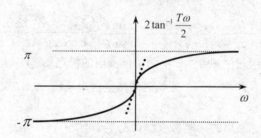

图 11-19　双线性变换的频率响应

可以说 $H_c(j\omega)$ 的形状与 $H_d(\mathrm{e}^{j\Omega})$ 的一个周期大致类似。需要强调的是，这里的大致类似，是因为在 $\omega=0$ 附近 $2\tan^{-1}T\omega/2$ 可以用一条直线逼近，当 ω 的绝对值大于一定程度时，这一逼近会有很大的误差，这时双线性变换是失效的。所以对于双线性变换这种设计方法，主要的应用对象是低通滤波器，特别是截止频率较低的低通滤波器。

11.5　用 Matlab 设计滤波器

11.5.1　近似滤波器

理想低通滤波器是非因果的，也就是说，在一维情况下，理想低通滤波器不可能以实时的方式实现。当然，离线的信号处理是很容易实现理想滤波的，例如可以在 FFT 以后进行理想滤波，再进行 IFFT。

由于大量的电子系统是实时的，因此有必要讨论一下理想滤波器的近似实现。图 11-20 所示是模拟低通滤波器频率响应的近似形式（只画了 $\omega>0$ 的部分）。

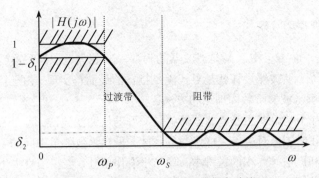

图 11-20　模拟低通滤波器的频率响应

图 11-21 所示是数字低通滤波器的频率响应，$0 \sim \omega_P$ 的频率范围称为**通带**，信号在通带里应该顺利通过，损耗很小，下标 P 的含义是 Pass；$\omega_P \sim \omega_S$ 的频率范围称为**过渡带**；ω_S 以上称为**阻带**，信号在阻带里应该不能通过或者衰减很大，下标 S 的含义是 Stop。ω_P 称为**通带边缘频率**，ω_S 称为**阻带边缘频率**。

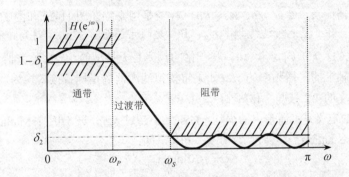

图 11-21　数字低通滤波器的频率响应

下面是几种常用的近似模拟低通滤波器。

（1）巴特沃斯（Butterworth）滤波器：

$$|H(j\omega)|^2 = \frac{1}{1+(\omega/\omega_c)^{2N}} \qquad (11-39)$$

（2）切比雪夫（Chebyshev）滤波器 I 型：

$$|H(j\omega)|^2 = \frac{1}{1+\varepsilon^2 C_N^2(\omega/\omega_c)} \qquad (11-40)$$

其中，$C_N(x)$ 是 N 阶 Chebyshev 多项式。

（3）切比雪夫滤波器 II 型：

$$|H(j\omega)|^2 = \frac{1}{1+\varepsilon^2\left[\dfrac{C_N(\omega_{st})}{C_N(\omega_{st}/\omega)}\right]^2} \qquad (11-41)$$

（4）椭圆滤波器：

$$|H(j\omega)|^2 = \frac{1}{1+\varepsilon^2 U_N^2(\omega/\omega_c)} \qquad (11-42)$$

其中 $U_N(x)$ 是 N 阶雅可比（Jacobian）椭圆函数。

11.5.2   计算滤波器的阶数

式（11-39）至式（11-42）中，N 是滤波器的阶数，N 越大近似滤波器越接近理想滤波器，代价是实现电路更加复杂。滤波器设计就是寻找满足指标的最简单实现。由于篇幅的限制，不再介绍根据设计指标解析求解滤波器阶数的理论和方法。

需要强调的是，并不是说理想低通滤波器就是最好的低通滤波器。因为在频域中理想低通滤波器表现为矩形形式，在时域内对应着采样函数的形式。采样函数除了中间的主瓣，还有很多幅值并不小的副瓣，副瓣在和原信号卷积的过程中，除了平滑作用外，会在信号中生成振荡模式，污染原信号，造成信号品质的下降。相反，上面提到的 4 种近似滤波器，因为其在频域中相对平滑，所以在时域中也相对有较少和较小的振荡模式，在卷积时对信号的污染是比较小的。

Matlab 提供了根据设计指标求滤波器阶数的函数。buttord、cheb1ord、cheb2ord、elliord 分别计算 Butterworth、Chebyshev I、Chebyshev II 和椭圆滤波器的阶数。以 buttord 为例进行说明。

[N, Wn] = buttord(*Wp*, *Ws*, *Rp*, *Rs*);   数字滤波器

[N, Wn] = buttord(*Wp*, *Ws*, *Rp*, *Rs*, 's');   模拟滤波器（s 的含义是拉氏变换）

对于低通滤波器而言，参数 *Wp*、*Ws*、*Rp*、*Rs* 就是用来描述图 11-20 和图 11-21 所示的近似滤波器的设计指标的。*Wp* 是通带边缘频率 ω_P；*Ws* 是阻带边缘频率 ω_S。注意，在数字滤波器中，*Wp* 和 *Ws* 是归一化的，π 被归一化为 1，归一化的频率是无量纲的。数字滤波器频率轴上的 π 对应于模拟滤波器频率轴上的采样频率的 1/2。如果将模拟滤波器的指标直接转换为数字滤波器的指标，则可以认为采样频率的 1/2 被归一化为 1。

Matlab 对 *Rp* 的定义是：通带内的损耗（Lose）不超过 *Rp* 分贝（dB）；Matlab 对 *Rs* 的定义是：阻带内的衰减（Attenuation）要超过 *Rs* 分贝（dB），即：

$$Rp = -20\log_{10}(1 - \delta_1) \tag{11-43}$$

$$Rs = -20\log_{10}\delta_2 \tag{11-44}$$

Wn 是滤波器的**固有频率**（Natural Frequency）。对于低通 Butterworth 滤波器而言，*Wn* 是增益衰减了 3dB 处的频率。由于 Butterworth 滤波器是单调下降的，并且 $-20\log_{10}\dfrac{1}{\sqrt{2}} \approx 3$dB，可得：Wn=$\omega_c$。

例题 11.3   求一数字低通 Butterworth 滤波器的阶数，采样频率 Fs=2000Hz，所构成的模拟滤波器的指标是：ω_P=500Hz，ω_S=600Hz，Rp=2dB，Rs=30dB。

解：

```
wp=500;ws=600;rp=2;rs=30;fs=2000;
[n,wn]=buttord(wp/(fs/2),ws/(fs/2),rp,rs);
n
n =
     12
wn =
     0.5101
```

也就是说，要达到设计指标需要一个 12 阶的数字 Butterworth 滤波器，该滤波器的固有频率为 *Wn*=0.5101*Fs/2=510.1Hz。

理想情况下，$\delta_1 \to 0$，$Rp \to 0$，也就是说通带里面没有衰减最好；$\delta_2 \to 0$，$Rs \to \infty$，也就是说阻带里面衰减为无穷大；过渡带为 0，即 $Ws-Wp \to 0$。可以在 Matlab 上进行不同数值的试验，能够看出，越是接近理想情况，滤波器的阶数就越高，例如过渡带越窄，阶数越高；Rp 越小，阶

数越高；Rs 越大，阶数越高。

还可以看出，例题 11.3 的设计指标，如果用 Chebyshev 实现则 $N=6$，如果用椭圆滤波器实现则 $N=4$。也就是说后两种滤波器能够用更加简单的电路达到给定的指标。Butterworth 的滤波器设计的优点是设计简单、容易理解，然而如果用计算机程序进行滤波器的设计，上述优点则没有什么意义。

buttord、cheb1ord、cheb2ord、ellipord 还可以计算高通滤波器（Highpass）、带通滤波器（Bandpass）和带阻滤波器（Bandstop）的阶数。

图 11-22 所示是数字高通滤波器的幅频响应曲线。

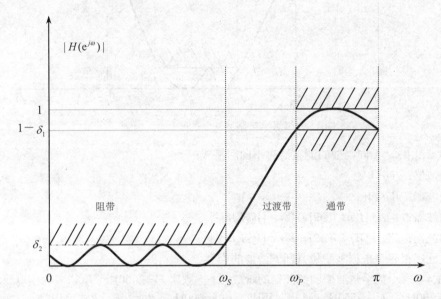

图 11-22　数字高通滤波器的幅频响应曲线

图 11-23 所示是数字带通滤波器的幅频响应曲线，图 11-24 所示是数字带阻滤波器的幅频响应曲线。

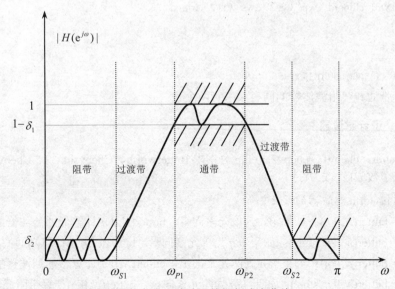

图 11-23　数字带通滤波器的幅频响应曲线

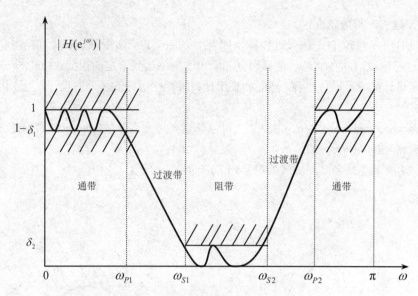

图 11-24　数字带阻滤波器的幅频响应曲线

对于 *Wp* 和 *Ws*，不同类型的滤波器有不同的格式：

低通滤波器：*Wp<Ws*

高通滤波器：*Wp >Ws*

带通滤波器：*Wp = [Wp1 Wp2]*，*Ws = [Ws1 Ws2]*

带阻滤波器：*Wp = [Wp1 Wp2]*，*Ws = [Ws1 Ws2]*

显然，程序很容易根据参变量判断滤波器的类型。

例题 11.4　求一数字带通椭圆滤波器的阶数，采样频率 *Fs*=2000Hz，所构成的模拟滤波器的指标是：ω_{P1} =500Hz，ω_{P2} =550Hz，ω_{S1} =450Hz，ω_{S2} =600Hz，*Rp*=2dB，*Rs*=30dB。

解：

```
wp1=500;wp2=550;ws1=450;ws2=600;rp=2;rs=30;fs=2000;
wp=[wp1,wp2];ws=[ws1,ws2];
[n,wn]=ellipord（wp/（fs/2）,ws/（fs/2）,rp,rs）
n =
        3
wn =
        0.5000        0.5500
```

注意，带通和带阻滤波器的固有频率有两个。

11.5.3　设计滤波器

函数 butter、cheby1、cheby2、ellip 分别求 Butterworth、Chebyshev I、Chebyshev II 和椭圆滤波器的系统函数 $H(z)$ 或 $H(s)$。

1. Butterworth 滤波器的设计

[B,A] = butter(*N,Wn*)：如果 *Wn* 为单元素向量，butter(*N,Wn*)计算低通滤波器的系统函数。

[B,A] = butter(*N,Wn*,'high')：如果 *Wn* 为单元素向量，butter(*N,Wn*)计算高通滤波器的系统函数。

[B,A] = butter(*N,Wn*)：如果 *Wn* 为两元素向量，butter(*N,Wn*)计算带通滤波器的系统函数。

[B,A] = butter(*N,Wn*,'stop')：如果 *Wn* 为两元素向量，butter(*N,Wn*)计算带阻滤波器的系统函数。

当 Wn 为两元素向量时，$Wn=[W1\ W2]$，$W1 < W < W2$。

[B,A]是系统函数的分子多项式和分母多项式。

$$H(z) = \frac{b(1)+b(2)z^{-1}+...+b(n+1)z^{-n}}{a(1)+a(2)z^{-1}+...+a(n+1)z^{-n}} \tag{11-45}$$

例题 11.5　设计一数字低通 Butterworth 滤波器，采样频率 Fs=2000Hz，所构成的模拟滤波器的指标是：ω_P=500Hz，ω_S=650Hz，Rp=2dB，Rs=30dB。

解：

```
wp=500;ws=650;rp=2;rs=30;fs=2000;
[n,wn]=buttord(wp/(fs/2),ws/(fs/2),rp,rs);
[b,a]=butter(n,wn);
[H,W]=freqz(b,a);
plot(W*fs/(2*pi),abs(H))
```

函数 freqz(b,a)返回数字滤波器的频率响应，如图 11-25 所示。表达式为：

$$H(e^{j\omega}) = \frac{b(1)+b(2)e^{-j\omega}+...+b(m+1)e^{-jm\omega}}{a(1)+a(2)e^{-j\omega}+...+a(n+1)e^{-jn\omega}}$$

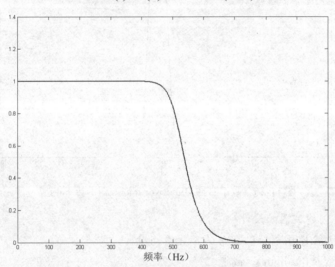

图 11-25　数字低通 Butterworth 滤波器的幅频响应

在这里 ω 以弧度为单位，离散时间傅里叶变换频率轴上的 π 对应于连续时间傅里叶变换的采样频率的一半，因此 ω *Fs/(2*pi)的单位是 Hz。

[b,a]的值如下：

```
>> a
a =
    1.0000   0.2936   1.0957   0.2206   0.3083   0.0380   0.0221   0.0013   0.0002
>> b
b =
    0.0116   0.0931   0.3259   0.6518   0.8148   0.6518   0.3259   0.0931   0.0116
```

说明传递函数如下：

$H(z) =$

$$\frac{0.0116+0.0931z^{-1}+0.3259z^{-2}+0.6518z^{-3}+0.8148z^{-4}+0.6518z^{-5}+0.3259z^{-6}+0.0931z^{-7}+0.0116z^{-8}}{1+0.2936z^{-1}+1.0957z^{-2}+0.2206z^{-3}+0.3083z^{-4}+0.038z^{-5}+0.0221z^{-6}+0.0013z^{-7}+0.0002z^{-8}}$$

根据这个传递函数就可以设计数字滤波器的结构。

例题 11.6 设计一个数字带通 Butterworth 滤波器，采样频率 Fs=2000Hz，所构成的模拟滤波器的指标是：ω_{P1}=500Hz，ω_{P2}=550Hz，ω_{S1}=450Hz，ω_{S2}=600Hz，Rp=2dB，Rs=30dB。

解： 执行如下 Matlab 程序代码可得到如图 11-26 所示的曲线频率响应曲线：

```
wp1=500;wp2=550;ws1=450;ws2=600;rp=2;rs=30;fs=2000;
wp=[wp1,wp2];ws=[ws1,ws2];
[n,wn]=buttord(wp/(fs/2),ws/(fs/2),rp,rs);
[b,a]=butter(n,wn);
[H,W]=freqz(b,a);
plot(W*fs/(2*pi),abs(H));
```

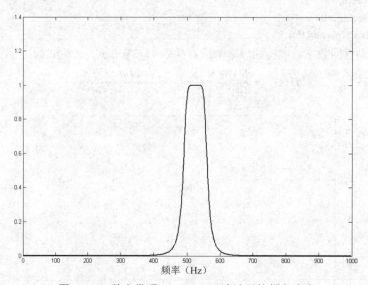

图 11-26　数字带通 Butterworth 滤波器的频率响应

2. Chebyshev I 型滤波器的设计

[B,A] = cheby1(N,R,Wn)：低通，Wn 为单元素向量。

[B,A] = cheby1(N,R,Wn,'high')：高通。

[B,A] = cheby1(N,R,Wn)：带通，Wn 为双元素向量。

[B,A] = cheby1(N,R,Wn,'stop')：带阻。

R 是通带内的 Rp。

例题 11.7 设计一数字低通 Chebyshev I 型滤波器，采样频率 Fs=2000Hz，所构成的模拟滤波器的指标是：ω_p=500Hz，ω_S=600Hz，Rp=2dB，Rs=30dB。

解： 执行如下 Matlab 程序代码可得到如图 11-27 所示的频率响应曲线：

```
wp=500;ws=600;rp=2;rs=30;fs=2000;
[n,wn]=cheb1ord(wp/(fs/2),ws/(fs/2),rp,rs);
[b,a]=cheby1(n,rp,wn);
[H,W]=freqz(b,a);
plot(W*fs/(2*pi),abs(H))
```

3. Chebyshev II 型滤波器的设计

形式与 Chebyshev I 型滤波器类似。

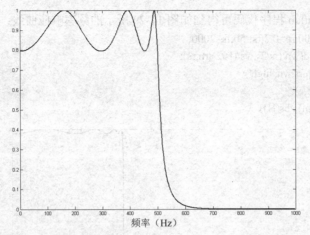

图 11-27　数字低通 Chebyshev I 型滤波器的幅频响应

4. 椭圆型滤波器的设计

[B, A] = ellip(N,Rp,Rs,Wn)：低通，Wn 为单元素向量。

[B, A] = ellip(N,Rp,Rs,Wn,'high')：高通。

[B, A] = ellip(N,Rp,Rs,Wn)：带通，Wn 为双元素向量。

[B, A] = ellip(N,Rp,Rs,Wn,'stop')：带阻。

例题 11.8　设计一个数字带阻椭圆滤波器，采样频率 Fs=2000Hz，所构成的模拟滤波器的指标是：ω_{P1} =400Hz，ω_{P2} =700Hz，ω_{S1} =420Hz，ω_{S2} =680Hz，Rp=0.2dB，Rs=30dB。

解： 执行如下 Matlab 程序代码可得到如图 11-28 所示的频率响应曲线：

```
wp1=400;wp2=700;ws1=420;
ws2=680;rp=0.2;rs=30;fs=2000;
wp=[wp1,wp2];ws=[ws1,ws2];
[n,wn]=ellipord(wp/(fs/2),ws/(fs/2),rp,rs);
[b,a]=ellip(n,rp,rs,wn, 'stop');
[H,W]=freqz(b,a);
plot(W*fs/(2*pi),abs(H))
```

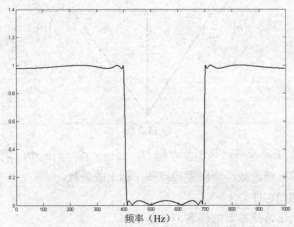

图 11-28　数字带阻椭圆滤波器的幅频响应

例题 11.9　设计一个数字高通椭圆滤波器，采样频率 Fs=2000Hz，所构成的模拟滤波器的指标是：ω_P =610Hz，ω_S =600Hz，Rp=0.2dB，Rs=50dB。

解： 执行如下 Matlab 程序代码可得到如图 11-29 所示的频率响应曲线：

```
wp=610;ws=600;rp=0.2;rs=50;fs=2000;
[n,wn]=ellipord(wp/(fs/2),ws/(fs/2),rp,rs);
[b,a]=ellip(n,rp,rs,wn,'high');
[H,W]=freqz(b,a);
plot(W*fs/(2*pi),abs(H))
```

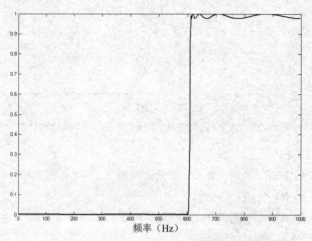

图 11-29　数字高通椭圆滤波器的幅频响应

思考题与习题十一

11.1 对于线性因果系统：$y[n] - \dfrac{3}{4} y[n-1] + \dfrac{1}{8} y[n-2] = x[n] + \dfrac{1}{3} x[n-1]$，按照下列形式画出信号流图：（1）直接形式；（2）级联形式；（3）并联形式（级联形式和并联形式只能有一阶环节）。

11.2 列出如题 11.2 图所示的因果的离散时间系统的差分方程和系统函数，要使系统稳定 k 应该在什么取值范围？

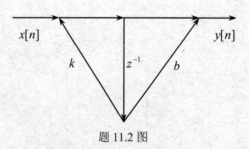

题 11.2 图

11.3 有一因果的数字滤波器，其差分方程为：$y[n] = y[n-1] + y[n-2] + x[n-1]$。

（1）求该滤波器的系统函数，画出零极点图，标出收敛域。

（2）判断该系统的稳定性。

（3）用信号流图画出该滤波器的任意一种结构。

11.4 有一因果的数字滤波器，其差分方程为：$y[n] = ky[n-1] + x[n] + bx[n-1]$。

（1）求该滤波器的系统函数，画出零极点图，标出收敛域。

（2）要使该滤波器稳定 k 应该在什么取值范围？用信号流图画出该滤波器的任意一种结构。

第 12 章

随机信号处理初步

    前面 11 章处理的信号都是确定性信号。所谓确定性信号是指在每个时间点上，信号的取值是唯一的。所谓随机信号，是指在信号持续期的某个片段或者整个持续期内，信号的取值是不能唯一确定的，取值可能满足某种分布或者是完全随机的。需要强调的是随机信号和确定性信号也是相对的，例如我们在收听新闻广播的时候，在当前时刻并不知道播音员下一分钟将说些什么，这时如果要预测未来的信号，就只能将未来的信号建模为随机信号。但是如果我们只是分析过去的广播录音，这时候的信号就是一个确定性信号了。

    在离线信号处理的场合，信号绝大部分是确定性的，例如电力系统里面的正弦波、存储下来的时间序列等；而在实时信息处理的场合下，当涉及信号的预测时，需要用到随机信号的概念和处理方法。本章介绍随机信号处理的一些基本概念，并且借助 Matlab 给出了一些谱估计的方法。随机信号的处理涉及很多的理论和方法，本章只对随机信号进行一些基本的分析和讨论。为了分析方便起见，只讨论离散时间随机信号。

12.1 随机过程

用**随机过程**（Random Process）来描述随机信号。对于一个随机信号 $\{x[n]\}$，对于某一个固定的 n_0，$x[n_0]$ 是一个随机变量。n 变化形成的随机变量的集合 $\{x[n]\}(-\infty < n < \infty)$ 就是一个随机过程，为了简化起见，在不混淆的情况下，这个随机过程也写成 $\{x[n]\}$。一方面随机过程 $\{x[n]\}$ 既可以看成 n 变化形成的随机变量的集合；另一方面随机过程 $\{x[n]\}$ 也可以看成所有实例 $x[n]$ 的集合，其中实例或者说样本 $x[n]$ 是一个确定性的信号。

我们用各种概率函数来描述随机变量以及随机变量之间的概率分布情况。对于某一个确定 n 的随机变量 $x[n]$，我们用**概率分布函数**（Probability Distribution Function）来描述其概率分布的情况：

$$P_{x[n]}(X,n) = \{\, x[n] \leqslant X \text{ 的概率}\,\} \tag{12-1}$$

上面的式子中，n 是固定值，X 是概率分布函数的自变量。同时，还可以用概率密度函数来描述随机变量，如果：

$$P_{x[n]}(X,n) = \int_{-\infty}^{X} p_{x[n]}(\tau,n)\mathrm{d}\tau \tag{12-2}$$

则 $p_{x[n]}(\tau,n)$ 称为随机变量 $x[n]$ 的**概率密度函数**（Probability Density Function）。这里 n 是固定值，τ 是概率密度函数的自变量。

如果随机变量 $x[n]$ 的取值被量化了，也就是说，$x[n]$ 的取值离散地分布在有限个数值等级上，例如我们在计算机里面用一个字节（unsigned char）来存储一个数值 $x[n]$，则 $x[n]$ 在 $2^8 = 256$ 个数值等级上取值。在这种情况下，为了避免使用冲激函数，我们不用概率密度函数，而用概率质量函数。如果：

$$p_{x[n]}(\tau,n) = \{\, x[n] = \tau \text{ 的概率}\,\} \tag{12-3}$$

则 $p_{x[n]}(\tau,n)$ 称为随机变量 $x[n]$ 的**概率质量函数**（Probability Mass Function）。这里 n 是固定值，τ 是概率质量函数的自变量。显然有：

$$P_{x[n]}(X,n) = \{\, x[n] \leqslant X \text{ 的概率}\,\} = \sum_{\tau \leqslant X} p_{x[n]}(\tau,n) \tag{12-4}$$

用联合概率分布函数来描述多个随机变量之间的相互依从关系，下面以两个随机变量 $x[n]$ 和 $x[m]$ 为例，若：

$$P_{x[n],x[m]}(X,n,Y,m) = \{\, x[n] \leqslant X \text{ 并且 } x[m] \leqslant Y \text{ 的概率}\,\} \tag{12-5}$$

则 $P_{x[n],x[m]}(X,n,Y,m)$ 称为随机变量 $x[n]$ 和 $x[m]$ 的**联合概率分布**（Joint Probability Distribution）**函数**。这里 n 和 m 是固定值，X 和 Y 是联合概率分布函数的自变量。

相应地可以引入联合概率密度函数的概念，如果有：

$$P_{x[n],x[m]}(X,n,Y,m) = \int_{-\infty}^{Y}\int_{-\infty}^{X} p_{x[n],x[m]}(\tau,n,\sigma,m)\mathrm{d}\tau\mathrm{d}\sigma \tag{12-6}$$

则 $p_{x[n],x[m]}(\tau,n,\sigma,m)$ 称为随机变量 $x[n]$ 和 $x[m]$ 的**联合概率密度**（Joint Probability Density）**函数**。这里 n 和 m 是固定值，τ 和 σ 是自变量。

如果随机变量 $x[n]$ 的取值被量化了，即有：

$$p_{x[n],x[m]}(\tau,n,\sigma,m) = \{\, x[n] = \tau \text{ 并且 } x[m] = \sigma \text{ 的概率}\,\} \tag{12-7}$$

则 $p_{x[n],x[m]}(\tau,n,\sigma,m)$ 称为随机变量 $x[n]$ 和 $x[m]$ 的**联合概率质量函数**。这里 n 和 m 是固定值，τ 和 σ 是自变量。显然有：

$$P_{x[n],x[m]}(X,n,Y,m) = \sum_{\tau \leqslant X} \sum_{\sigma \leqslant Y} p_{x[n],x[m]}(\tau,n,\sigma,m) \tag{12-8}$$

如果两个随机变量 $x[n]$ 和 $y[m]$ 满足：

$$P_{x[n],y[m]}(X,n,Y,m) = P_{x[n]}(X,n) \cdot P_{y[n]}(Y,n) \tag{12-9}$$

则称它们是**统计独立**（Statistically Independent）的。

如果一个随机过程的所有概率函数与时间原点的选择无关，则称之为**严平稳随机过程**或者**狭义平稳随机过程**，这种随机过程的概率函数有以下特征：

$$P_{x[n+k]}(X,n+k) = P_{x[n]}(X,n) \tag{12-10}$$

$$p_{x[n+k]}(\tau,n+k) = p_{x[n]}(\tau,n) \tag{12-11}$$

$$P_{x[n+k],x[m+k]}(X,n+k,Y,m+k) = P_{x[n],x[m]}(X,n,Y,m) \tag{12-12}$$

$$p_{x[n+k],x[m+k]}(\tau,n+k,\sigma,m+k) = p_{x[n],x[m]}(\tau,n,\sigma,m) \tag{12-13}$$

12.2　随机过程的统计特征

概率函数对于随机过程来说是一个完备的表示方法，但是在对随机过程进行分析时，仅使用概率密度函数并不见得简洁，在个别情况下还可能是不可行的。我们需要借助一些更为直接的指标来描述随机系统。而随机变量和随机过程的一些统计特征就是一个很好的选择。

随机变量 $x[n]$ 的**均值**（Mean）定义为：

$$m_{x[n]} = E[x[n]] = \int_{-\infty}^{\infty} \tau p_{x[n]}(\tau,n)\mathrm{d}\tau \tag{12-14}$$

随机变量 $x[n]$ 的函数 $f(x[n])$ 仍然是随机变量，可以证明其均值为：

$$E[f(x[n])] = \int_{-\infty}^{\infty} f(\tau) p_{x[n]}(\tau,n)\mathrm{d}\tau \tag{12-15}$$

两个随机变量 $x[n]$、$y[m]$ 的函数 $f(x[n],y[m])$ 仍然是一个随机变量，它的均值定义为：

$$E[x[n],y[m]] = \int_{-\infty}^{\infty} \int_{-\infty}^{\infty} f(\tau,\sigma) p_{x[n],y[m]}(\tau,n,\sigma,m)\mathrm{d}\tau\mathrm{d}\sigma \tag{12-16}$$

容易证明均值的下列性质：

$$E[x[n]+y[m]] = E[x[n]]+E[y[m]] \tag{12-17}$$

即均值对加法有分配律。

$$E[ax[n]] = aE[x[n]] \tag{12-18}$$

如果随机变量 $x[n]$ 和 $y[m]$ 是统计独立的，容易证明：

$$E[x[n]y[m]] = E[x[n]]\,E[y[m]] \tag{12-19}$$

统计独立只是式（12-19）的充分条件，不是必要条件，我们把满足式（12-19）的两个随机变量 $x[n]$ 和 $y[m]$ 称为是**线性独立**（Linearly Independent）的。统计独立的随机变量一定线性独立，线性独立的随机变量不一定统计独立。也可以说，统计独立比线性独立的条件要强一些。

随机变量 $x[n]$ 的**均方值**（Mean-Square Value）定义为 $x^2[n]$ 的均值，即：

$$E[x^2[n]] = \int_{-\infty}^{\infty} \tau^2 p_{x[n]}(\tau,n)\mathrm{d}\tau \tag{12-20}$$

随机变量 $x[n]$ 的**方差**（Variance）定义为 $(x[n]-m_{x[n]})^2$ 的均值，即：

$$\sigma_{x[n]}^2 = E[(x[n]-m_{x[n]})^2] \tag{12-21}$$

毫无疑问 $\sigma_{x[n]}^2 \geqslant 0$。容易证明：

$$\sigma^2_{x[n]} = E[x^2[n]] - m^2_{x[n]} \qquad (12-22)$$

方差的平方根 $\sigma_{x[n]}$ 被称为**均方差**（Mean Square Deviation）或者**标准差**（Standard Deviation）。

对于一个随机过程 $\{x[n]\}$，它在不同时刻所对应的随机变量之间的统计特征主要用自相关序列和自协方差序列来表征。**自相关序列**（Autocorrelation Sequence）定义为：

$$\phi_{xx}(n,m) = E[x[n]x^*[m]] = \int_{-\infty}^{\infty}\int_{-\infty}^{\infty} \tau\sigma^* p_{x[n],x[m]}(\tau,n,\sigma,m)\mathrm{d}\tau\mathrm{d}\sigma \qquad (12-23)$$

自协方差序列（Autocovariance Sequence）定义为：

$$\gamma_{xx}(n,m) = E[(x[n]-m_{x[n]})(x[m]-m_{x[m]})^*] \qquad (12-24)$$

容易证明：

$$\gamma_{xx}(n,m) = \phi_{xx}(n,m) - m_{x[n]}m^*_{x[m]} \qquad (12-25)$$

对于随机过程 $\{x[n]\}$ 和随机过程 $\{y[n]\}$，它们的相互依赖关系可以用互相关序列和互协方差序列来表征。**互相关序列**（Crosscorrelation Sequence）定义为：

$$\phi_{xy}(n,m) = E[x[n]y^*[m]] = \int_{-\infty}^{\infty}\int_{-\infty}^{\infty} \tau\sigma^* p_{x[n],y[m]}(\tau,n,\sigma,m)\mathrm{d}\tau\mathrm{d}\sigma \qquad (12-26)$$

互协方差序列（Crosscovariance Sequence）定义为：

$$\gamma_{xy}(n,m) = E[(x[n]-m_{x[n]})(y[m]-m_{y[m]})^*] \qquad (12-27)$$

容易证明：

$$\gamma_{xy}(n,m) = \phi_{xy}(n,m) - m_{x[n]}m^*_{y[m]} \qquad (12-28)$$

一般而言，随机过程的统计特征是随着时间变化的，但是对于狭义平稳随机过程来说，由于其概率函数与时间起始点无关，容易得出：

$$m_x = E[x[n]] \qquad (12-29)$$

$$\sigma^2_x = E[(x[n]-m_x)^2] \qquad (12-30)$$

也就是说，均值和方差是与时间 n 无关的常数。

随机过程是狭义平稳的，是上面两个公式成立的充分条件，但不是必要条件。

狭义平稳随机过程的自相关序列有：

$$\phi_{xx}(n,n+m) = E[x[n]x^*[n+m]] = \phi_{xx}(m) \qquad (12-31)$$

也就是说，自相关序列仅仅是时间差 m 的函数，是一个一维序列。

在很多情况下，并不需要分析随机过程的概率函数，而只要了解它的统计特征就够了，因此我们引入广义平稳过程的概念。

如果一个随机过程满足式（12-29）和式（12-31），且均方值有界，则称为**广义平稳随机过程**（Generalized Stationary Random Process）或者**宽平稳随机过程**。因为有了"均方值有界"这么个条件，严平稳随机过程不一定是宽平稳随机过程。

一个随机信号可以看成是一个样本信号集 $\{x[n]\}$，这个样本集中的每一个元素是一个确定性信号。在实际操作过程中，我们并不能得到随机过程的所有实现，大部分情况下，只能得到样本集中的一个确定性实现（信号），我们的问题是利用这个确定性信号来计算随机信号的统计特征。对于样本信号集 $\{x[n]\}$ 中的任意一个确定性信号 $x[n]$，我们定义如下：

$$\langle x[n] \rangle = \lim_{N\to\infty} \frac{1}{2N+1} \sum_{n=-N}^{N} x[n] \qquad (12-32)$$

$$\langle x[n]x^*[n+m] \rangle = \lim_{N\to\infty} \frac{1}{2N+1} \sum_{n=-N}^{N} x[n]x^*[n+m] \qquad (12-33)$$

如果对于所有的样本信号都有：

$$\langle x[n] \rangle = E[x[n]] = m_x \tag{12-34}$$

$$\langle x[n]x^*[n+m] \rangle = E[x[n]x^*[n+m]] = \phi_{xx}(m) \tag{12-35}$$

我们称该随机过程是**各态遍历**（Ergodic）的。

有了这个各态遍历假设，就可以根据一个确定性的样本信号来计算随机信号的统计特征。在实际中，我们并不能进行式（12-32）和式（12-33）那样的无穷多项的求和，只能依据下列两个式子进行估计：

$$\langle x[n] \rangle_N = \frac{1}{2N+1}\sum_{n=-N}^{N} x[n] \tag{12-36}$$

$$\langle x[n]x^*[n+m] \rangle_N = \frac{1}{2N+1}\sum_{n=-N}^{N} x[n]x^*[n+m] \tag{12-37}$$

在各态遍历假设下，Matlab 提供了一些函数，这些函数根据一个确定性的样本信号来计算随机信号的统计特征。

12.3　统计特征的频域表示

先研究一下随机过程的统计特征的一些性质。如果 $x[n]$ 和 $y[n]$ 是两个实的平稳随机过程，则有：

$$\phi_{xx}(m) = E[x[n]x[n+m]] \tag{12-38}$$

$$\gamma_{xx}(m) = E[(x[n]-m_x)(x[n+m]-m_x)] = \phi_{xx}(m) - m_x^2 \tag{12-39}$$

$$\phi_{xy}(m) = E[x[n]y[n+m]] \tag{12-40}$$

$$\gamma_{xy}(m) = E[(x[n]-m_x)(y[n+m]-m_y)] = \phi_{xy}(m) - m_x m_y \tag{12-41}$$

上面两式说明，如果均值为 0，相关序列和协方差序列相等。

$$\phi_{xx}(0) = E[x^2[n]] \tag{12-42}$$

$$\gamma_{xx}(0) = \sigma_x^2 \tag{12-43}$$

$$\phi_{xx}(m) = \phi_{xx}(-m) \tag{12-44}$$

$$\gamma_{xx}(m) = \gamma_{xx}(-m) \tag{12-45}$$

$$\phi_{xy}(m) = \phi_{yx}(-m) \tag{12-46}$$

$$\gamma_{xy}(m) = \gamma_{yx}(-m) \tag{12-47}$$

$$|\phi_{xy}(m)| \leqslant \sqrt{\phi_{xx}(0)\phi_{yy}(0)} \tag{12-48}$$

$$|\gamma_{xy}(m)| \leqslant \sqrt{\gamma_{xx}(0)\gamma_{yy}(0)} \tag{12-49}$$

$$|\phi_{xx}(m)| \leqslant \phi_{xx}(0) \tag{12-50}$$

$$|\gamma_{xx}(m)| \leqslant \gamma_{xx}(0) \tag{12-51}$$

如果 $y[n] = x[n-n_0]$，则有：

$$\phi_{yy}(m) = \phi_{xx}(m) \tag{12-52}$$

$$\gamma_{yy}(m) = \gamma_{xx}(m) \tag{12-53}$$

如果两个时间相隔很远，可以认为这两个时间所对应的随机变量相关的程度很低，是独立的，应该有：

$$\lim_{m\to\infty} E[x[n]x[n+m]] = \lim_{m\to\infty} E[x[n]]\,E[x[n+m]] \qquad (12\text{-}54)$$

$$\lim_{m\to\infty} \phi_{xx}(m) = m_x^2 \qquad (12\text{-}55)$$

$$\lim_{m\to\infty} \gamma_{xx}(m) = 0 \qquad (12\text{-}56)$$

$$\lim_{m\to\infty} \phi_{xy}(m) = m_x m_y \qquad (12\text{-}57)$$

$$\lim_{m\to\infty} \gamma_{xy}(m) = 0 \qquad (12\text{-}58)$$

从这个方面可以看出协方差序列是相关性的度量。

将自协方差序列 $\gamma_{xx}(m)$ 的离散时间傅里叶变换称为**功率谱密度**（Power Spectral Density，PSD）：

$$P_{xx}(\omega) = \sum_{m=-\infty}^{\infty} \gamma_{xx}(m)\mathrm{e}^{-j\omega m} \qquad (12\text{-}59)$$

将互协方差序列 $\gamma_{xy}(m)$ 的离散时间傅里叶变换称为**互功率谱密度**（Cross Spectral Density，CSD）：

$$P_{xy}(\omega) = \sum_{m=-\infty}^{\infty} \gamma_{xy}(m)\mathrm{e}^{-j\omega m} \qquad (12\text{-}60)$$

12.4　随机信号激励 LTI 系统

下面研究一个平稳随机信号 $\{x[n]\}$ 通过一个线性时不变系统的情况，显然系统的输出也是一个随机信号 $\{y[n]\}$。对于随机信号的任意一个样本信号 $x[n]$，我们有：

$$y[n] = \sum_{k=-\infty}^{\infty} h[k]x[n-k] \qquad (12\text{-}61)$$

其中 $y[n]$ 为系统的输出，$h[n]$ 为系统的单位冲激响应。

下面来看看随机信号 $\{y[n]\}$ 在各时间点的均值和自相关序列。

$$m_{y[n]} = E[y[n]] = \sum_{k=-\infty}^{\infty} h[k]E[x[n-k]] = m_x \sum_{k=-\infty}^{\infty} h[k] = H(\mathrm{e}^{j0})m_x = m_y \qquad (12\text{-}62)$$

其中：

$$H(\mathrm{e}^{j\omega}) = \sum_{n=-\infty}^{\infty} h[n]\mathrm{e}^{-jn\omega} \qquad (12\text{-}63)$$

显然输出信号 $y[n]$ 的均值与时间 n 无关。再来看看输出信号 $y[n]$ 的自相关序列：

$$\phi_{yy}(n,n+m) = E[y[n]y[n+m]] = E\left[\sum_{k=-\infty}^{\infty}\sum_{r=-\infty}^{\infty} h[k]h[r]x[n-k]x[n+m-r]\right]$$

$$= \sum_{k=-\infty}^{\infty} h[k]\sum_{r=-\infty}^{\infty} h[r]E[x[n-k]x[n+m-r]] = \sum_{k=-\infty}^{\infty} h[k]\sum_{r=-\infty}^{\infty} h[r]\phi_{xx}(m+k-r) = \phi_{yy}(m)$$

也就是说，输出信号的自相关序列与时间无关。可以说，一个广义平稳随机信号通过线性时不变系统，其输出仍然是广义平稳随机信号。

进行 $l = r - k$ 的变量替换，将上面的式子整理一下有：

$$\phi_{yy}(m) = \sum_{k=-\infty}^{\infty} h[k]\sum_{l=-\infty}^{\infty} h[k+l]\phi_{xx}(m-l) = \sum_{l=-\infty}^{\infty} \phi_{xx}(m-l)\sum_{k=-\infty}^{\infty} h[k]h[k+l] \qquad (12\text{-}64)$$

令：$v[l] = \sum_{k=-\infty}^{\infty} h[k]h[k+l]$，则有：

$$\phi_{yy}(m) = \sum_{l=-\infty}^{\infty} \phi_{xx}(m-l)v[l] \tag{12-65}$$

可以将 $v[l]$ 看成是 $h[n]$ 与 $h[-n]$ 的卷积：

$$v[l] = h[n]*h[-n] \tag{12-66}$$

$v[l]$ 被称为确定性信号 $h[n]$ 的**自相关序列**。

$$\phi_{yy}(m) = \phi_{xx}(m)*v[l] \tag{12-67}$$

可见，输入的自相关序列与单位冲激响应的自相关序列的卷积就等于输出的自相关序列。

下面从频域来看，如果 $h[n]$ 为实的，则：

$$h[-n] \quad \underline{F} \quad H(e^{-j\omega}) = H^*(e^{j\omega}) \tag{12-68}$$

$$v[l] = h[n]*h[-n] \quad \underline{F} \quad H(e^{j\omega}) H^*(e^{j\omega}) = |H(e^{j\omega})|^2 \tag{12-69}$$

假定 $m_x = 0$，由式（12-62）$m_y = 0$。对式（12-67）两边取离散时间傅里叶变换有：

$$P_{yy}(\omega) = |H(e^{j\omega})|^2 P_{xx}(\omega) \tag{12-70}$$

式（12-70）进一步说明了功率谱密度 $P_{xx}(\omega)$ 和 $P_{yy}(\omega)$ 与能量密度谱 $|H(e^{j\omega})|^2$ 的关系。

下面来看看输入信号与输出信号的互相关序列。

$$\phi_{xy}(m) = E[x[n]x[n+m]] = E[x[n]\sum_{k=-\infty}^{\infty} h[k]x[n+m-k]]$$

$$= \sum_{k=-\infty}^{\infty} h[k]E[x[n]x[n+m-k]] = \sum_{k=-\infty}^{\infty} h[k]\phi_{xx}(m-k) = h[m]*\phi_{xx}(m) \tag{12-71}$$

也就是说，输入信号的自相关序列与系统的单位冲激响应的卷积等于输入信号和输出信号的互相关序列。

将式（12-71）的两边取傅里叶变换有：

$$P_{xy}(\omega) = H(e^{j\omega})P_{xx}(\omega) \tag{12-72}$$

在很多情况下，系统对于我们是一个黑箱，仅有的信息不足以让我们了解该系统的全部特征。确定一个未知系统的特征的过程称为**系统辨识**（System Identification）。LTI 系统的辨识方法之一就是：给系统加上特殊的激励信号并观测其输出，以确定系统的特性。在第 2 章的分析中，我们提到了用单位冲激信号或者单位阶跃信号来激励一个 LTI 系统，从而用单位冲激响应或者单位阶跃响应来描述该 LTI 系统。在本章中，我们提出了另外一种系统辨识方法，即给系统加白噪声激励的办法。**白噪声**（White Noise 或 Flat Noise）是一种特殊的平稳随机过程，以下性质构成其定义：

（1）均值为 0，即：

$$m_x = 0 \tag{12-73}$$

（2）自相关序列是一个冲激序列，即：

$$\phi_{xx}(m) = \sigma_x^2 \delta(m) \tag{12-74}$$

冲激序列的幅度为 σ_x^2 的原因由式（12-42）和式（12-45）说明。由式（12-73）可得，白噪声的功率谱密度是一个与 ω 无关的、恒定的常数：

$$P_{xx}(\omega) = \sigma_x^2 \tag{12-75}$$

有时也将白噪声信号/随机过程称为**白色的**信号/随机过程。

用白噪声作为线性时不变系统的输入，我们有：

$$\phi_{xy}(m) = \sigma_x^2 \, h[m] \tag{12-76}$$

$$P_{xy}(\omega) = \sigma_x^2 \, H(e^{j\omega}) \tag{12-77}$$

可见，能够用 $\phi_{xy}(m)$ 和 $P_{xy}(\omega)$ 来估计 $h[m]$ 和 $H(e^{j\omega})$。

12.5　谱估计

在很多信号处理的实际应用中，都需要估计随机信号的功率谱密度 $P_{xx}(\omega)$。本节介绍几种谱估计（Spectrum Estimation）的方法。

考虑 $x[n]$ 为有限长度的实的序列，$x[n]$ 在区间 0～N-1 以外的时间为 0。一般用

$$C_{xx}(m) = \frac{1}{N}\sum_{n=0}^{N-|m|-1} x[n]x[n+m], \quad |m| \leqslant N-1 \tag{12-78}$$

来估计自协方差序列 $\gamma_{xx}(m)$。设 $I_N(\omega)$ 为 $\gamma_{xx}(m)$ 的离散时间傅里叶变换：

$$I_N(\omega) = \sum_{m=-N+1}^{N-1} C_{xx}(m)e^{-j\omega m} \tag{12-79}$$

设 $X(e^{j\omega})$ 为 $x[n]$ 的离散时间傅里叶变换：

$$X(e^{j\omega}) = \sum_{n=0}^{N-1} x[n]e^{-j\omega n} \tag{12-80}$$

可以证明：

$$I_N(\omega) = \frac{1}{N}|X(e^{j\omega})|^2 \tag{12-81}$$

$I_N(\omega)$ 被称为**周期图**（Periodograms），可以作为 $P_{xx}(\omega)$ 的估计。

虽然用周期图来估计 $P_{xx}(\omega)$，在概念上很简单，但不是一致的估计，实际应用不多。为了取得一致的估计，巴特利特对周期图法进行了改进。**巴特利特法**的思路是：

（1）将数据 $x[n]$（$0 \leqslant n \leqslant N-1$）分为 K 段，每段 M 长，$N = KM$，则有：

$$x_i[n] = x[n+iM], \quad 0 \leqslant i \leqslant K-1 \tag{12-82}$$

（2）计算每一段的周期图：

$$I_M^i(\omega) = \frac{1}{M}\left|\sum_{n=0}^{M-1} x_i[n]e^{-j\omega n}\right|^2 \tag{12-83}$$

（3）将各段周期图的平均作为 $P_{xx}(\omega)$ 的估计：

$$B_{xx}(\omega) = \frac{1}{K}\sum_{i=0}^{K-1} I_M^i(\omega) \tag{12-84}$$

韦尔奇（Welch）对巴特利特法进行了修正，使得估计的方差更小，**韦尔奇法**的思路是：

（1）数据 $x[n]$（$0 \leqslant n \leqslant N-1$）分为 K 段，每段 M 长，$N = KM$，则有：

$$x_i[n] = x[n+iM], \quad 0 \leqslant i \leqslant K-1 \tag{12-85}$$

（2）计算每一段的加窗的周期图：

$$J_M^i(\omega) = \frac{1}{MU}\left|\sum_{n=0}^{M-1} x_i[n]w[n]e^{-j\omega n}\right|^2 \tag{12-86}$$

其中：

$$U = \frac{1}{M}\sum_{n=0}^{M-1}w^2[n] \tag{12-87}$$

（3）将各段加窗周期图的平均作为 $P_{xx}(\omega)$ 的估计：

$$B_{xx}^w(\omega) = \frac{1}{K}\sum_{i=0}^{K-1}J_M^i(\omega) \tag{12-88}$$

很多实际情况下 $x[n]$ 有可能不是足够长的，为了充分地利用数据，韦尔奇法还允许重叠的分段。

Matlab 提供了 pwelch 函数，用于估计 PSD。其中，周期图的计算是通过 FFT 进行的。pwelch 函数的语法如下：

　　　pwelch(x,window,noverlap,nfft,fs, 'range')

x 是信号向量；window 是窗函数向量（当 window 为一个正整数时，表示窗函数为该长度的 Hamming 窗）；noverlap 是段与段之间重叠的点数，它不能超过窗函数的宽度；nfft 是每段信号所采用的 FFT 的长度，如果为空，则采用默认长度；fs 是采样频率；'range' 是显示方式，'twosided' 表示显示范围为[0,fs]，也就是$[0, 2\pi]$，'onesided'表示显示范围为[0,fs/2]，也就是$[0, \pi]$。

例题 12.1　通过 Matlab 来演示韦尔奇法估计 PSD，信号是一个加了噪声的 200Hz 的正弦信号，采样频率为 1000 Hz，使用 33 点的 Hamming 窗，32 点的重叠，FFT 的长度为默认长度，显示谱的两边。

解： 执行如下代码可得到如图 12-1 所示的谱估计：

```
Fs = 1000;      t = 0:1/Fs:.3;
   x = cos(2*pi*t*200) + randn(size(t));   % 200Hz 的正弦信号加噪声
pwelch(x,33,32,[],Fs,'twosided')
```

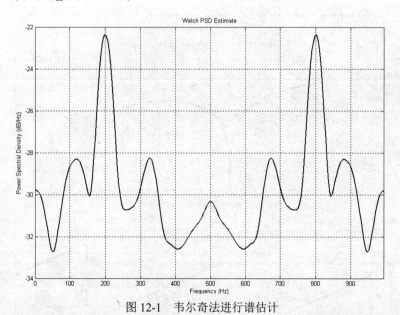

图 12-1　韦尔奇法进行谱估计

例题 12.2　$x[n]$ 是一个 40000 点的白噪声，通过一个线性时不变系统，输出为 $y[n]$，函数 csd 用于估计互功率谱密度 $P_{xy}(\omega)$ 。

解：

```
xn=randn(40000,1);     %产生一个长度为 40000，均值为 0，方差和均方差皆为 1 的伪随机
                       %序列，作为白噪声
```

```
b=ones(1,5)/5;          %一个线性时不变系统
yn=filter(b,1,xn);
csd(xn,yn);

freqz(b,1);
```

比较图 12-2 和图 12-3 可以看出，估计的互功率谱密度 $P_{xy}(\omega)$ 与系统的频率响应 $H(e^{j\omega})$ 十分接近，这就进一步说明了式（12-77）。

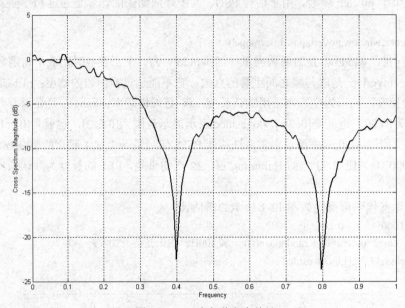

图 12-2　互功率谱密度估计

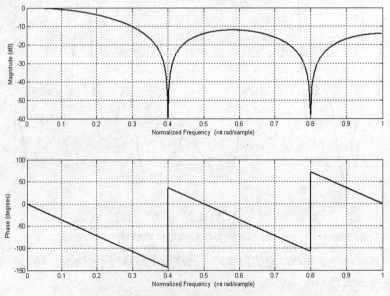

图 12-3　系统的频率响应

上面的系统辨识仍然不够精确，主要原因是理想的白噪声信号不易获得。考察式（12-72）可得：

$$H(e^{j\omega}) = P_{xy}(\omega) / P_{xx}(\omega) \qquad (12\text{-}89)$$

用上面的式子进行系统辨识，输入信号并不限于白噪声。Matlab 提供了基于这种方式的系统辨识的函数 tfe，下面就是一个例子：

```
xn=randn(10000,1);
b=ones(1,5)/5;
yn=filter(b,1,xn);
tfe(xn,yn);
```

比较图 12-4 和图 12-2 可以看出，只用了 10000 点的图 12-4 比用了 40000 点的图 12-2 要精确得多。

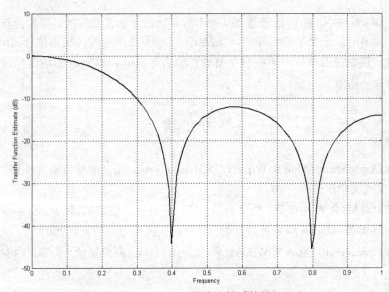

图 12-4 基于谱估计的系统辨识

思考题与习题十二

12.1 设 $x[n]$ 和 $y[n]$ 为统计独立的随机信号，$w[n] = x[n] + y[n]$，试证明：

（1） $m_w = m_x + m_y$ （2） $\sigma_w^2 = \sigma_x^2 + \sigma_y^2$

12.2 证明：$\gamma_{xx}(n,m) = \phi_{xx}(n,m) - m_{x[n]} m_{x[m]}^*$。其中，$\phi_{xx}(n,m)$ 为自相关序列，$\gamma_{xx}(n,m)$ 为自协方差序列。

12.3 设 $x[n]$ 和 $y[n]$ 是线性独立的两个随机信号，其中 $x[n]$ 是白噪声，试证明：$x[n]y[n]$ 也是白噪声。

12.4 设 θ 是一个均匀分布的随机变量，概率密度函数如题 12.4 图所示，随机信号 $x[n]$ 的形式如下：

$$x[n] = \sin(\omega_0 n + \theta)$$

试计算随机信号 $x[n]$ 的均值和自相关序列，并且判断该信号是否为广义平稳的。

12.5 单位冲激响应为 $h[n]$ 的线性时不变系统的输入信号 $x[n]$ 为白噪声，其方差为 σ_x^2，$y[n]$ 为该系统的输出，试证明：

（1） $E[x[n]y[n]] = h[0]\,\sigma_x^2$ （2） $\sigma_y^2 = \sigma_x^2 \sum\limits_{n=-\infty}^{\infty} h^2[n]$

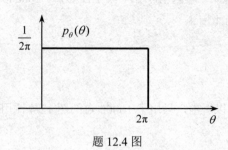

题 12.4 图

12.6 考虑实际系统中，随机信号是在某一个时刻以后才加入系统的，或者说开关是在某一个时刻才闭合的。设 $x[n]$ 是一个平稳白噪声，显然 $x[n]u[n]$ 不是平稳的，现将信号 $x[n]u[n]$ 激励一个线性时不变系统，该系统的单位冲激响应是 $h[n]$，输出是 $y[n]$，求 $y[n]$ 的均值和自相关序列，并且分析 n 很大时候的情况。

参考文献

[1] Alan V.Oppenheim，Alan S. Willsky，S.Hamid Nawab 著. 信号与系统（第二版）. 刘树棠译. 西安：西安交通大学出版社，1998.

[2] A.V.奥本海姆，R.W.谢弗著. 数字信号处理. 董士嘉，杨耀增译. 北京：科学出版社，1986.

[3] 陈亚勇等编著. Matlab 信号处理详解. 北京：人民邮电出版社，2001.

[4] Alan V.Oppenheim，Alan S. Willsky 著. 信号与系统. 刘树棠译. 西安：西安交通大学出版社，1985.